공 업 열 역 학

大 英 社

머리말

열역학은 자연계의 여러 현상을 에너지와 엔트로피라는 추상적인 개념을 도입하여 설명하는 기초 과학의 한 분야로서 대학의 기계계열 학과를 전공하는 학생들이 필수적으로 이수하는 과목이다. 그런데 열역학이 추상적이거나 상상을 요구하는 철학적인 내용을 포함하고 있어서 초보자는 이해하기 어려워하므로 누구든지 쉽게 이해할 수 있는 교재의 필요성이 대두되어 뜻을 같이하는 저자들이 대학에서 강의하는 내용을 토대로 하여 이 책을 집필하였다.

따라서 본문 내용은 기본 개념으로부터 응용 단계에 이르기까지 이해하기 쉽게 설명하고 누구나 흥미를 가지고 습득할 수 있도록 배려하는데 힘썼다. 그리고 공부한 내용을 충분히 익히고 응용할 수 있도록 많은 예제를 두어 자세히 풀이하였고, 실무 적용 능력을 기르기 위하여 각 단원마다 연습문제와 해답을 수록하였다.

이 책은 모두 10장으로 구성되며, 1장부터 4장까지의 전반부에는 기본 법칙에 관한 내용을 다루었고 5장부터 10장까지의 후반부에는 앞에서 배운 기본 법칙을 실제 에너지 변환장치나 전달장치 등에 적용하기 위한 열기관 사이클 및 유동과 전열에 관한 내용을 기술하였다.

한편 이 책은 여러 교수들이 분담하여 집필하였기 때문에 표현상의 통일성을 갖도록 힘썼으나 뜻하지 않은 오류나 미흡한 부분에 대해서는 독자 여러분의 지적과 성원에 힘입어 수정 보완할 것을 약속한다,

끝으로 집필에 참조 또는 인용한 국내외의 여러 저서와 문헌의 원 저자분들께 진심으로 감사드리며, 본 교재가 출간되도록 힘써 주신 대영사 관계자 분들께도 감사드린다.

2003년 1월

저자 일동

목차

제 1 장 개념과 정의

제 2 장 열역학 제 1법칙

제 3 장 완전가스

제 4 장 열역학 제 2법칙

제 5 장 가스동력 사이클

제 6 장 증기(실제가스)

제 7 장 증기동력 사이클

제 8 장 압축성 유체의 유동

제 9 장 냉동 및 냉동 사이클

제 10 장 전 열

부록

제1장 개념과 정의

열역학은 에너지 전달 및 에너지 변환과 이와 같은 과정에 따른 물질의 열적·기계적·전자기적, 그리고 화학적 거동을 다루는 학문이다. 자연계에서의 모든 변화에는 항상 에너지 전달 및 에너지 변환 과정이 따른다. 따라서, 인간은 이와 같은 과정을 늘 경험하면서 살고 있으며, 이 같은 경험을 토대로 하여 에너지 전달 및 변환에 관한 기본 법칙으로 열역학 제 2법칙이 확립되었다.

따라서, 복잡하게는 핵 발전으로부터 단순한 문제로는 단진자 운동에 이르기까지 모든 물리·화학적 현상들은 이들 법칙이 만족되어야 하기 때문에, 우리가 다루는 모든 물리·화학적 현상들을 좀 더 깊이 있게 이해하기 위해서는 '열역학'이라는 과학을 필수적으로 이해해야만 한다. 이 장에서는 열역학을 학습하는 데 알아야 할 용어와 개념을 살펴보기로 한다.

1.1 열역학계

어떤 물질이나 공간의 물리・화학적인 현상을 해석하기 위해서는 우선 계를 설정하게 되는데, **계**(system)는 해석을 목적으로 관심을 두고자 하는 정해진 어떤 양의 물질이나 혹은 공간으로 정의한다. 그림1・1에서 보는 바와 같이 계가 설정되면, 계에 대하여 외부에 있는 모든 것들은 **주위**(surroundings)가 되며, 계와 주위간의 경계를 **계경계**(system boundary)라고 한다.

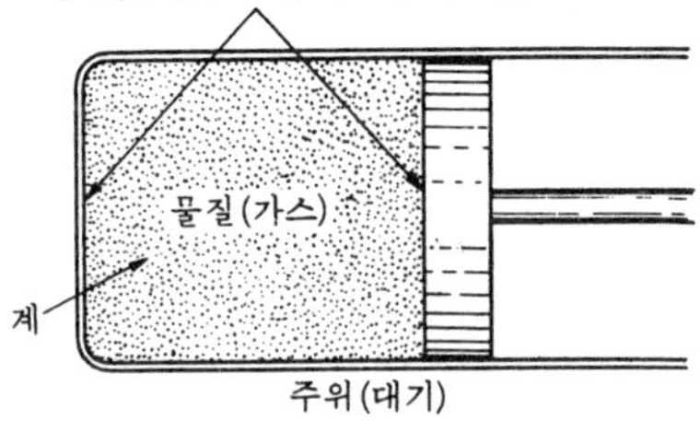

그림 1・1 계 및 주위

우리는 쭈글쭈글한 고무공을 뜨거운 물 속에 넣어 팽팽하게 만드는 경험을 갖고 있다. 이 과정은 물로부터 공 속의 공기로 열이 전달되어 공기의 압력이 높아지기 때문에 일어나는 것이다. 이 과정에서 공기로의 에너지 전달에 따른 공의 물리적 변화를 관찰하고자 한다면, 고무 공 속의 공기가 관찰자의 계가 되는 것이다. 이 경우 공기를 싸고 있는 경계면은 팽창과정 중 변하지만, 경계 내의 물질은 처음과 동일한 물질이며 양도 변하지 않는다. 따라서, 이와 같은 계를 **밀폐계**(closed system)라고 한다.

다음은 **개방계**(open system)에 대하여 알아보자.

여러분은 고무물총을 가지고 놀던 경험을 갖고 있을 것이다. 물총의 손잡이 부분의 물주머니를 손으로 누르면 누르는 힘에 따라 물 총구로 분사되는 물의 속도가 달라지게 된다. 이 현상은 우리의 손으로부터 물주머니로 일이 전달되는 과정이며, 전달되는 일이 클수록 물주머니 내의 물의 압력이 높아지고, 물의 압력이 높을수록 물 총구로 분사되는 물의 속도가 커지는 것이다. 이와 같은 현상에서 총구 입구로 들어오는 물의 압력에 따라 대기로 분출되는 총구 출구의 물의 속도를 해석하고자 한다면, 물이 유입되어 분사되어 나가는 물의 통로를 계로 설정하게 되는데, 이 경우는 계가 물질이 아니고 공간이 된다. 따라서, 이와 같은 계를 **검사체적**(control volume)이라고도 한다. 검사체적이라는 용어를 사용할 경우는 계의 경계를 **검사표면**(control surface)이라고 한다.

또한, 우리가 다루는 밀폐계 중에는 주위와 전혀 에너지 교환을 하지 않는 계가 있는데, 이와 같은 계를 **고립계**(isolated system)라고 한다.

1.2 상태 및 상태량

상태(state)란 특정한 시간에 있어서 계의 물리・화학적 특성을 의미한다. 계의 상태는 어떤 관찰 가능한 물리적 특성값들로서 나타나게 된다. 예를 들어 온도, 압력, 체적, 질량 등이 계의 물리적 특성값이 되겠다. 이와 같은 물리적 특성값을 **상태량**(properties)이라고 한다. 또한, 계의 상태량이란 말은 계 전체에 대하여 의미를 가진다. 이는 계를 구성하고 있는 입자들간의 열역학 평형이 이루어져 있다는 의미를 내포하고 있다.

완전하게 계의 상태를 나타내기 위해서는 계의 상태량을 모두 알아야만 할 것이다. 그러나 우리가 다루는 실제 물질들은 나중에 배우게 될 순수물질이라는 이상적 물질로 모델화하여 다루게 되는데, 이러한 경우는 계의 상태를 두 가지의 독립 상태량으로 나타낼 수 있다.

계의 상태량들은 그 계가 과거로부터 현재상태에 도달될 때까지의 경력을 제시해 주지는 못한다. 이 말은 상태량이란 과거의 상태에서 현재 상태까지 도달되는 경력에는 무관하다는 의미가 된다. 따라서, 상태량은 수학적으로 **점함수**(point function)의 특성을 갖고 있다.

계의 상태량은 **강도성 상태량**(intensive property)과 **질량의존성 상태량**(extensive property)으로 구분한다. 어떤 계를 이등분하였을 때 각 부분의 질량은 전체계의 질량의 반이 된다. 이 경우 각 부분의 압력과 체적을 관찰해 보면 각 부분의 압력은 전체계의 압력과 같고, 체적은 전체계의 체적에 반이 된다. 즉, 압력은 계의 질량에 무관하지만, 체적은 질량에 정비례하여 변한다. 압력과 같이 계의 질량에 무관한 상태량을 강도성 상태량이라 하고, 체적과 같이 계의 질량에 정비례하는 상태량을 질량의존성 상태량이라고 한다.

1.3 순수물질

어떤 계의 상태를 엄밀하게 나타내기 위해서는 그 계의 온도, 압력, 체적, 질량 및 앞으로 배울 계의 에너지 상태를 나타내는 여러 상태량과 전자기적인 상태량, 표면효과에 관한 상태량 등 수 없이 많은 상태량이 주어져야 한다. 그러나 이와 같이 어떤 계의 모든 상태를 나타내는 것은 엄밀하기는 하나 우리가 어떤 문제를 해석하여 해에 효과적으로 접근하는데는 오히려 방해가 되는 경우가 대부분이며, 불필요하게 많은 시간과 노력이 요구된다. 따라서, 우리는 어떤 문제를 해석할 때 그 해에 정확하게 접근할 수 있으며, 해석을 쉽게 할 수 있도록 몇 가지의 가정을 설정하여 모델화하는 것이 대단히 중요하다.

계의 상태를 나타내는 것을 좀더 단순하게 하는 모델화로서 **순수물질**(pure substance)이라는 모델이 있다. 이 순수물질은 균질하고, 일정한 화학적 조성을 갖는 물질을 말한다. 우리가 다루는 물질들은 순수물질이라고 가정하여도 큰 오차 없이 정해에 접근할 수 있는 경우가 대부분이다. 예를 들어 상변화(phase change)가 없는 범위에서 물이나 공기 등으로 이루어져 있는 계를 다룰 때 계를 순수물질이라는 가정을 두고 문제를 해석할 수 있다. 이러한 가정을 두면 앞에서 말한 계의 상태를 나타낼 때 수 없이 많은 상태량 중 **독립 상태량**(독립 상태량이란 두 상태량간에 함수 관계가 없는 독립적 상태량을 의미한다) 두개만 주면 그 계의 상태를 완전히 나타낼 수 있다. 왜냐하면 순수물질의 경우는 상태량간의 수학적 함수관계를 갖고 있으므로 두개의 독립 상태량으로부터 다른 상태량들이 결정되기 때문이다.

앞으로 여러분은 어떤 상태량을 독립 상태량으로 택하는 것이 문제의 해석을 정확하고 쉽게 할 수 있는가를 경험을 통해 터득해야 할 것이다. 이 문제에 있어서 한 가지 기억해 둘 필요가 있는 것은, 우리가 측정할 수 있는 상태량은 온도, 압력, 질량 및 체적 정도라는 것이다.

1.4 과정과 사이클

과정(process)이란 계의 연속적인 상태의 변화 도정을 의미한다. 따라서 계가 하나의 어떤 특정한 과정을 정확히 표현하기 위해서는 그 계의 처음상태, 최종상태, 그리고 처음상태에서 최종상태에 이르기까지의 도정 및 계와 주위간의 에너지 교환 등을 나타내야 한다. 과정 중에는 처음상태로부터 상태변화가 일어나 최종상태가 처음상태로 다시 돌아오는 특수한 경우가 있는데, 이와 같은 과정을 **사이클**(cycle)이라고 한다.

우리가 앞으로 다룰 여러 가지 과정을 관찰해 보면, 계의 여러 가지 상태량 중 한 가지의 상태량이 변하지 않고 일정하게 유지되는 경우가 있다. 이와 같은 과정 중 대표적인 과정은 온도가 일정하게 유지되는 등온과정, 압력이 일정하게 유지되는 등압과정, 체적이 일정하게 유지되는 등적과정 등이 있다.

1.5 단위 및 단위계

물질의 열역학적 특성값들을 측정가능한 양으로 다루기 위해서는 각 특성값들에 대한 척도(scale)가 필요하다. 척도의 눈금을 정하기 위해서는 얼마만큼의 변화량을 1 로 취하느냐 하는 정의가 필요한데, 이와 같은 각 특성값들의 변화량 1 에 대한 정의가 바로 **단위**(unit)이다.

이들 단위 중 계의 열역학적 변화를 측정하기 위한 기본단위로는 질량, 길이 및 시간에 대한 단위이다. 이 책 전체를 통하여 사용하게 될 단위계는 **SI단위**라 불리는 **국제단위계**(international system unit)이다. 국제 단위계에서는 질량의 기본단위를 킬로그램(kilogram : kg), 길이의 기본단위를 미터(meter : m), 시간의 기본단위를 초(second : s)로 하고 있다.

우선 우리가 다루게 될 여러 가지 단위들에 대하여 좀더 쉽게 이해할 수 있도록 단위계에 관한 기본 정의를 살펴보기로 한다.

단위의 목적은 앞에서 언급한 바와 같이 측정 가능한 물리적 현상들에 있어서의 변화량을 수치적으로 다룸으로써 해석적으로 설명할 수 있도록 하는 데 있다.

계의 특성과 거동을 설명하는 데 사용되어지는 물리적 기본변수는 길이, 질량, 시간, 온도, 전기대전량(electric charge) 등이 있다. 이들 기본변수들에 대한 단위를 어떻게 정하느냐에 따라 물리적 특성값들에 대한 단위계는 여러 종류가 될 수 있다. 따라서, 우리가 다루는 물리적 현상을 해석하는 데는 단위계의 선택이 가장 우선되어야 한다.

기계적 현상에 대한 단위계는 뉴턴의 운동 제2법칙과 만유인력의 법칙을 기초하여 구성한다. 뉴턴의 운동 제2 법칙은 다음과 같다.

$$F \approx d(m \cdot v)/dT \tag{1.1}$$

여기서, F : 힘, M : 질량, υ : 속도, T : 시간

식 (1.1)에 비례상수 C 를 취하고 다시 정리하면,

$$F = C \cdot m \cdot a \tag{1.2}$$

여기서 a는 가속도로서 $d\upsilon/dT$이다.

이제 기본변수에 대한 단위를 정하여 힘의 단위를 결정하면 된다.

질량, 길이, 시간의 단위를 각각 kg_m, m, s로 취할 경우 $1kg_m$를 $1m/s^2$의 가속을 내는 데 필요한 힘은 다음과 같다.

$$F = C \cdot (1\ kg_m) \cdot (1\ m/s^2) \tag{1.3}$$

식(1.3)에서의 비례상수 C 는 우리가 적당히 취할 수 있으므로, C 를

$$C = 1N/(kg_m \cdot m/s^2)$$

으로 취하면 다음과 같이 된다.

$$F = 1N/(kg_m \cdot m/s^2) \times 1\ (kg_m \cdot m/s^2) = 1N$$

즉, 힘 1N(Newton)은 $1kg_m$의 가속도를 갖는 데 필요한 힘의 단위가 된다. $1kg_m$가 지구 중력장 내에서의 평균중력 가속도 9.8(m/s^2)과 같은 가속을 내는 데 필요한 힘을 정의해 보면, 식(1.2) 로 부터

$$F = C \cdot 99.8\text{kg}_\text{m}) \cdot (\text{m/s}^2) \qquad (1.4)$$

와 같다. 식(1.4)의 비례상수 C 를

$$C\text{=1kg}_\text{f}/(9.8\text{kg}_\text{m} \cdot \text{m/s}^2)$$

로 취하면 다음과 같다.

$$F\text{=1kg}_\text{f}/(9.8\text{kg}_\text{m} \cdot \text{m/s}^2)\times 9.8(\text{kg}_\text{m} \cdot \text{m/s}^2)\text{=1kg}_\text{f}$$

즉, 힘 **1kg**$_\text{f}$는 질량이 9.8m/s^{2}의 가속도를 갖는 데 필요한 힘의 단위가 된다. 따라서, 힘의 단위를 N으로 정한 단위계와 kg$_\text{f}$로 정한 단위계에서 같은 수치로 주어진 힘 사이에는 9.8배의 차이가 생긴다.

우리는 물리적 현상을 해석하기 위하여 식에 대입해야 할 여러 가지 물리적 변화량을 편의상 다른 단위계에서의 단위로 측정할 경우가 있다. 이러한 경우에 해석자는 단위계를 정하고, 모든 측정량을 정해진 단위계에서의 값으로 환산하여 계산식에 대입해야만 한다.

1.6 일, 열 및 동력의 단위

1.6.1 일과 열의 단위

앞으로 다룰 열역학 현상 중에서 대표적인 일과 열에 관한 단위는 다음과 같다.

일의 단위는 단위계에 따라 J, $kg_f \cdot m$, $lb_f \cdot ft$ 등이 있다. 1J은 1N의 힘으로 1m 움직이는 데 필요한 에너지량이고, **1$kg_f \cdot m$**는 1kg의 힘으로 1m 움직이는 데 필요한 에너지량이며, **1$lb_f \cdot ft$**는 1lb_f으 힘으로 1ft 움직이는 데 필요한 에너지량이다.

따라서, 이들 단위들 사이의 환산값은 다음과 같이 된다.

$$1kg_f \cdot m = 9.8\ N \cdot m = 9.8\ (J)$$

$$\begin{aligned} 1lb_f \cdot ft &= 32.174\ (lb_m \cdot ft/s^2) \cdot ft \\ &= 32.174 \times 0.4536\ (kg_m) \times 0.3048\ (m/s^2) \times 0.3048\ (m) \\ &\fallingdotseq 1.3558\ (kg_m \cdot m/s^2) \cdot m \\ &\fallingdotseq 1.3558\ (N \cdot m) \\ &\fallingdotseq 1.3558\ (J) \end{aligned}$$

열의 단위는 J, Btu, kcal 등이 있다. **1Btu**는 68°F의 물 1lb_m을 상승시키는데 필요한 열량이며, **1kcal**는 20℃의 물 1kg_m을 1℃상승시키는 데 필요한 열량으로 정의한다.

이들 단위들간의 환산값도 일의 경우와 같은 방법으로 구할 수 있다.

다음 장에서 자세히 학습하게 되겠지만, 1kcal는 427$kg_f \cdot m$와 같은 에너지량이고, 1Btu는 778.16$lb_f \cdot ft$와 같은 에너지량이며, 따라서 다음과 같다.

$$1\text{kcal}=427(\text{kg}_f \cdot \text{m})$$
$$=427\times 9.8\text{J}=4185(\text{J})$$
$$1\text{Btu}=778.16(\text{lb}_f \cdot \text{ft})$$
$$=778.16\times 1.3558\text{J}=1055.1(\text{J})$$

1.6.2 동력의 단위

동력(power)은 단위시간 동안 할 수 있는 일로 정의한다. 따라서, 동력의 단위는 다음과 같이 정의하고 있다.

$$1\text{W}=1(\text{J/s}),\ 1\text{kW}=102(\text{kg}_f \cdot \text{m/s})$$
$$1\text{PS}=75(\text{kg}_f \cdot \text{m/s})$$

그러므로 이들 단위 시간의 환산값은 다음과 같이 된다.

$$1\text{PS}=75(\text{kg}_f \cdot \text{m/s})$$
$$=75\times 9.8(\text{J/s})=735.5(\text{W})$$

여러 가지 단위계간의 환산값은 〈부록2〉 에 나타내 두었다.
표1.1은 국제 단위계의 접두어를 나타낸다.

표 1.1 국제 단위계의 접두어

배수	접두어	기호	배수	접두어	기호
10^{9}	giga	G	10^{-1}	deci	d
10^{6}	mega	M	10^{-2}	centi	c
10^{3}	kilo	k	10^{-3}	milli	m
10^{2}	hecto	f	10^{-6}	micro	μ
10	deca	da	10^{-9}	nano	n

1.7 비체적 및 밀도

비체적이나 밀도는 계를 구성하고 있는 물질의 조밀한 정도를 나타내는 물리적 특성값이다. **비체적**(specific volume) v는 계의 단위질량이 차지하는 체적으로 정의되며, 다음 식으로 주어진다.

$$v = \frac{V}{m} \tag{1·5}$$

여기서 V : 계의 체적, m : 계의 질량

중력장에서의 계의 비체적은 계 내의 각 지점에 따라 변할 수 있다. 그러나 우리가 고려하는 중력장 내의 대부분의 계는 비교적 공간이 작기 때문에 높이에 따른 비체적의 변화를 고려할 필요는 없다.

밀도(density) ρ는 계의 단위체적 내에 포함되어 있는 질량으로 정의되며, 다음 식으로 주어진다.

$$\rho = \frac{m}{V} \qquad (1 \cdot 6)$$

이 책에서는 밀도 ρ에 대하여도 중력장의 영향을 고려하지 않는다.

계의 비체적이 작을수록, 혹은 밀도가 클수록 계를 구성하고 있는 물질이 조밀한 상태에 있다는 의미를 지닌다. 단위계에서 비체적의 단위는 (m^3/kg)와 (m^3/kmol)이고, 밀도의 단위는 (kg/m^3)와 (kmol/m^3)이다.

1.8 압 력

압력(pressure)은 단위 면적당 힘의 수직성분이라 정의하며, 다음 식으로 주어진다.

$$p = \frac{F_n}{A} \qquad (1 \cdot 7)$$

여기서 F_n은 표면적 에 수직한 힘을 의미한다.

점성이 큰 유체를 다룰 때는 각 방위에 따른 응력(stress) 상태의 변화가 중요한 고려사항이 되지만, 이 책에서 다루는 물질들은 점성이 매우 적은 물질을 다루기 때문에 점성의 효과를 고려하지 않는다.

SI 단위계에서의 압력단위는 Pa(Pascal)을 사용하며, 1Pa는 $1m^2$의 면적에 1N의 힘이 작용하는 압력을 나타낸다.

1Pa=1(N/m^2)

1bar=10^5(N/m^2)

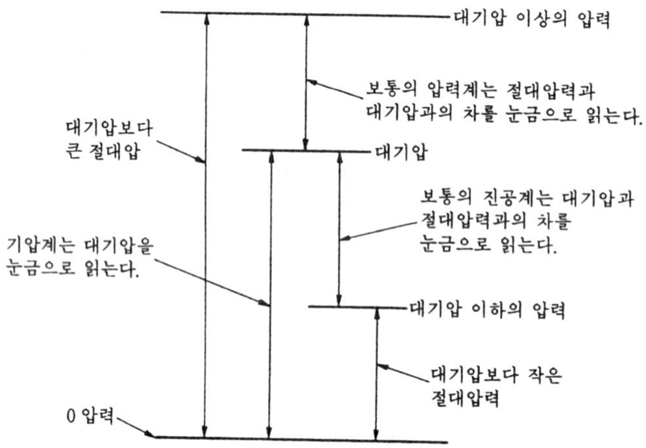

그림 1·2 측정압력에 사용되는 용어 설명

일반적으로 압력계 또는 진공계로 측정되는 압력은 그 계기가 있는 곳의 대기압과 계의 절대압력의 차로 나타낸다. 따라서, 계의 **절대압력**(absolute temperature)은 측정 압력에 측정시의 대기압을 더한 값으로 구한다(그림1·2 참조).

절대압력=측정압력+대기압

대기압에 비하여 큰 차이가 없는 압력은 주로 **액주계**(manometer)를 이용하여 측정하는 것이 비교적 간단하다. 그림1·3과 같은 액주계에서 액면의 높이차 L을 측정하여 측정압력 $p_{측정}$을 구하는 식은 다음과 같다.

$$p_{측정} = \rho \cdot g \cdot L \qquad (1 \cdot 8)$$

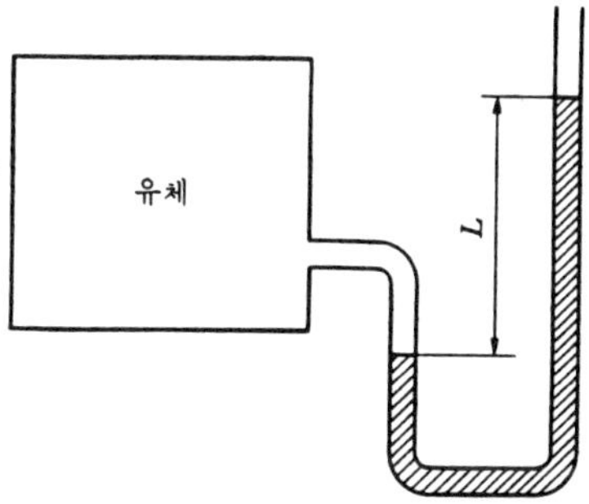

그림 1·3 액주계를 사용한 압력측정의 예

여기서 ρ : 액주계 내에 담겨 있는 액체의 밀도
g : 중력 가속도

단, 이 식에 밀도는 (kg/m^3), 길이는 (m), 중력 가속도는 (m/s^2)의 단위로의 값을 대입하면, 계산된 수치에 대한 압력단위는 (Pa)가 된다.

1.9 온도 및 열역학 제0 법칙

어떤 물질의 온도는 그 물질의 뜨겁고 찬 정도를 나타낸다. 그러나 뜨겁다 혹은 차다라는 표현은 인간의 촉감에 의한 평가이기 때문에 객관성을 갖지 못한다. 즉, 동일한 물질에 대한 온도는 측정한 사람의 촉감에 따라 다르게 평가될 수 있다. 따라서, 물질의 온도에 대한 객관성을 부여하기 위한 법칙을 요구하게 되는데, 이 법칙을 열역학 제0 법칙이라고 한다.

열역학 제0 법칙은 "A와 B 두 물질이 제3의 물질 C와 각각 온도의 동등성을 이루고 있으면, A와B 간에도 온도의 동등성을 가진다"이다. 여기서 C를 온도계로 생각하면 된다. 즉, 이 법칙은 온도측정의 기초가 되는 것이다.

대부분의 물질들은 온도가 증가하면 체적이 증가하는데, 이와 같은 성질을 이용한 온도계가 수은 온도계나 알코올 온도계이다. 또한, 구리와 같이 도체인 물질은 온도가 증가하면 전기저항이 증가한다. 이와 같은 성질을 이용한 온도계가 전기저항 온도계이다.

물질의 온도를 측정하기 위해서는 역시 표준척도가 필요하다. 단위계에서 온도를 측정하는 데 사용되는 척도는 **섭씨척도**(celsius scale)이며 기호는 ℃이다. 온도는 물질의 열적상태(ethrmal potential)를 나타내는 물리적 특성값이다. 따라서, 온도를 측정하는 방법이나 온도를 측정하는 데 사용하는 물질과 무관한 온도의 척도가 정의되어야 한다. 이와 같은 온도의 절대척도를 열역학적 절대온도라 하며, 후에 열역학 제2 법칙에서 다루게 된다. 단위계에서의 온도에 대한 절대척도는 **켈빈 척도**(Kelvin scale)이며, 섭씨온도 t_c와의 관계는 다음과 같다.

$$T_k = t_c + 273.15$$

여기서 T_k는 켈빈 척도의 절대온도이다.

예제 1.1

표준 대기압을 수은주의 높이로 표시하면 760mmHg이다. 이 압력은 SI단위로는 몇 kPa인가?

풀이

수은의 비중은 약 13.6이다. 따라서 ρ_{Hg}=13600kg/m^{3}이므로, $p=\rho \cdot g \cdot L$에서

$$
\begin{aligned}
p &= 13600\text{kg/m}^3 \times 9.8\text{m/s}^2 \times 0.76\text{m} \\
&= 101.3 \times 10^3 (\text{kg} \cdot \text{m/s}^2)\text{m}^2 \\
&= 101.3 \times 10^3 \text{N/m}^2 \\
&= 101.3 \times 10^3 (\text{Pa}) \\
&= 101.3 (\text{kPa})
\end{aligned}
$$

예제 1.2

질량이 20kg인 추를 지름 5㎝인 실린더의 피스톤 위에 올려놓았다. 실린더내 가스의 절대압력은 몇 at인가? 단, 1at=1kg$_f$/cm^{2}이며, 대기압은 1.03at이다.

풀이

질량이 20kg인 추의 무게는 지구 중력장 내에서 $20kg_f$이다. 따라서, 추의 무게에 의하여 나타나는 압력 p는

$$p_{측정}=\frac{F}{A} \text{에서}$$

$$=20kg/\left(\frac{1}{4}\times\pi\times5^2\right)cm^2$$

$$=1.02(kg_f/cm^2)=1.02at$$

따라서, 절대압력=측정압력+대기압의 관계가 있으므로 절대압력은 다음과 같다.

$$p_{절대}=1.02+1.03=2.05at$$

예제 1.3

위의 예제 1・2의 절대압력은 몇 kPa인가?

풀이

$$p=2.05at=2.05kg_f/cm^2$$

$$=2.05\times9.8N/\left(\frac{1}{100}m\right)^2=2.05\times9.8\times10^4(N/m^2)$$

$$=2.05\times9.8\times10\times10^3Pa=200.9(kPa)$$

예제 1.4

15kcal는 몇 kJ인가?

풀이

1kcal는 $427kg_f \cdot m$이다. 따라서

$$\begin{aligned} 15kcal &= 15\times427(kg_f \cdot m) \\ &= 15\times427\times9.8(N \cdot m) \\ &= 62769(J) = 62.769(kJ) \end{aligned}$$

연 습 문 제

1. 질량이 100kg인 물체에 50kg_f의 힘을 가했을 때 이 물체의 가속도는 몇 m/s^2이 되는가?

답 4.9(m/s^2)

2. 중력 가속도가 5m/s^2인 중력장 내에 질량이 400kg인 물체가 있다. 이 물체가 이 중력장 내에서 갖는 중량은 몇 kg_f인가?

답 204(kg_f)

3. 중력 가속도가 9.55m/s^2인 위치에서 용수철 저울로 어떤 물체의 무게를 달아보았더니 32kg_f이었다. 이 물체의 질량은 몇kg인가?

답32.8(kg)

4. 표준 대기압 상태에서 어떤 용기 내 가스의 압력을 마노미터로 측정하였더니 마노미터 내 유체의 높이차가 105cm이었다(대기 중에 노출되어 있는 쪽의 유면이 높음).마노미터에 들어있는 유체의 밀도가 1500kg/m^3라면, 이 용기 내 가스의 절대압력은 몇ka인가?

답 116.7(kPa)

5. 지구 중력장 내에서 면적이 600mm^{2}인 피스톤이 정착된 수직한 실린더 내에 가스가 들어 있다. 피스톤 중량이 100kN이고, 외부 대기압이 110kPa라면 가스의 절대 압력은 몇 kPa인가?

답 166776(kPa)

6. 147℃는 몇。F인가?

답 296.6(。F)

7. 460K는 몇 R인가?

답 828(R)

8. 1000kg_f · m 는 몇 Btu인가?

답 9.294(Btu)

9. 리프트 카가 무게 0.8ton인 물체를 높이 5m의 선반 위에 등속도로 올리는 데 5초 걸린다면, 이 리프트 카가 들어올리는 데 필요한 동력은 몇 kW인가?

답 7.84(kW)

참 고 문 헌

(1) 最新工業熱力學, 盧承卓, 文運堂

(2) 新制 工業熱力學, 李昌植 · 韓英出, 文運堂

(3) 工業熱力學通論, 大賀悳二 · 薺武, 日刊工業新聞社

(4) Fundamentals of Classical Thermodynamics, 2nd ed., Gordon J. van Wylen and Richard E. Sonntag, New York Wiley.

제2장 열역학 제1법칙

열은 본질상으로 에너지의 한 형태이다. 따라서, 열에너지는 다른 에너지로, 다른 에너지는 열에너지로 전환할 수 있다. 열역학 제1법칙은 열역학의 기초법칙으로서 에너지 보존(The law of the conservation of energy)의 법칙이 성립함을 표시한 법칙이다.

이 장에서는 열의 개념과 열과 에너지에 대하여 설명보고 에너지 보존 법칙으로 알려진 열역학 제1법칙을 다루게 될 것이다. 다음으로는 내부에너지를 포함하여 물체가 가지고 있는 여러 가지 에너지에 관하여 논하고 계의 상태변화에 대한 열역학 제1법칙의 수학적 표현에 관해 설명한다. 그 다음으로는 새로운 상태량인 엔탈피(enthalpy)에 대하여 설명하고, 이들 이론을 계에 적용하기 위하여 개방계 및 밀폐계에 대한 열역학 제1법칙의 식을 유도하고 끝으로 열역학 계에서 이뤄지는 가역 변화와 일에 관하여 논할 것이다.

2.1 일과 열

2.1.1 일의 정의

일(work)은 변위 x 를 통하여 작용하는 힘으로 정의되며, 달리 표현하면 힘(force)에 힘이 작용하는 방향으로의 변위를 곱한 것이며 다음 식으로 표시된다.

$$W = \int_1^2 F \cdot dx \qquad (2 \cdot 1)$$

이를 이용하면 어떤 무게를 들어올리거나 와이어(wire)를 잡아늘이거나 할 때 필요한 일을 구할 수 있다. 그러나 열역학을 거시적인 관점에서 다룰 때에는 일의 정의를 계, 상태량 및 과정의 개념과 결합시키는 것이 유리하다. 따라서, 일을 다음과 같이 설명할 수 있다. 즉 주위에 미치는 유일한 효과가 어떤 무게를 들어올리는 것으로 될 수 있으면 계에 의해서 일이 행해진 것이다. 일반적으로 계가 행한 일(work done by a system)은 양(positive)으로 생각하고 외부의 힘으로 인해 계에 대해서 행하여진 일(work done on a system)은 음(negative)으로 생각한다.

그리고 일은 주어진 한 상태로부터 또 하나의 다른 상태로 갈 때, 진행한 경로에 의해 좌우되므로 경로함수(path function)라고 부르며 수학용어를 사용하여 δW로 나타내는데 이는 불완전 미분(inexact differenctial)을 의미하는 것이다.(일반적으로 완전미분(exact differential)에 대해서는 d를 쓰고 불완전 미분에 대해서는 δ를 사용한다).

2.1.2 열의 정의

열(heat)은 주어진 온도 상태에 있는 어떤 계의 경계를 넘어서 보다 낮은 온도 상태에 있는, 또 하나의 계로 온도차에 의하여 전달되는 에너지의 형태라고 정의된다. 즉, 열은 보다 높은 온도의 계로부터 보다 낮은 온도의 계로 전달되는 에너지이며, 그 열전달은 단지 두 계 사이의 온도차 때문에 일어난다. 따라서, 흐름이 중지되면 이것을 열이라는 말로 표현할 수 없게 된다. 그리고 열에 대한 또 다른 하나의 정의는, 물체는 결코 열을 포함하지 않으며 단지 계의 경계를 넘어서 전달되는 에너지이다.

그리고 수학적인 관점에서는 열은 일과 마찬가지로 경로함수이며 불완전 미분으로 인정된다. 열은 불완전 미분(inexact differential)이므로 δQ로 쓰인다.

2.2 열과 에너지

2·1절에서 언급한 바와 같이 열과 일은 그 형태에 있어 다를지라도 에너지임에는 틀림없다. 1847년 영국의 Joule(James Prescott Joule, 1818-1889)은 그림 2·1과 같은 장치를 이용하여 일과 열의 상당량을 실험으로 구하였다.

실험장치의 구성은 물이 들어 있는 열량계 내에 고정날개(2)를 설치하고 회전하는 날개차(3)를 고정날개 사이에서 회전시켜 물을 교반 하도록 하였으며, 회전하는 날개차는 날개차 축에 설치된 추가 낙하함으로써 회전한다. 이 때 추의 낙하에 의한 일량과 열량계 내의 물의 온도상승에 의한 열량이 같다고 가정하여 열 상당량을 구하였다. 이 때 일 W와 열량 Q사이에는 일정한 관계가 성립하며 다음과 같다.

$$Q = AW \tag{2·2}$$

또는

$$W = JQ$$

여기서 비례상수 A를 **일의 열당량**(thermal equivalent of work), J를 **열의 일당량**(mechanical equivalent of heat)이라 하며, 이들 값은 다음과 같다.

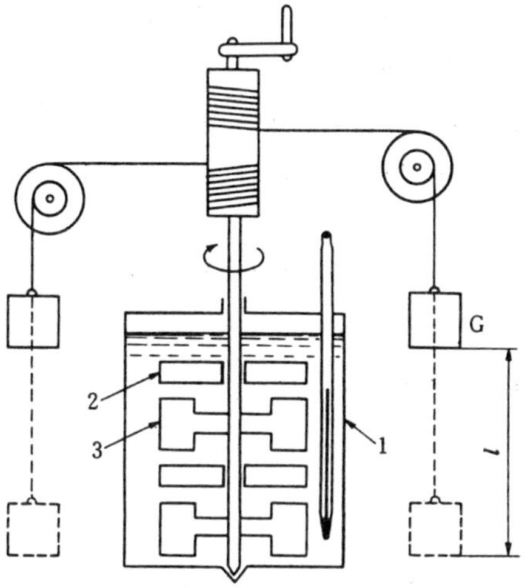

그림 2 · 1 Joule의 실험 장치

$$A = 1/427(\text{kcal/kg}_f \cdot \text{m})$$

$$J = 427(\text{kg}_f \cdot \text{m/kcal}) \qquad (2 \cdot 3)$$

SI단위에서는

$$A = 1(\mathrm{J})/(\mathrm{N} \cdot \mathrm{m})$$

$$J = 1(\mathrm{N} \cdot \mathrm{m})/(\mathrm{J}) \qquad (2 \cdot 4)$$

이와 같이 열의 본질은 에너지이며 미시적으로 보면 분자의 운동에너지 그 자체이다. 동일한 열용량에 대해서는 분자의 운동이 크면 열에너지도 크고, 온도도 높게 된다.

2.3 열역학 제1법칙

에너지는 일 및 열 외에 운동 에너지, 위치 에너지, 전기 에너지, 자기 에너지, 화학 에너지, 표면 에너지, 복사 에너지 등 여러 종류가 있다. 이들 여러 가지 에너지는 단지 그 형태만 다를 뿐 본질은 동일한 것으로, 한 형태에서 다른 형태로 변환 할 수 있다. 그러나 어떤 에너지도 아주 소멸되거나 새로 창조 할 수는 없다. 이 사실로부터 헬름홀츠(H. Helmholtz)는 하나의 자연 법칙을 다음과 같이 표현하였다.

"하나의 계가 가지는 에너지의 총합은 외부와의 사이에 교환이 없는 한 일정하고 외부와의 사이에 교환이 있으면 주고받는 양만큼 감소 또는 증가한다". 이를 **에너지 보존의 법칙**(law conservation of energy)이라 한다.

열역학 제1법칙은 이 에너지 보존의 법칙을 열 현상에 응용한 것으로 다음과 같이 표현할 수 있다.

"열은 본질상 일과 같은 에너지의 한 형태이며, 열은 일로 변환할 수 있으며 그 역도 가능하다". 이를 **열역학 제1법칙**(the first law of thermodynamics)이라 하며, 이를 식으로 표현하면 다음과 같다.

$$\oint \delta W = J \oint \delta Q \qquad (2 \cdot 5)$$

여기서 J 는 열의 일당량이다. 그러나 SI 단위계에서는 J 는 1이다.

$$\oint \delta W = \oint \delta Q \qquad (2 \cdot 5')$$

에너지 보존의 법칙에 관련된 것으로, 에너지 보존의 법칙을 동력을 발생하는 기계에 적용하면, 기계가 동력을 발생할 때는 동시에 다른 형태의 에너지를 소비하지 않으면 안 된다. 즉, "에너지를 소비하지 않고 계속하여 동력을 발생 할 수 있는 기계 장치의 구성은 불가능하다". 만약, 이와 같은 기계가 존재한다고 하면 이것을 **제1종 영구운동**(perpetual motion of the first kind)을 하는 기계라 한다. 따라서, 열역학 제1 법칙은 제1종 영구운동기계의 존재를 부정한다.

예제 2. 1

수 동력계(hydraulic dynamometor) 로 어떤 기관의 축출력을 측정하였더니 2000rpm에서 토크가 750Nm이다. 이 때 동력계에 들어가는 냉각수 양이 20℃의 물 2000 l/h이면 기관의 출력과 동력계에서 나오는 냉각수의 출구 온도는 각각 얼마인가?

단, 물의 비열은 4.19kJ/kgK이다.

풀이

기관에서 발생한 출력이 수동력계를 순환하는 냉각수에 흡수된다. 따라서,
기관의 출력 $W = 2\pi TN/60$이므로

$$W = 750 \times 2 \times \pi \times 2000 \div 60 = 155000\,W = 155(kW)$$

냉각수가 1시간에 흡수해야 하는 열량은

$$Q = 155 \times 3600 = 558000(kJ/h)$$

또한 $Q = GC(t_2 - t_1)$이므로

$$558000 = 2000 \times 4.19 \times (t_2 - 20)$$

$$\therefore\ t_2 = 86.58(℃)$$

2.4 비열

질량 $m$kg의 물체에 열량 δQ가 가해진 경우 물체의 온도상승을 dt℃라 하면 δ는 dt℃에 비례하고 m에 반비례함을 우리는 경험으로부터 알고 있는 사실이다. 이를 식으로 표시하면

$$\delta Q = mcdt = Cdt \tag{2·6}$$

가 되며, 여기서 비례상수 c는 그 물체의 재질에 관계되는 정수로서 그 물체의 비열(specific heat)이라 한다. 또, $C = mc$는 질량 $m$kg를 1℃높이는데 필요한 열량으로서 이것을 열용량(heat capacity)이라 한다.

물체의 온도를 t_1으로부터 t_2까지 가열하는 데 요하는 열량 ${}_1Q_2$는 비열 c가 일정한 경우에는

$$_1Q_2 = mc(t_2 - t_1) \tag{2·7}$$

으로 표시되며, 비열이 t 의 함수관계를 가질 때에는

$$_1Q_2 = m\int_{t_1}^{t_2} cdt = mc_m(t_2 - t_1) \tag{2·8}$$

$$c_m = \frac{1}{t_2 - t_1}\int_{t_1}^{t_2} cdt$$

로 표시된다. 여기서 c_m은 온도 t_1으로부터 t_2까지 사이의 평균비열(mean specific heat)이다.

이 평균비열은 온도범위 및 온도의 고저에 따라 다르며, 물체에 가해진 열량은 그 일부가 물체의 내부 에너지 증가에 소비되며, 나머지 열량은 외부에 행하는 일을 위해서 소비된다. 따라서, 체적을 일정하게 유지하여 가열한 경우와 압력을 일정하게 유지하여 가열한 경우는 가열량에 있어서 크기가 다르다.

즉, 상태변화에 따라 비열은 달라지며, 특히 기체에 있어서는 그 차가 크게 나타난다.

PVT계에서 체적을 일정하게 한 상태에서 기체의 온도 1℃ 높이는데 필요한 열량을 **정적비열**(constant volume specific heat)이라고 하며, c_v로 표시한다.

$$c_v = \left(\frac{\partial q}{\partial t}\right)_{v=const.} \tag{2·9}$$

또한, 압력을 일정하게 한 상태에서 온도 1℃ 높이는 데 필요한 열량을 **정압비열**(constant pressure specific heat)이라고 하며 c_p로 표시한다.

$$c_p = \left(\frac{\partial q}{\partial t}\right)_{p=const.} \tag{2·10}$$

2.5 내부 에너지와 엔탈피

2.5.1 내부 에너지(Internal energy)

물체가 보유하는 총에너지는 외적 에너지와 내적 에너지로 대별된다. 전자인 외적 에너지는 운동 에너지 및 위치에너지와 같은 역학적 에너지와 전장이나 자장 등에서의 전기·자기 에너지와 같이 외계와의 관계에 의해 좌우되는 에너지를 말하며, 후자인 내적 에너지는 물체의 온도나 압력 등과 같은 내적인 조건에 따라 좌우되는 그 자신의 내부에 갖고 있는 에너지를 말한다. 따라서, **내부 에너지**(internal energy)는 물체가 갖는 총 에너지 중에서 운동 에너지나 위치 에너지 등의 외적 에너지를 제외한 나머지 에너지를 말하며, 다음과 같이 쓸 수 있다.

물체가 보유하는 총 에너지=(외적 에너지)+(내적 에너지)
=(역학적 에너지)+(전기・전자 에너지)+(내부 에너지)

물체가 갖는 내부에너지를 미시적으로 생각해 보면 물체는 미소한 많은 분자로 구성되며, 각 분자는 끊임없이 불규칙한 운동을 하며 그 상태에 따라 개개의 분자의 병진운동에 의한 에너지와 분자 상호간의 인력에 의하여 생기는 위치 에너지, 분자 내에서 원자의 회전 및 진동에 의한 에너지를 갖고 있다.

물체 내의 전분자가 갖는 에너지의 총합은 전분자의 병진운동 에너지, 위치 에너지, 회전운동 에너지 및 진동에너지 등의 총합이 물체의 내부 에너지와 같다.

일반적으로 물체의 온도가 높아지면 분자운동도 활발해지므로 온도가 상승함에 따라 물체의 내부에너지는 상승한다. 물체를 가열하거나 냉각하면 그 상태(P, T 등)가 변화하므로 그 내부에너지도 변화한다. 또한, 에너지는 그 절대값은 알 수 없으나 그 상태량만은 온도, 압력 등의 상태변화를 알면 정확히 구할 수 있다. 그리고 내부에너지는 물체의 현재 상태만에 관계하므로 상태량이다.

내부에너지(internal energy)는 보통 기호 U (kJ)로 표시되며, 단위질량일 때의 내부에너지를 비내부 에너지(specific internal energy)라 하고 u (kJ/kg)으로 표시된다.

2.5.2 엔탈피(Enthalpy)

내부 에너지를 갖는 유체가 정상적으로 흐르고 있는 경우, 즉 개방계에 대해서 생각하면 이 유체는 내부 에너지 외에 유체를 밀어서 흐르게 하는 일의 에너지를 갖는다.

이 일은 유체의 압력을 P, 그 계의 체적을 V 라고 하면 PV 로 표시되는데, 이 PV 를 유동 에너지(flow energy)라 한다. 따라서, 이 유체가 갖는 전체 에너지는

$$U + PV = H \text{ (kJ)} \qquad (2 \cdot 11)$$

가 되며 식 2·11로 표시되는 H 를 엔탈피(enthalpy)라고 한다. 즉

엔탈피=(내부 에너지)+(유동 에너지)

가 되며 엔탈피도 하나의 상태량이 된다.

유체의 단위 질량에 대한 엔탈피는 비엔탈피(specific enthalpy) h kJ/kg라고 하며 다음과 같다.

$$h = u + pv \text{ (kJ/kg)} \qquad (2 \cdot 12)$$

가 된다.

보통 물질이 가열되면 상변화(phase change)가 일어난다. 액체를 가열하면 열량은 액체의 온도상승에 사용되어 내부 에너지를 증가시키며, 동시에 일부는 증발을 위해 사용된다. 압력이 일정하고 온도가 일정한 상태에서 1kg의 액체를 증발시키는 데 필요한 열량을 **증발잠열**(latent heat of evaporation)이라고 한다.

동일한 온도에서 증기가 응축하는 경우에는 반대로 같은 양의 응축잠열(latent heat of condensation)을 방출하게 된다. 이 증발 잠열은 동일한 압력과 온도 상태에 있는 증기의 엔탈피와 액체의 엔탈피의 차가 된다. 이 밖에 융해, 응고, 승화, 등 모든 상변화를 하는 경우에는 각각 특유의 잠열을 흡수, 방출한다.

잠열(latent heat)은 물체의 분자 상호간의 저항력을 이겨 내부적으로 일을 하고 분자의 집합상태를 변화시키는 데 필요한 열량이며, 반면에 물체의 분자운동 에너지의 증가와 물질의 온도를 상승시키는 데 필요한 열량을 **감열**(sensible heat)이라고 한다.

2.5.3 역학적 에너지

[1] 운동 에너지

지금 어느 계에 수평 외력 F 를 가하여 위치 에너지 및 내부 에너지의 변화 없이 거리 dx 만큼의 변화가 생겼다면

$$\delta W = -Fdx = -d(KE)$$

여기서 $F = ma$이므로

$$F = ma = m\frac{dv}{dt} = m\frac{dx}{dt} \cdot \frac{dv}{dx} = mv\frac{dv}{dx}$$

따라서, 운동 에너지(kinetic energy) $d(KE)$는

$$\delta W = -Fdx = -d(KE)$$

이를 적분하면

$$\int d(KE) = \int mv\,dv$$
$$KE = \frac{1}{2}mv^2 \qquad (2 \cdot 13)$$

[2]위치 에너지

위치 에너지(potential energy)에 관한 식도 같은 방법으로 구할 수 있다. 정지하고 있고 어떤 기준면의 높이에 있는 계를 생각하자. 이 계에 대해서 dZ만큼 높이를 올리는 크기의 수직력 F를 작용시키면

$$\delta W = -Fdz = -d(PE)$$

여기서 $F = ma = mg$이므로

$$d(PE) = Fdz = mgdz$$

이를 적분하면

$$\int_1^2 d(PE) = m\int_1^2 gdz$$

중력 가속도 g가 Z에 따라 변화하지 않는다고 가정하면 다음과 같이 쓸 수 있다.

$$(PE)_2 - (PE)_1 = mg(z_2 - z_1) \qquad (2 \cdot 14)$$

2.6 계의 상태변화에 대한 열역학 제1법칙

지금 계가 그림 2·2 와 같이 상태 1에서 상태 2까지 a 경로를 거쳐 변화하고, 다시 상태 2 에서 상태 1 까지 b 경로를 거쳐 되돌아오는 사이클을 겪는 계를 생각한다.

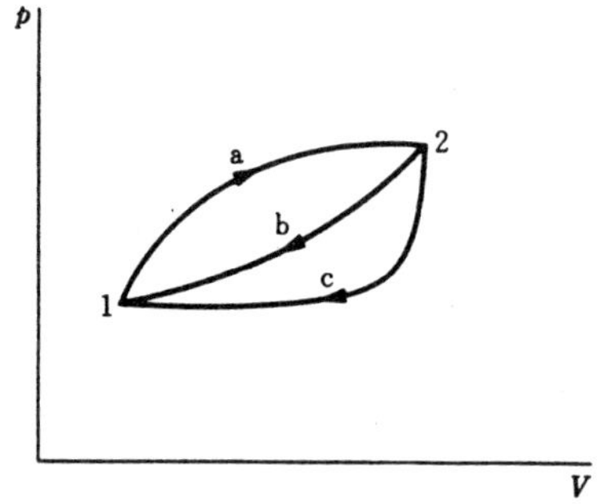

그림 2·2 열역학적 상태량 E 존재의 증명

열역학의 제1 법칙으로부터

$$\oint \delta W = \oint \delta Q$$

2개의 분리된 과정을 생각함으로써 다음 식을 얻는다.

$$\int_{1-a}^{2}\delta Q+\int_{2-b}^{1}\delta Q=\int_{1-a}^{2}\delta W+\int_{2-b}^{1}\delta W \qquad (2\cdot 15)$$

또한, 계가 먼저와 같이 상태 1 에서 상태 2 까지 a 경로를 거쳐 변화하고, 다시 상태 2 에서 상태 1 까지 c 경로를 거쳐 되돌아오는 사이클을 겪는 계를 생각하면 같은 방법으로

$$\int_{1-a}^{2}\delta Q+\int_{2-c}^{1}\delta Q=\int_{1-a}^{2}\delta W+\int_{2-c}^{1}\delta W \qquad (2\cdot 16)$$

위의 식으로부터 아래 식을 빼면 다음 식을 얻는다.

$$\int_{2-b}^{1}\delta Q-\int_{2-c}^{1}\delta Q=\int_{2-b}^{1}\delta W+\int_{2-c}^{1}\delta W$$

이 식을 바꾸어 쓰면 다음 식과 같다.

$$\int_{2-b}^{1}(\delta Q-\delta W)=\int_{2-c}^{1}(\delta Q-\delta W)$$

경로 a와 b는 임의의 과정이므로 $(\delta Q-\delta W)$는 상태 1과 2 사이의 모든 과정에 대하여 같다고 할 수 있다. 따라서, $(\delta Q-\delta W)$는 최초와 최종 상태에만 좌우되며, 두 상태 사이의 경로에는 좌우되지 않는다. 따라서, 이를 **점함수**(point function)라고 한다. 이 상태량은 계의 에너지이며 기호 E로 표시하면 다음과 같이 쓸 수 있다.

$$\delta Q - \delta W = dE \qquad (2 \cdot 17)$$

식 (2 · 17)을 초기상태 1 에서 최종상태 2 까지 적분하면 다음 식과 같다.

$${}_1Q_2 = E_2 - E_1 + {}_1W_2$$

여기서 ${}_1Q_2$ 는상태 1에서 상태 2까지의 과정 중에 계로 전달된 열이며, E_1과 E_2 는 계의 에너지 E의 최초와 최종의 값이고, ${}_1W_2$는 그 과정 중에 계가 한 일이다.

상태량 E 의 물리적인 의미는 계의 주어진 상태에서의 모든 에너지를 포함하는 것으로서, 계 전체로서의 운동 에너지, 위치 에너지, 분자의 운동과 위치에 관계되는 에너지, 원자구조에 관계되는 에너지, 축전지와 같은 화학적 에너지 등의 여러 가지 형태로 존재할 수 있다.

열역학의 연구에 있어서는 일반적으로 운동 에너지와 위치 에너지를 별도로 생각하고, 그 밖의 모든 에너지를 하나의 상태량인 내부 에너지로 U로 표시하는 것이 편리하다.

따라서, 계의 에너지 E 는 다음과 같이 쓸 수 있다.

$$E = (\text{내부 에너지}) + (\text{운동 에너지}) + (\text{위치 에너지})$$

또는

$$E = U + KE + PE$$

여기서 E는 점함수이므로 미분형으로 표시하면 다음과 같다.

$$dE = dU + d(KE) + d(PE) \qquad (2 \cdot 19)$$

따라서, 계의 상태변화에 대한 열역학의 제1법칙은 다음과 같이 쓸 수 있다.

$$\delta Q = dU + d(KE) + d(PE) + \delta W \qquad (2 \cdot 20)$$

운동 에너지 및 위치 에너지를 대입하면

$$\delta Q = dU + \frac{1}{2} d(mV^2) + d(mgz) + \delta W \qquad (2 \cdot 21)$$

중력가속도 g 가 일정하다고 가정하고 상태 1에서 상태 2 까지의 상태변화에 대해서 적분하여 다음 식을 얻는다.

$$_1Q_2 = U_2 - U_1 + \frac{m(V_2^2 - V_1^2)}{2} + mg(z_2 - z_1) + {}_1W_2 \qquad (2 \cdot 22)$$

식 (2・22)는 에너지 보존의 법칙을 표현한 식으로서 계의 에너지 정미변화(net change of energy)는 항상 열과 일로서 계의 경계를 넘어서는 정미 에너지의 전달과 같음은 나타낸다.

2.7 밀폐계에 대한 열역학 제1법칙의 식

그림 2·3과 같은 어느 밀폐계에 δQ의 열이 가해지면, 계는 외부에 δW의 일을 하며 나머지는 계의 내부 에너지가 dU만큼 증가한다. 이때 에너지 보존의 식 또는 열역학 제1 법칙의 식은 다음과 같다. 식(2·20)에서 운동 에너지 및 위치 에너지의 변화가 없다고 한다면 다음과 같이 쓸 수 있다.

$$\delta Q = dU + \delta W \tag{2·23}$$

이 식을 상태 1에서 상태 2까지 적분하면

$$_1Q_2 = U_2 - U_1 + {}_1W_2 \tag{2·24}$$

가 된다. 이 식은 열역학의 제1법칙 또는 에너지 보존의 법칙을 수식화한 것으로 열역학 제 1법칙의 식 또는 에너지의 식(energy equation)이라 한다.

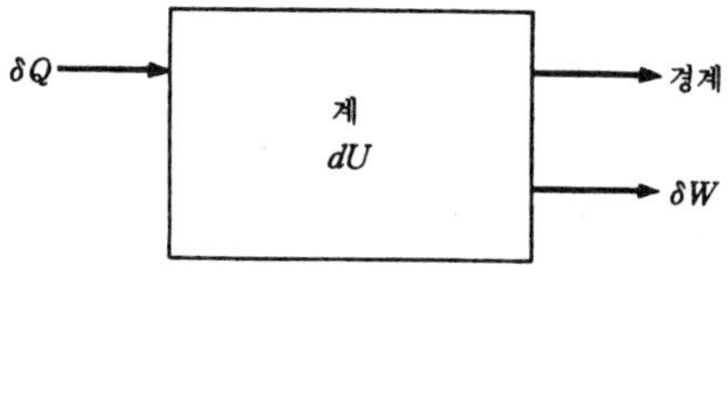

그림 2·3 밀폐계에서의 제 1법칙

계가 준정적 변화의 경우 δW는

$$\delta W = pdV \tag{2·25}$$

이므로 식(2·23)은 다음과 같다.

$$\delta Q = dU + pdV \tag{2·26}$$

또, 이 식을 물질의 단위질량에 대해서 다시 정리하면 다음과 같다.

$$\delta q = du + pdv \tag{2·27}$$

이 식을 **열역학의 제1기초식**이라 한다.

예제 2.2

압력이 500kPa이고 체적이 0.8m^{3}인 가스가 압력 일정하에 압축하여 체적이 1/2로 되었다. 이 때 내부 에너지가 300kJ 감소하였다면 가스가 외부에 대하여 한 일과 외부로부터 받은 열량은 얼마인가?

풀이

가스가 외부에 대하여 한 일은

$$ {}_1W_2 = \int_1^2 PdV $$

이다. 여기서 이 과정은 등압과정이므로

$$ {}_1W_2 = P\int_1^2 dV = P(V_2 - V_1) $$

$$ = 500\times(0.4-0.8) = -200(kJ) $$

$$ {}_1Q_2 = U_2 - U_1 + {}_1W_2 $$

$$ = -300 + (-200) $$

$$ = -500(\text{kJ}) $$

2.8 개방계(유동계)에 대한 열역학 제1법칙의 식

앞에서 언급한 밀폐계에서는 물질은 그 경계 내에 있으며 에너지는 열과 일의 형태로 경계를 통과하는 경우였다. 한편, 개방계에서는 유체가 유동하고 있으므로 유체는 대상이 되는 경계를 통과하며 이 때 유동 에너지는 경계를 통과하여 계를 출입하게 된다.

따라서, 이 계의 에너지는 열, 일 및 경계를 통과하는 물질에 의해서 영향을 받는다. 이 때문에 개방계에 제1법칙을 적용하기 위해서는 먼저 경계를 통과하는 유체의 물질이 어느 정도의 에너지를 갖고 출입하는가를 알아야 한다. 예를 들어, 그림2・4 에서와 같이 어떤 관로에서 한 점의 흐름 상태가 시간에 관계없이 일정한 정상유동 과정의 개방계에 대하여 제1법칙을 적용해 보기로 한다.

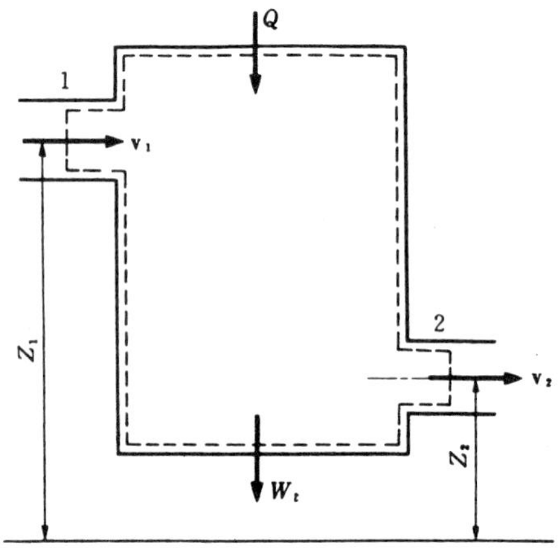

그림2・4 개방계에서의 열역학 제1법칙

정상유동 과정 중의 에너지식을 구하기 위하여 그림 2・4에 표시된 관로의 두 단면에서 시간당 질량 m(kg/sec)가 흐르고 단면 1, 2 사이에서 열량 Q kJ/sec를 받고, 외부에 일 W kJ/sec를 하는 경우를 생각해 보자.

단면 1과 단면 2에 대해서 각각 첨자 1, 2를 사용하여 나타내면 에너지 보존의 식은 다음과 같다.

$$(\text{내부에너지})_1 + (\text{운동에너지})_1 + (\text{위치에너지})_1 + (\text{유입에너지})_1 + \dot{Q}$$
$$= (\text{내부에너지})_2 + (\text{운동에너지})_2 + (\text{위치에너지})_2 + (\text{유입에너지})_2 + \dot{W} \quad (2 \cdot 28)$$

식(2・28)에서 운동 에너지와 위치 에너지는 앞의 식 (2・13) 및 (2・14)와 같으며, 유입 및 유출 에너지는 다음과 같이 생각할 수 있다.

유로 단면에 작용하는 압력을 p, 유로 단면적을 A라고 하면 유로 단면에 작용하는 힘 F는 pA가 되고 유입 또는 유출 거리는 v/A로 나타낼 수 있으므로 유동 또는 유출 에너지는 $pA \times v/A = pv$ 가 된다.

따라서, 식(2・28)은 단면 1에서의 압력을 p_1 N/m², 비체적을 v_1 m³/kg, 내부 에너지를 u_1 kJ/kg, 유속을 ω_1 m/s, 위치를 z_1 m이라 하고, 단면 2에서의 압력을 p_2 N/m², 비체적을 v_2 m³/kg, 내부 에너지를 u_2 kJ/kg, 유속을 ω_2 m/s, 위치를 z_2 m이라 하면 다음과 같이 표시할 수 있다.

$$\dot{m}\left(u_1 + \frac{\omega_1^2}{2} + gz_1 + p_1v_1\right) + \dot{Q} = \dot{m}\left(u_2 + \frac{\omega_2^2}{2} + gz_2 + p_2v_2\right) + \dot{W} \quad (2 \cdot 29)$$

$h = pv$ 의 관계가 있으므로 윗 식은 다음과 같이 된다.

$$\dot{m}\left(h_1 + \frac{\omega_1^2}{2} + gz_1\right) + \dot{Q} = \dot{m}\left(h_2 + \frac{\omega_2^2}{2} + gz_2\right) + \dot{W} \quad (2 \cdot 30)$$

식 (2・29)와 식(2・30)을 정상 유동계에서의 **일반 에너지식**이라 한다.

또한, 이 계에서 흐름이 수평이면 $z_1 = z_2$, 수평이 아니라도 보통의 경우는 z_1과 z_2의 차가 아주 크지 않다면 위치 에너지의 차는 무시할 수 있다.

$$\dot{m}\left(h_1 + \frac{\omega_1^2}{2}\right) + \dot{Q} = \dot{m}\left(h_2 + \frac{\omega_2^2}{2}\right) + \dot{W} \qquad (2・31)$$

그리고 위치 에너지뿐만 아니라 입구 및 출구의 속도 차이가 그다지 크지 않을 경우, 즉 유속이 30~40m/s이하의 경우는 운동 에너지를 무시해도 무방하므로 이 경우는,

$$\dot{Q} - \dot{W} = \dot{m}(h_2 - h_1) \qquad (2・32)$$

또한, 단열유동이면 $Q=0$이 된다. 따라서,

$$\dot{W} = \dot{m}(h_1 - h_2)$$

그리고 엔탈피 h는 식(2・12)로 표시되므로, 단면 1과 단면 2의 간격이 무한히 적다고 생각하면

$$dh = du + d(pv) = du + pdv + vdp \qquad (2・34)$$

가 된다. 여기서

$$dq = du + pdv \text{ kJ/kg(밀폐계)} \quad (2 \cdot 35)$$

이므로, 이를 식 (2・26)에 대입하면

$$dq = dh - vdp \text{ kJ/kg(개방계)} \quad (2 \cdot 36)$$

가 된다. 식 (2・35) 및 식(2・36)을 열역학 제1 법칙의 제1 기초식 및 제2 기초식이라 하며 에너지에 대한 중요한 식이다.

예제 2.3

어떤 단열된 노즐에 압력이 1400kPa, 온도가 150℃이고 엔탈피가 281.411kJ/kg인 과열증기가 60m/s의 속도로 유입하여 압력 200kPa, 500m/s의 속도로 분출한다. 이 때 수증기의 분출 후의 엔탈피를 구하라.

풀이

이 경우는 개방계이고 단열되어 있으므로 $Q=0$이고, 또 외부에 대하여 일을 하지 않으므로 $W=0$이며, 수평 유동이므로 $z_1 = z_2$로 놓으면 식 (2・29)는 다음과 같다.

$$h_1 + \frac{\omega_1^2}{2} = h_2 + \frac{\omega_2^2}{2}$$

$$281.411 + \frac{(60)^2}{2 \cdot 1000} = h_2 + \frac{(500)^2}{2 \cdot 1000}$$

따라서, 분출후의 엔탈피는 다음과 같이 된다.

$$h_2 = 158.211 (kJ/kg)$$

예제 2. 4

어떤 터빈에 3200kJ/kg의 엔탈피를 갖는 유체가 10kg/s의 비율로 유입한다. 이 때 유출 엔탈피가 2400kJ/kg이고 열손실이 400kJ/s일 때 발생한 일을 구하라. 다만, 유입 및 유출시의 속도는 거의 같고 위치 에너지는 무시한다.

풀이

주어진 조건에 따라 식 (2 · 32)를 정리하면 다음과 같다.

$$\dot{W} = \dot{m}(h_1 - h_2) + \dot{Q}$$

이 식에서 $\dot{m}$=10kg/s, h_1=3200kJ/kg, h_2=2400kJ/kg, $\dot{Q}$=-400kJ/s이므로

$$\dot{W} = 10\times(3200-2400)-400$$
$$=7600 \ (\text{kJ/s})$$

2.9 가역변화와 일

2.9.1 가역변화와 비가역 변화

가역변화(reversible change)란 항상 역학적 및 열적으로 평형상태를 유지하는 변화를 말하고, 그렇지 않은 변화를 **비가역 변화**(irreversible change)라 한다.

그러므로 가역변화는 역학적 · 열적으로 평형을 유지하므로 변화할 때 계나 주위에 아무런 변화를 남기지 않는 변화이다. 따라서, 어떠한 마찰도 수반하지 않으며 계가 어떠한 경로를 통하여 변화를 할 때도 주위에 영향을 미치지 않는다. 실제로 이러한 가역변화는 존재하지 않으며 자연계에 존재하는 모든 변화는 비가역변화이다. 그러나 비평형의 차이를 무한히 작은 경우로 생각하면 극히 일부의 변화에 대해서는 근사적인 가역변화로 가정할 수 있다.

열역학에서는 일반적으로 비 가역 변화의 경우에도 가역변화의 경우로 가정해서 해석하고 비가역적인 요소에 대해서 수정함으로서 실제의 결과를 얻는다. 즉 가스 동력 사이클이나 증기동력 사이클을 해석 할 때는 모든 변화 과정을 가역 과정으로 가정하여 해석하며 필요한 항목에 대하여는 실제의 경우에 가깝도록 수정해 준다.

그림 2 · 5와 같이 실린더 내의 가스가 가역적으로 팽창할 때 외부 일을 구해보기로

한다. 이 경우 피스톤과 실린더 사이는 마찰이 없는 것으로 취급한다.

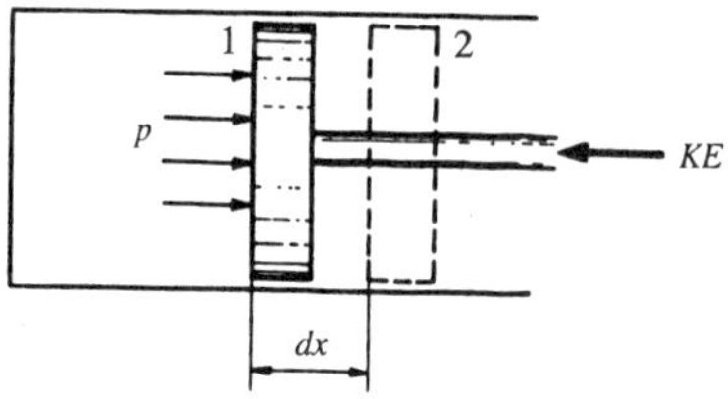

그림 2·5 체적변화에 의한 일

여기서 가스의 압력을 p N/m^2, 피스톤의 면적을 A m^{2}라 할 때 피스톤이 가스의 팽창으로 미소 거리 dx 만큼 이동하는 경우 가스가 외부에 대하여 하는 일 dW는

$$\delta W = pAdx = pdV \tag{2·37}$$

가 된다.

따라서 피스톤의 위치 1에서 위치 2로 이동한 경우 계가 한 일의 양은

$$_1W_2 = \int_1^2 pdV \tag{2·38}$$

가 된다. 이것은 이미 설명한 바와 같이 가스가 가역적으로 팽창할 때 외부에 하는 일이다. 한편, 위치 2에서 위치 1로 압축되는 경우, 즉 계에 가해진 일은

$$ {}_2W_1 = \int_2^1 pdV \qquad (2 \cdot 39) $$

가 되며, ${}_1W_2$와 $-\,{}_2W_1$은 다음과 같은 관계를 가진다.

$$ {}_1W_2 = -\,{}_2W_1 \qquad (2 \cdot 40) $$

2.9.2 절대일과 공업일

절대일이란 그림 2·6 에서와 같이 피스톤이 1의 위치에서 2의 위치로 준 정적으로 이동할 때 기체가 외부에 하는 일을 말하며 그 값은 식 (2·41)로 나타낼 수 있으며 또한 그림 2·6 에서 수직으로 그어진 여러 개의 가는 선으로 표시된 PV 선도의 1-2 사이 곡선의 아래 면적 1-2-V_2-V_1과 같은 크기가 된다.

이와 같이 밀폐계가 준정적 과정에서 하는 일을 **절대일**(absolute work) 또는 밀폐계의 일이라 하며 식으로 나타내면 다음과 같다.

$$ {}_1W_2 = \int_1^2 pdV = (\text{면적 } 1\ 2\ V_2\ V_1) \qquad (2 \cdot 41) $$

이 일은 계경계를 통하여 동작유체의 유동함이 없이 오로지 계 내부에서 동작유체의 팽창에 의해서만 이루어지는 일이므로 비유동일 또는 팽창일 이라고도 한다.

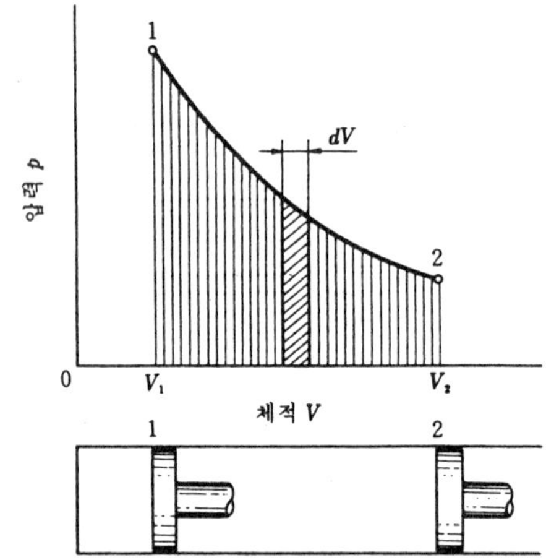

그림 2·6 절대일

이것에 비해서 작동물질이 유동하는 개방계에서 하는 일을 생각해 보자.

그림 2·7과 같이 피스톤이 0의 위치에서 흡입밸브가 열려 압력 p_1 에서 위치 1까지 이동하여 체적이 V_1이 될 때, 이 동안에 한 일은 압력이 일정하므로

$$p_1 V_1 = (\text{면적 } p_1 \ 1 \ V_1 \ 0 \ p_1)$$

이 된다.

다음에 이 위치에서 흡입밸브가 닫히고 가스의 팽창에 의해 피스톤이 위치 1 에서 위

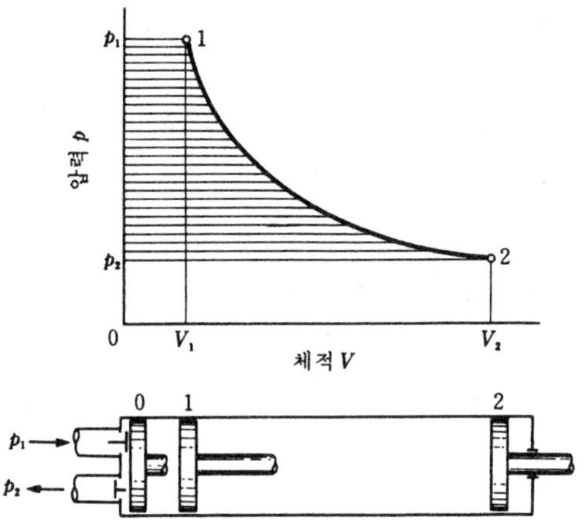

그림 2·7 공업일

치 2 까지 이동한다면 이 동안에 한 일은

$$\int_1^2 pdv = (\text{면적 } p_2\ 2\ V_2\ 0\ p_2)$$

이 된다.

다음에 배기밸브가 열려 배압 p_2에서 피스톤은 외부로부터 일을 받아서 위치 2 에서 0 으로 이동하여 가스는 유출하게 된다. 이 동안에 계가 외부로부터 받는 일은

$$p_2 V_2 = (\text{면적 } p_2\ 2\ V_2\ 0\ p_2)$$

이다.

이상과 같은 과정이 준 정적 과정이라면 공기가 외부에 대해서 한 일은

$$(\text{면적 } p_1\ 1\ V_1\ 0\ p_1)+(\text{면적 } 1\ 2\ V_2\ V_1\ 1)-(\text{면적 } p_2\ 2\ V_2 0\ p_2)$$
$$=(\text{면적 } p_1\ 1\ 2\ p_2\ p_1)$$

이 되며, 이것을 식으로 표시하면 다음과 같다.

$$W_t=-\int_1^2 Vdp=(\text{면적 } p_1\ 1\ 2\ p_2\ p_1) \qquad (2 \cdot 42)$$

이일을 **공업일**(technical work) 또는 개방일이라 한다. 이 일은 계경계를 통하여 동작유체의 유입 또는 유출이 있고, 변화 과정 중 동작유체의 압축과정을 포함하고 있으므로 유동일 또는 압축일 이라고도 한다.

예제 2.5

추에 의해 피스톤이 눌려 있는 실린더에 가스가 들어 있다. 처음 상태의 가스의 압력과 체적이 200kPa, 0.05m^{3}이었다. 이 실린더를 압력을 일정하게 한 상태에서 외부에서 가열하여 체적이 0.20m^{3}로 증가되었다. 이때 계가 한 일을 구하라.

풀이

이 계는 밀폐계이므로 절대일을 구한다.

$$_1W_2 = \int_1^2 p dV$$

여기서 압력이 일정하므로

$$_1W_2 = \int_1^2 p dV = p\int_1^2 dV = p(V_2 - V_1)$$

이 된다. 따라서

$$_1W_2 = 200\times(0.20 - 0.05) = 30\text{kJ}$$

연 습 문 제

1. 출력 80 PS의 자동차용 기관을 흡수식 동력계를 사용하여 성능시험을 할 때, 흡수된 출력의 70%가 냉각수에 의해 냉각된다. 이 때 물의 온도상승을 50℃이하로 제한j하려면 매시간 사용해야 할 냉각수량은 얼마인가?

답 708.176 (kg/h)

2. 압력이 2 MPa이고 체적이 1.5 m^3 인 가스를 가열하여 체적을 2배로 할 때 압력이 1.5배로 되었다. 이 때 내부 에너지가 10 kJ 증가하였다면 엔탈피 증가량은 얼마인가?

답 6010 (kJ)

3. 비체적이 0.1 m^3/kg의 기체 2ℓ를 팽창시켜 1500J의 일을 얻었다. 이 때 내부 에너지의 증가가 100 kJ/kg이었다면 도중에 유입한 열량은 얼마인가?

답 3500(J)

4. 물의 온도가 20℃인 0.5ℓ의 물을 500 watt의 전기히터로 가열한다. 이 때 물이 비등할 때까지 걸리는 시간을 구하라. 단, 물의 비열은 4.18 kJ/kgK이다.

답 334.4 (sec)

5. 속도가 600 m/s인 탄환이 날아가 벽에 충돌하여 정지할 때, 탄환의 운동 에너지 중 1/2이 열로 변환하여 탄환에 가해진다면 탄환의 온도상승은 얼마인가? 단, 탄환의 비열은 0.125 kJ/kgK이다.

답 720(℃)

6. 압력이 300kPa, 체적이 0.4m^3인 가스가 압력 일정하에 압축되어 처음 체적의 1/3이 되었고 내부 에너지가 400kJ 감소되었다. 이 때 가스가 외부에 대해 한 일과 받은 열량은 얼마인가?

답 W = −80(kJ), Q = −480(kJ)

7. 체적이 8m^3인 용기 속에 어떤 물질이 들어 있다. 이 물질에 15kJ의 열을 가하였더니 압력이 1bar에서 1.5bar로 되고 온도가 20℃에서 40℃로 변화하였다. 이 물질의 밀도가 2.5kg/m^3이면 용기 속에 들어 있는 물질의 정적비열과 변화 전후의 엔탈피 변화량은 얼마인가?

답 C_v=0.0375kJ/kgK, dH=415kJ

8. 압력이 0.5MPa, 온도가 300℃, 엔탈피가 3064kJ/kg인 수증기 1kg이 60m/s의 속도로 노즐에 들어가서 압력이 0.1MPa, 속도가 500m/s로 되어 노즐을 떠난다. 이 과정을 단열과정으로 생각하고 위치 에너지를 무시할 경우 출구에서의 엔탈피는 얼마인가?

답 2940.8(kJ/kg)

9. 어떤 터빈에 8000kJ/kg의 엔탈피를 갖는 유체가 매초 10kg의 비율로 유입하여 유출 엔탈피가 5000kJ/kg이었다. 이 때 열손실이 1000kJ/s일 때 발생한 일은 얼마인가? 단, 유출시의 속도는 거의 같으며 위치 에너지는 무시한다.

답 29000(kJ/sec)

10. 어떤 증기터빈에서 압력이 6205kPa, 속도가 30m/s인 증기가 터빈으로 들어가서 압력이 9.8kPa, 속도가 274m/s로 되어 터빈을 나온다. 이 때 터빈 입구가 출구보다 3m 높고, 유량이 15kg/s이고 터빈으로부터의 방열량이 14kJ/s이면 터빈의 출력은 얼마인가? 입구와 출구의 내부 에너지는 각각 3150kJ/kg, 2210kJ/kg이고, 비체적은 각각 $0.05789m^3/kg$, $13.36m^3/kg$ 이다.

답 W=16954.3(kJ)

11. 에너지와 인간생활에 대하여 논하라.

12. 에너지 과학에 대하여 논하라.

13. 에너지의 이용에 대하여 논하라.

참 고 문 헌

(1) 新制工業熱力學, 李昌植 · 韓英出, 文運堂

(2) 標準工業熱力學, 徐正潤, 正祐社

(3) 基本 工業熱力學, 趙星煥, 螢雪出版社

(4) 大學演習 工業熱力學, 谷下市松, 東京 裳華房

(5) Fundamentals of Classical Thermodynamics 2nd ed., Gordon J. Van Wylen and Richard E. Sonntag, New York Wiley

제3장 완전가스

완전가스란 실제로 존재하지 않는 이상가스로 미시적으로 보면 분자 사이의 거리가 멀고, 분자의 크기와 분자간에 작용하는 분자력을 무시할 수 있는 기계라고 할 수 있으며, 이와 같은 가스는 열역학적 상태량인 압력, 온도 및 체적의 관계식인 기계 상태식을 만족하는 가스를 완전가스라 할 수 있다.

이 장에서는 완전가스의 성질과 이에 관계된 여러 법칙, 기체상수, 완전가스의 비열 관계식, 완전가스의 상태변화 중의 여러 과정, 즉 등적과정 · 등압과정 · 등온과정 · 단열과정 및 폴리트로프 과정에 대한 열역학적 상태량의 관계식과 계가 주위에 미치는 영향(또는 주위가 계에 미치는 영향), 즉 일이 발생하거나 일이 가해지는 경우, 또는 열이 가해지거나 발생하는 경우에 대한 일 또는 열에 대한 열역학적 상태량의 관계식을 찾아내고, 끝으로 완전가스의 혼합 및 습공기 등에 관한 사항도 다루어질 것이다.

3.1 완전가스

열기관의 동작유체로 주로 사용되는 기체는 공기, 수증기, 연소가스, 암모니아 (ammonia) 및 프레온(freon) 등이 있으며, 이들의 열역학적 성질을 알아둔다는 것은 매우 중요하다. 그러나 이들 중 수증기, 암모니아 및 프레온 등은 쉽게 액화가 되므로 상태변화는 매우 복잡해진다. 이것에 비해서 공기, 산소, 질소, 수소 및 연소가스 등은 액화는 가능하지만 매우 어려우며, 보통 넓은 온도 범위에서는 기체상태로 존재한다. 후자와 같은 기체는 기체의 상태식을 잘 따르게 되며, 이상적인 상태변화를 하는 가상적 기체를 생각하여 이것을 **완전가스**(prefect gas) 또는 이상기체(ideal gas)라고 한다.

완전가스를 미시적으로 보면 분자 사이의 거리는 멀고 분자의 크기 및 분자간에 서로 작용하는 분자력을 무시할 수 있는 기체라고 할 수 있다. 그러나 액체는 기체보다 분자간의 거리가 가깝고 기체가 된 후라도 분자의 크기나, 분자간의 힘을 무시할 수 없다. 따라서, 이와 같은 기체를 **불완전 가스**(imperfect gas)라 한다. 그러나 증기도 과열도가 높아지면 점차 완전가스의 성질에 접근한다. 한편 상온보다 높은 온도에서 기화한 기체는 증기라고 하고, 상온 이하에서 기화하여 상온에서 과열증기 상태로 존재하는 기체를 보통 가스라고 부른다.

참고)

H_2 , O_2 , N_2 , CO , He 등과 같이 원자수가 1~2개인 가스 또는 공기와 같은 실제 가스는 완전가스로 취급해도 되며 H_2O, CO_2, NH_3, 프레온 가스 등과 같이 원자수가 3개 이상인 것은 불완전 가스이다.

3.2 Boyle Charles의 법칙

3.2.1 Boyle의 법칙

1662년 영국의 Boyle(Robert Boyle, 1627-1691)은 온도가 일정한 상태에서는 모든 기체의 체적 V는 압력 P에 반비례하여 변화한다는 것을 실험적으로 찾아냈다. 또, 프랑스의 Mariotte(Edme Mariotte, 1620-1684)도 이 관계를 발견하였다. 즉 $T=C$ 일때,

$$PV = \text{일정(constant), kJ} \qquad (3 \cdot 1)$$

식 (3 · 1)에서 처음의 상태를 1, 일정 온도하에서 변화 후의 상태를 2 라고 하면

$$P_1V_1 = P_2V_2 = PV = C$$
$$\frac{V_2}{V_1} = \frac{P_1}{P_2} \qquad (3 \cdot 2)$$

또는 $\frac{P_1}{\rho_1} = \frac{P_2}{\rho_2}$ 이며 ρ는 밀도(density)이다.

이것을 Boyle의 법칙(Boyle's laW)이라 하며, 이 관계를 $P-V$ 선도 상에 나타내면 그림 3 · 1과 같다.

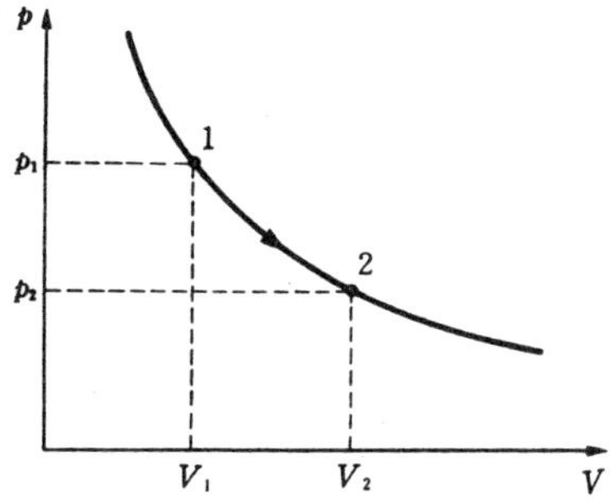

그림 3·1 $P-V$선도

3.2.2 Charles의 법칙

1782년 프랑스의 Charles(Jacques A.C. Charles, 1746~1823)는 압력이 일정한 상태에서 모든 기체의 체적 V는 온도 1℃변화할 때마다 0℃에서의 체적의 $\frac{1}{273}$만큼 변화한다는 것을 발견하였다. 즉, 온도가 1℃ 증가하면 체적은 0℃ 체적의 $\frac{1}{273}$씩 증가하게 된다. 또, 1802년 프랑스의 Gay-Lussac(Joseph L. Gay-lussac, 1778~1850)도 동일한 법칙을 발견하였다.

이것을 식으로 표시하면 0℃ 체적을 V_0 , 온도를 t ℃, 체적을 V 라고 하면

$$V = V_0 + \frac{V_0}{273}t = V_0\left(1 + \frac{t}{273}\right) = \frac{V_0 T}{273},\ \mathrm{m^3} \qquad (3\cdot3)$$

가 되며 $\frac{1}{273}$은 체적 팽창계수이고, 정도가 높은 측정에서는 $\frac{1}{273.15}$이 되며 273.15+ t ℃=TK(절대온도)가 된다. 0℃의 절대온도를 T_0K라고 하면 식 (3・3)은

$$\frac{V}{T} = \frac{V_0}{T_0} = \text{constant} \tag{3・4}$$

가 된다. 즉, 기체의 체적은 절대온도에 비례하게 된다. 이것을 Charles의 법칙(Charles's law) 또는 Gay-Lussac의 법칙이라 한다.

식(3・4)에서 처음의 상태를 1, 일정 압력하에서 변화 후의 상태를 2 라고 하면

$$\frac{V_1}{T_1} = \frac{V_2}{T_2} = \frac{V}{T} = C \tag{3・5}$$

가 되며 여기서 C는 정수이다.

이 관계식을 $T-V$선도에 표시하면 다음 그림 3・2와 같다.

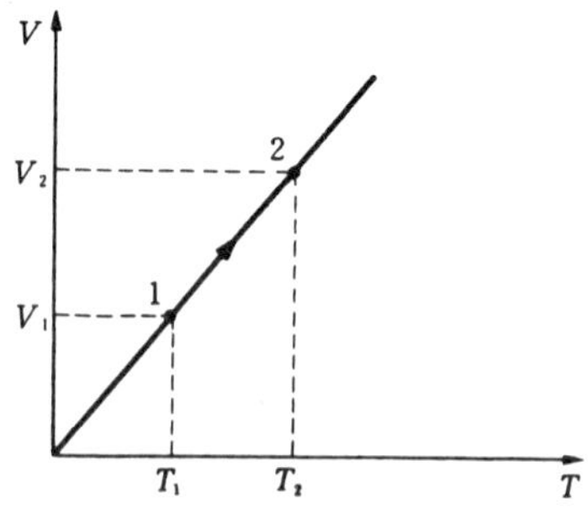

그림 3・2 $T-V$ 선도

그리고 Charles의 법칙은 다음과 같이 두 가지로 표현된다.

"압력이 일정할 때 이상기체의 체적은 절대온도에 비례한다(V/T=constant)".
"체적이 일정할 때 이상기체의 압력은 절대온도에 비례한다(P/T=constant)".

3.2.3 기체의 상태방정식 또는 Boyle-Charles의 법칙

그림 3·3과 같은 $P-V$선도에서 이상기체가 1에서 2로 변화할 때, 먼저 상태 1에서 등온 과정 하에 중간 상태까지 변화하고, 다음으로 중간 상태에서 등압 과정 하에 상태 2 까지 변화하는 것으로 생각한다.

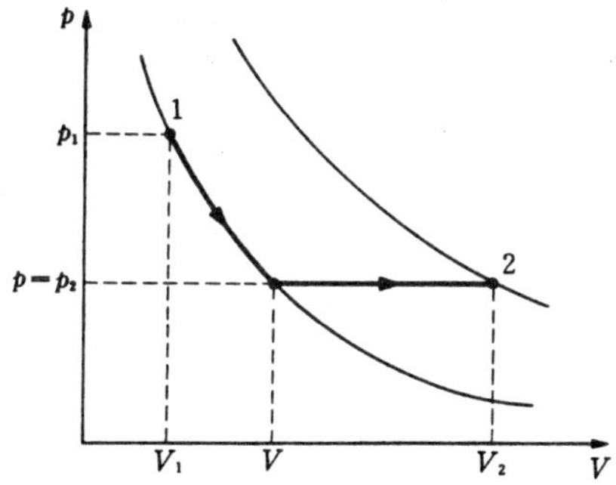

그림 3·3 완전가스의 상태변화

여기서 상태 1 의 상태량을 P_1, V_1, T_1, 중간상태의 상태량을 P_2, V, T_1, 상태 2 의 상태량을 P_2, V_2, T_2 라고 하고 Boyle의 법칙과 Charles의 법칙을 적용하면 다음과 같다.

상태 1에서 중간상태까지는 Boyle의 법칙에서

$$V_1P_1 = VP_2 \quad \cdots\cdots ①$$

중간 상태에서 상태 2까지는 Charles의 법칙에서

$$\frac{V}{T_1} = \frac{V_2}{T_2} \quad \cdots\cdots ②$$

식 ①, ②로부터

$$\frac{P_1V_1}{T_1} = \frac{P_2V_2}{T_2} = \frac{PV}{T} = \text{일정}(mR)$$

따라서

$$PV = mRT \qquad (3 \cdot 6)$$

가 된다. 여기서 m은 기체의 질량이고 R는 기체상수(gas constant)라 하며, 기체의 종류에 따라 일정한 값을 갖는다. 또한, 비체적을 v라 하면

$$Pv = RT \qquad (3 \cdot 7)$$

가 된다. 이 식을 Boyle-Charles의 법칙이라 하며, 완전가스의 상태량의 관계를 나타내

는 중요한 식이 되며 이 식을 기체 상태 방정식(equation of state)이라고 한다.

예제 3.1

질량이 3kg인 산소가 500ℓ의 압력용기 속에 들어 있다. 산소의 온도가 20℃로 분출될 때 분출되는 산소의 압력은 얼마인가? 단, 산소의 가스정수는 0.2598 kJ/kg · K이다.

풀이

$PV = mRT$에서

$$P = \frac{mRT}{V} = \frac{3 \times 0.2598 \times 293.15}{500 \times 10^{-3}} = 456.962 \text{kJ/m}^3$$

$$\therefore P = 456.962 \text{ (kPa)}$$

3.3 기체상수

식(3 · 7)에서 기체상수 R의 값을 구하기로 한다.

$$R = \frac{Pv}{T}, \left(\frac{kJ}{kg \cdot K}\right) \qquad (3 \cdot 8)$$

이다. 이 식에서 압력 P , 절대온도 T, 비체적 v를 알면 기체상수 R 를 구할 수 있다.

아보가드로(Amedeo C.Q.C Avogadro, 1776-1856)**의 법칙**에 의하면 "1 kmol의 기체가 차지하는 체적은 기체의 종류와는 관계없이 동일온도, 동일 압력하에서는 일정하며 표준상태(760 mmHg, 0℃)에서는 22.4134≒22.41 m^3가 된다." 다시 말하면 온도와 압력이 일정할 경우에 모든 가스의 분자는 같은 체적을 가진다는 것이다.

기체의 분자량을 M 이라고 하면 1 kmol= M kg 이므로 $v = V/M$ 이 되며, 이때의 상태식은 다음과 같이 표현된다.

$$P_0 V = MRT_0$$

$$R = \frac{P_0 V}{MT_0} \qquad (3 \cdot 9)$$

여기서 P_0 =1 atm =101.325 kPa, T_0 =273.15 K, V =22.41 m^3를 대입하면

$$R = \frac{101.325 \times 22.41}{M \times 273.15} = \frac{8.314}{M} \text{(kJ/kg} \cdot \text{K)} \qquad (3 \cdot 10)$$

가 되며, 기체의 분자량 M 을 알면 R 를 구할 수 있다.

그리고 식(3 · 10)에서 MR 의 값을 R_{mol} 로 표시하면

$$R_{mol} = MR = 8.314 \text{ (kJ/mol} \cdot \text{K)} \qquad (3 \cdot 11)$$

가 되며, 이 때 R_{mol} 을 일반 기체상수(universal gas constant)라고 한다.

표 3·1에는 각종 가스의 분자량, 가스정수, 비중량 및 비열 등을 표시하였다.

예제 3.2

분자량이 27.995인 일산화탄소의 가스정수는 얼마인가?

풀이

$$R = \frac{8.314}{M} = \frac{8.314}{27.995} \fallingdotseq 0.2970 \text{ (kJ/kg} \cdot \text{K)}$$

예제 3.3

분자량이 28.95인 완전가스의 압력이 500 kPa, 온도가 80℃일 때 이 기체의 가스정수 및 비체적을 구하라.

풀이

$$R = \frac{8.314}{M} = \frac{8.314}{28.95} \fallingdotseq 0.2872 \text{(kJ/kg} \cdot \text{K)}\text{에서}$$

$$v = \frac{RT}{P} = \frac{0.2872 \times (80 + 273.15)}{500} = 0.2028 \text{ (m}^3\text{/kg)}$$

3.4 완전가스의 비열 관계식

영국의 물리학자 Joule(J.P. Joule)은 1843년 내부 에너지와 엔탈피가 온도만의 함수임을 밝히기 위하여 다음과 같은 실험을 하였다.

그림 3·4 와 같이 2 개의 용기1, 2 를 콕으로 연결하여 수조 속에 넣는다. 용기 1 에 일정압력(22 atm)의 공기를 넣고 용기 2 는 진공으로 하여 열평형이 된 상태에서 콕을 열었다. 공기는 1 에서 2 로 흐르며 두 용기의 압력은 같게 되는데, 이와 같은 변화가 일어난 전후에 수조의 온도변화가 없었다는 것을 확인하였다. 그 후 정밀한 측정을 한 결과 미소한 온도변화가 있음을 알았다. 그러나 이것은 실제가스의 경우이고 완전가스에 가까운 가스일수록 온도변화가 거의 나타나지 않았다.

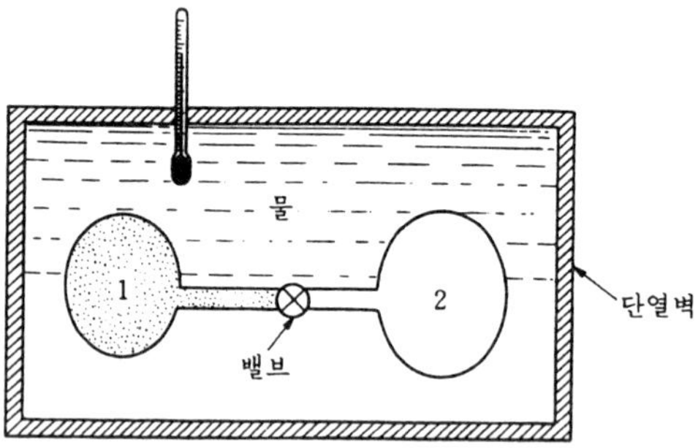

그림 3·4 Joule's 실험

이 사실로부터 다음과 같은 결론을 얻을 수 있다. 열역학의 제1법칙 $dq = du + dw$ 에서 수온의 변화가 없었기 때문에 용기 1, 2와 물 사이에는 열 교환이 없으므로 dg=0

또 가스는 자유팽창을 하여 외부에 대해서 아무런 일을 하지 않았으므로 dw =0이다. 따라서, du =0 가 된다. 이것은 내부 에너지가 일정한 상태 하에서 이루어진 것이다.

완전가스는 내부 에너지가 일정한 상태에서 체적의 변화가 일어나고 온도의 변화는 없으므로

$$\left(\frac{\partial T}{\partial v}\right)_u = 0 \tag{3·12}$$

로 된다.

그런데 내부 에너지 u 는 상태량이므로 다른 2개의 상태량 즉, 온도 T 와 비체적 v 의 함수라 하면

$$u = f(T, v) \tag{3·13}$$

가 되며, 이 식의 미분은 다음 식과 같다.

$$du = \left(\frac{\partial u}{\partial T}\right)_v dT + \left(\frac{\partial u}{\partial v}\right)_T dv \tag{3·14}$$

위의 실험결과 $du = 0$이고 식 (3 · 12)의 결과로부터 식(3 · 14)는 다음과 같이 된다.

$$\left(\frac{\partial T}{\partial v}\right)_u = -\frac{\left(\frac{\partial u}{\partial v}\right)_T}{\left(\frac{\partial u}{\partial T}\right)_v} = 0 \tag{3·15}$$

식(2・9)에서 정적비열 $C_v=\left(\frac{\partial q}{\partial T}\right)_v$이고, $dq=du+pdv$ 에서 정적과정이므로 $dq=du$이며,

$$C_v=\left(\frac{\partial u}{\partial T}\right)_v \tag{3・16}$$

가 되며, 식 (3・15)는

$$-\frac{1}{C_v}=\left(\frac{\partial u}{\partial v}\right)_T=0 \tag{3・17}$$

이 된다.

따라서, 식(3・17)은 다음과 같이 표현할 수 있다.

$$\left(\frac{\partial u}{\partial v}\right)_T=0 \tag{3・18}$$

이와 같이 내부 에너지는 식 (3・18)에서 나타난 바와 같이 체적변화에 무관계함을 알 수 있다.

그러므로 식(3・13)은

$$u=f(T) \tag{3・19}$$

가 된다. 즉, 내부 에너지는 온도만의 함수이다.

따라서, 식(3 · 16)의 정적비열은

$$C_v = \frac{du}{dT},\ \left(\frac{kJ}{kg \cdot K}\right)$$

가 되며

$$du = C_v dT \qquad (3 \cdot 20)$$

로 표시되며, m kg 일 때

$$dU = mC_v dT \qquad (3 \cdot 21)$$

가 된다.

또한, Enthalpy $h = u + pv$ 이고 기체상태 방정식에서 $pv = RT$ 이므로

$$h = u + pv = u + RT \qquad (3 \cdot 22)$$

가 된다.

식 (3 · 22)에서 R 은 기체상수이고, $u = f(T)$ 이므로

$$h = f(T) \qquad (3 \cdot 23)$$

가 되며, 엔탈피 h 도 온도만의 함수가 된다.

식 (2・10)에서 정압비열 $C_p=\left(\frac{\partial q}{\partial T}\right)_p$ 이고, $dq=dh-vdp$ 에서 정압과정이므로 $dq=dh$ 이다.

따라서, 정압비열 C_p는

$$C_p=\left(\frac{\partial h}{\partial T}\right)_p \qquad (3 \cdot 24)$$

가 되고, 엔탈피 h는 온도만의 함수이므로 식 (3・24)는

$$C_p=\frac{dh}{dT},\ \left(\frac{kJ}{kg \cdot K}\right)$$

가 되며 식 (3・24)를 엔탈피 h 에 대하여 정리하면

$$dh=C_p dT$$

로 표시되며, 질량이 m kg일 때는

$$dH=mC_p dT \qquad (3 \cdot 25)$$

이다.

다음은 정적비열과 정압비열의 관계식을 구해 보기로 한다.

열역학 제1 법칙의 제1 기초식과 제2 기초식에서 $dq = du + pdv$, $dq = dh - vdp$ 이므로

$$C_v dT + pdv = C_p dT - vdp$$

$$(C_p - C_v)dT = pdv + vdp = d(pv) = d(RT) = RdT$$

$$\therefore C_p - C_v = R \qquad (3 \cdot 26)$$

또한, **비열비**(specific heat ratio) $\kappa = \dfrac{C_p}{C_v}$ 이므로 식 (3 · 26)에 대입하여 정리하면

$$C_v = \frac{R}{\kappa - 1}$$

$$(3 \cdot 27)$$

$$C_p = \frac{\kappa R}{\kappa - 1}$$

가 된다.

여기서 미시적으로 취급하는 기체 분자 운동론(kinetic theory of gases)에 의하면 완전가스의 비열비 κ는 원자수에 의한 기체 분자의 자유도에 따라

$$\kappa = \frac{\nu + 2}{\nu}$$

로 정해지며, 다음과 같은 값이 된다.

$$\text{단원자 가스}\cdots\cdots\cdots\ \nu=3,\quad \kappa=\frac{5}{3}=1.667$$

$$\text{2원자 가스}\cdots\cdots\cdots\ \nu=5,\quad \kappa=\frac{7}{5}=1.400$$

$$\text{3원자 이상 가스}\cdots\ \nu=6,\quad \kappa=\frac{8}{6}=1.333$$

표 3·1은 각종 가스의 정적비열 C_v, 정압비열 C_p 및 비열비 κ값을 표시하였다.

예제 3.4

가스정수가 0.1890인 가스의 정압비열과 정적비열을 구하라.

풀이

가스상수 $R=8.314/M$이므로

$$M=\frac{8.314}{R}=\frac{8.314}{0.1890}=44$$

표 3·1에서 분자량이 44인 것은 탄산가스이므로 비열비 κ=1.301이다.

따라서

$$C_p = \frac{\kappa R}{\kappa - 1} = \frac{1.301 \times 0.1890}{1.33 - 1} = 0.8169 \ (\text{kJ/kg} \cdot \text{K})$$

$$C_v = \frac{R}{\kappa - 1} = \frac{0.1890}{1.301 - 1} = 0.6279 \ (\text{kJ/kg} \cdot \text{K})$$

예제 3.5

분자량이 64 인 어느 가스의 정적비열이 0.4792 kJ/kg · K이다. 이 가스의 정압비열과 비열비를 구하라.

풀이

$$R = \frac{8.314}{M} = \frac{8.314}{64} \fallingdotseq 0.1299 \ \text{kJ/kg} \cdot \text{K}$$에서

$$C_p = 0.1299 + 0.4792 = 0.6091$$

$$\kappa = \frac{0.6091}{0.4792} = 1.271$$

3.5 완전가스의 상태변화

가스의 상태변화는 가역변화와 비가역 변화로 나눌 수 있으며, 가역변화란 항상 역학적 및 열적으로 평형상태를 유지하면서 이루어지는 변화를 말하며, 계나 주위에 변화를 일으키지 않는다. 이러한 가역변화는 실제로는 존재하지 않으며 자연계에 존재하는 모든 변화는 비가역 변화이다.

그러나 압력, 온도차 등에 따른 불평형은 그 차이가 무한히 적은 경우를 생각할 수 있으므로 근사적인 가역변화를 가상하여 준 정적 변화라 할 수 있으며, 열역학에서는 일반적으로 가역변화의 경우에 대하여 취급하고 가역변화에서 얻어지는 결과에 효율이란 계수를 곱하여 실제의 결과를 얻고 있다.

그리고 실제가스의 대부분은 완전가스와 근사한 성질을 가지므로, 이상화된 완전가스의 각종 상태변화에 대해서 검토한다는 것은 실제가스의 응용상 중요한 뜻을 갖는다.

상태 1의 완전가스에 가역적으로 열을 가하여 일을 하고 상태 2로 변화시킬 때의 가역변화는 등적변화, 등압변화, 등온변화, 단열변화 및 폴리트로프 변화가 있으며, 비가역 변화는 비가역 단열변화, 교축변화 및 가스의 혼합 등이 있다.

3.5.1 등적변화(Constant volume change)

체적 일정의 변화에서 일정 용기 속에 들어 있는 가스를 가열, 연소하는 경우이다.

식 (3·6)의 완전가스 상태식 $PV = mRT$ (또는 $Pv = RT$)에서

$$\frac{P}{T} = \frac{mR}{V} = \text{const.} = \frac{P_1}{T_1} = \frac{P_2}{T_2} \qquad (3 \cdot 28)$$

가 되어 압력과 온도는 비례관계가 성립하며, PV선도는 그림 3·5와 같이 수직선이 된다.

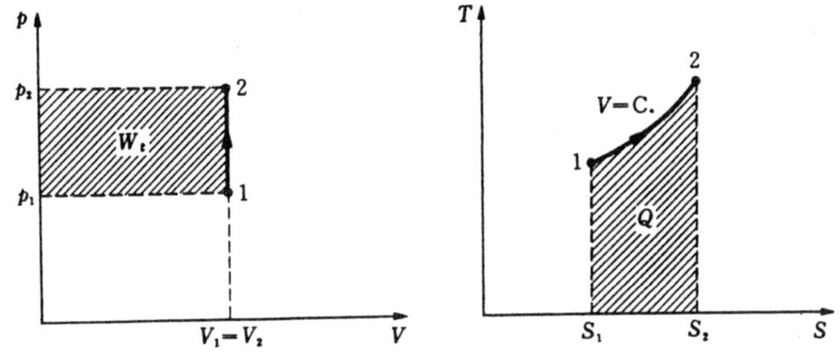

그림 3·5 등적변화

등적변화에 대한 관계식을 구하면 다음과 같다

먼저 단위 질량당의 절대일은 체적이 일정하므로 (dv =0) 가 되며 따라서,

$$_1w_2 = \int_1^2 pdv = 0 \tag{3·29}$$

이 되고, 공업일은

$$w_t = -\int_1^2 vdp = -v(p_2 - p_1) = R(T_1 - T_2) \tag{3·30}$$

가 된다.

또, 가해진 열량은

$$dq = du + pdv = du = C_v dT (dv = 0)$$

가 되고, 정적비열 C_v가 일정하면

$$_1q_2 = C_v(T_2 - T_1) \tag{3·31}$$

이 된다. 그리고 내부 에너지의 변화량은 다음과 같다.

$$du = C_v dT$$

$$\therefore u_2 - u_1 = \int_1^2 C_v dT \tag{3·32}$$

또한 엔탈피의 변화량은

$$dh = C_p dT$$

$$\therefore h_2 - h_1 = \int_1^2 C_p dT \tag{3·33}$$

가 된다. 정적 변화에서는 가해진 열량이 모두 내부에너지의 변화로 나타난다.

예제 3.6

체적이 $0.8m^3$의 밀폐된 탱크에 20℃, 0.3MPa인 산소가 100℃로 가열되는 경우 변화 후의 산소의 압력 및 가열량을 구하라. 단 산소의 가스정수는 0.2598 kJ/kgK 이고 정적비열은 0.6551 kJ/kgK 이다.

풀이

$PV = mRT$에서 산소의 질량은

$$m = \frac{P_1 V}{RT_1} = \frac{300 \times 0.8}{0.2598 \times 293.15} = 3.15 \ (\mathrm{kg})$$

$$P_2 = \frac{mRT}{V} = \frac{3.15 \times 0.2598 \times 373.15}{0.8} = 381.72 \ (\mathrm{kPa})$$

$$k\,Q = mC_v(T_2 - T_1) = 3.15 \times 0.6551 \times (373.15 - 293.15) = 165.08 (\mathrm{kJ})$$

3.5.2 등압변화(Constant pressure change)

압력 일정의 변화에서 정압연소 과정 등이 여기에 속한다.

PVT 관계식은 식 (3 · 6)의 완전가스 상태식 $PV = mRT$에서 압력 P가 일정하므로

$$\frac{V}{T} = \frac{mR}{P} = \mathrm{const.} = \frac{V_1}{T_1} = \frac{V_2}{T_2} \qquad (3 \cdot 34)$$

또는

$$\frac{v_1}{T_1} = \frac{v_2}{T_2} = C$$

가 되어 체적과 온도는 비례관계가 성립하며, PV선도는 그림 3·6과 같이 수평선이 된다.

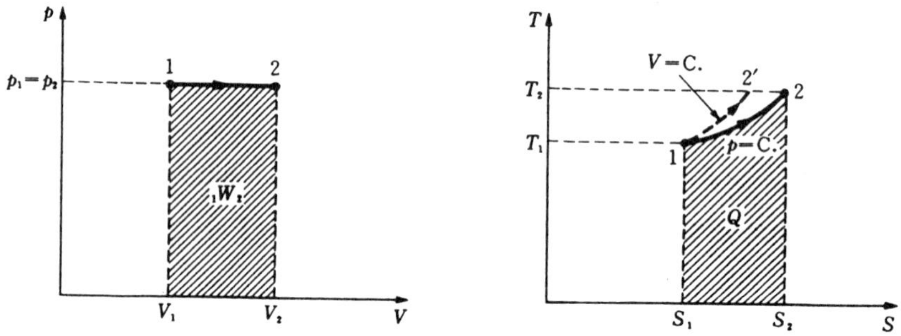

그림 3·6 등압변화

단위 질량당의 절대일은 압력이 일정하므로

$$_1w_2 = \int_1^2 p dv = p(v_2 - v_1) = R(T_2 - T_1) \qquad (3 \cdot 35)$$

이 되고, 공업일은 압력이 일정(dp =0)하므로

$$w_t = -\int_1^2 vdp = 0 \qquad (3 \cdot 36)$$

이 된다.

또, 가해진 열량은

$$dq = dh - vdp = dh = C_p dT (dp = 0)$$

가 되고, C_p가 일정하면

$$_1q_2 = C_p(T_2 - T_1) \qquad (3 \cdot 37)$$

이 된다.

내부 에너지의 변화량은 다음과 같다.

$$du = C_v dT, \quad \therefore u_2 - u_1 = \int_1^2 C_v dT \qquad (3 \cdot 38)$$

또한 엔탈피 변화량은 다음과 같다.

$$dh = C_p dT, \quad \therefore h_2 - h_1 = \int_1^2 C_p dT \tag{3·39}$$

가 된다. 정압 변화에서는 가해진 열량이 모두 엔탈피의 변화로 나타난다.

예제 3.7

가스정수가 0.2970 kJ/kg·K인 일산화탄소 5kg를 압력 일정하에서 10℃로부터 90℃까지 가열하는 데 필요한 열량과 내부 에너지 및 엔탈피 변화량을 구하라.

풀이

일산화탄소는 2 원자 가스이므로 비열비 κ =1.4이다. 그리고 가열량을 구하기 위해서는 먼저 정압비열을 구해야 한다.

$$C_p = \frac{\kappa R}{\kappa - 1} = \frac{1.4 \times 0.2970}{1.4 - 1} = 1.0395\text{kJ/kg}\cdot\text{K}$$

$$\therefore Q = mC_p(T_2 - T_1) = 5 \times 1.0395 \times 80 = 415.8\text{kJ}$$

내부 에너지는 이 변화가 정적변화이기 때문에 dV =0이므로

$$dQ = dU + PdV = dU$$

가 되고, $dU = mC_p dT$ 이므로, 먼저 정적비열을 구하면

$$C_v = \frac{R}{\kappa - 1} = \frac{0.2970}{0.4} = 0.7425$$

$$\therefore U_2 - U_1 = mC_v(T_2 - T_1) = 5 \times 0.7425 \times 80 = 297\text{kJ}$$

또한, 엔탈피 변화량은 $dH = mC_p dT$이므로

$$H_2 - H_1 = mC_p(T_2 - T_1) = 415.8\ \text{kJ}$$

3.5.3 등온변화(Isothermal change)

온도일정의 변화이므로 가스를 가열하거나 팽창시키는 경우가 이에 속한다. 식 (3・6)의 완전가스 상태식 $PV = mRT$에서 온도 T가 일정하므로

$$PV = \text{const.} = P_1 V_1 = P_2 V_2 \qquad (3 \cdot 40)$$

의 관계가 성립한다. 즉, 압력은 체적에 반비례하며, PV 선도는 그림 3·7과 같이 직각 쌍곡선으로 표시된다.

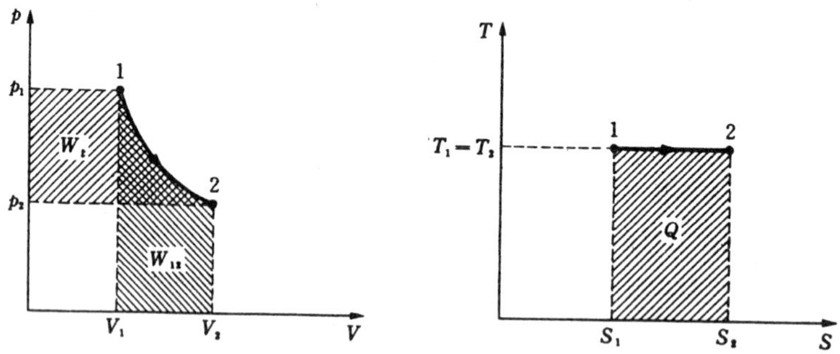

그림 3·7 등온변화

단위질량당의 절대일은

$$
\begin{aligned}
{}_1w_2 &= \int_1^2 pdv = p_1v_1\int_1^2 \frac{dv}{v} = p_1v_1 \ln\frac{v_2}{v_1} \\
&= p_1v_1 \ln\frac{p_1}{p_2} = RT_1 \ln\frac{p_1}{p_2} = RT_1 \ln\frac{v_2}{v_1} \qquad (3\cdot41)
\end{aligned}
$$

이 되고, 공업일은

$$
w_t = -\int_1^2 vdp = -p_1v_1\int_1^2 \frac{dp}{p} = -p_1v_1 \ln\frac{p_2}{p_1}
$$

$$= p_1 v_1 \ln \frac{p_1}{p_2} = p_1 v_1 \ln \frac{v_2}{v_1} = RT_1 \ln \frac{v_2}{v_1} = {}_1w_2 \quad (3 \cdot 42)$$

가 되어 절대일과 같은 값이 된다. 즉 등온변화에서는 wt = 1w2 가 된다.

가해진 열량은 dT=0 이므로 다음과 같이 된다.

$$dq = du + pdv = C_v dT + pdv = pdv(dT = 0)$$

이므로

$$_1q_2 = \int_1^2 pdv = {}_1w_2 = w_t \quad (3 \cdot 43)$$

이 된다. 그리고 가해진 열량은 모두 일로 변한다.

내부 에너지와 엔탈피는 온도만의 함수이므로

$$dU = C_v dT = 0 \text{ 또는 } U_1 = U_2$$

$$dH = C_p dT = 0 \text{ 또는 } H_1 = H_2$$

가 된다.

예제 3.8

0.5 kg의 공기가 온도 300℃에서 압력이 800 kPa로 부터 200 kPa까지 등온팽창 된다면 가열량은 얼마인가?

풀이

$$ {}_1Q_2 = mRT_1 \ln \frac{P_1}{P_2} = 0.5 \times 0.287 \times 573.15 \times \ln \frac{800}{200} = 114.02(\mathrm{kJ}) $$

3.5.4 단열변화(Adiabatic change)

계와 주위와의 사이가 완전히 절연되어 있고, 계경계를 통하여 열의 출입이 없는 경우의 변화를 말하며, 예를 들면 실린더와 피스톤 사이에 들어 있는 가스의 압축 및 팽창 과정이 여기에 속한다. 실제로는 완전한 단열을 실현시키기는 어렵지만 각종 내연기관이나 공기기계, 냉동기 등에서는 압축행정이나 팽창행정 등의 과정은 상태변화가 순간적으로 일어나지만, 열의 이동은 이보다 늦게 이뤄지므로 단열변화에 가까운 변화를 한다고 볼 수 있다.

이상과 같은 단열변화에 대한 $p-V$ 선도와 $T-S$ 선도를 표시하면(그림3·8)과 같다.

단열변화의 상태량 p, V, T사이의 관계는 에너지식 $dq = C_v dT + pdv$와 완전가스 상태식 $pv = RT$로부터 구할 수 있다.

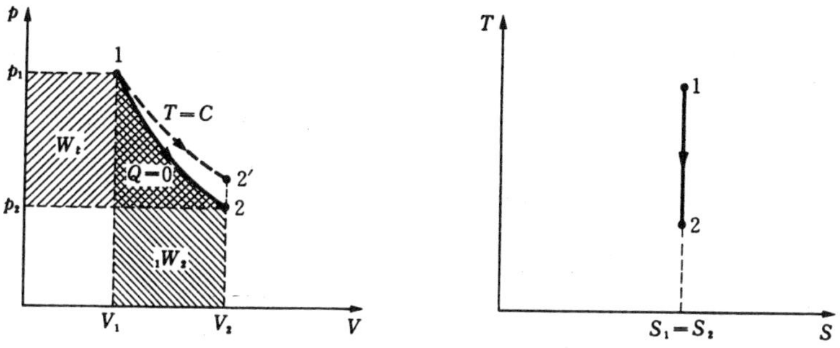

그림 3·8 단열변화

단위 질량당 값에 대해서 생각하기로 하면 $dq=0$이므로

$$C_v dT + p dv = 0 \tag{3·44}$$

그리고 $pv=RT$에서 이를 미분하면

$$p dv + v dp = R dT \tag{3·45}$$

가 되며, 식 (3·45)의 dT를 식 (3·44)에 대입하면

$$C_v(p dv + v dp) + R p dv = 0$$

이며 $C_p - C_v = R$, $C_p / C_v = \kappa$이므로

$$C_p p dv + C_v v dp = 0$$

$$v dp + \kappa p dv = 0 \qquad (3 \cdot 46)$$

이 된다. 양변을 pv로 나누면

$$\frac{dp}{p} + \kappa \frac{dv}{v} = 0$$

이를 적분하면

$$\ln p + \kappa \ln v = C' (= \ln C) \qquad (3 \cdot 47)$$

가 되며, 다시 정리하면

$$pv^k = \text{const.} = p_1 v_1^k = p_2 v_2^k \qquad (3 \cdot 47)'$$

가 된다. 또, $pv = RT$이므로 이것과 식 (3 · 47)에서 p를 소거하면

$$Tv^{\kappa - 1} = \text{const.} = T_1 v_1^{\kappa - 1} = T_2 v_2^{\kappa - 1} \qquad (3 \cdot 48)$$

같은 방법으로 식 (3 · 47)에서 v를 소거하면

$$Tp^{\frac{1-\kappa}{\kappa}} = \text{const.} = T_1 p_1^{\frac{1-\kappa}{\kappa}} = T_2 p_2^{\frac{1-\kappa}{\kappa}} \qquad (3 \cdot 48)'$$

식 (3 · 48)과 식 (3 · 48)′를 온도T_1과 T_2에 대해 정리하면 다음과 같다.

$$\frac{T_2}{T_1} = \left(\frac{v_1}{v_2}\right)^{\kappa-1} = \left(\frac{p_2}{p_1}\right)^{\frac{\kappa-1}{\kappa}} \qquad (3 \cdot 49)$$

다음으로 가스가 팽창할 때의 단위 질량당 절대일은 다음과 같다.

$$_1w_2 = \int_1^2 pdv = p_1 v_1^{\kappa} \int_1^2 \frac{dv}{v^{\kappa}}$$

$$= \frac{p_1 v_1^{\kappa}}{-\kappa+1}(v_2^{-\kappa+1} - v_1^{-\kappa+1})$$

$$= \frac{1}{\kappa-1}(p_1 v_1 - p_2 v_2)$$

$$= \frac{R}{\kappa-1}(T_1 - T_2)$$

$$= \frac{p_1 v_1}{\kappa - 1}\left\{1 - \left(\frac{v_1}{v_2}\right)^{\kappa - 1}\right\} = \frac{p_1 v_1}{\kappa - 1}\left\{1 - \left(\frac{p_2}{p_1}\right)^{\frac{\kappa - 1}{\kappa}}\right\}$$

$$= \frac{RT}{\kappa - 1}\left\{1 - \left(\frac{v_1}{v_2}\right)^{\kappa - 1}\right\} = \frac{Rt_1}{\kappa - 1}\left\{1 - \left(\frac{p_2}{p_1}\right)^{\frac{\kappa - 1}{\kappa}}\right\} \qquad (3 \cdot 50)$$

식 (3·50)에서 상태 1에서 상태 2로 단열팽창을 하면 하는 일은 외부에 대해서 한 것이므로 (+)값이 되고, 이 때 온도는 $T_1 > T_2$ 가 되어 팽창 후의 온도는 내려간다. 그리고 압력비 (p_2/p_1)가 일정하거나 또는 체적비 (v_1/v_2)가 일정하면 일은 절대온도 T_1에 비례한다.

가스가 유동하면서 단열변화를 할 때의 단위 질량당 공업일은 다음과 같다.

$$w_t = -\int_1^2 v dp$$

$$= -p_1^{\frac{1}{\kappa}} v_1 \int_1^2 \frac{dp}{p^{\frac{1}{\kappa}}}$$

$$= -p_1^{\frac{1}{\kappa}} v_1 \int_1^2 p^{-\frac{1}{\kappa}} dp$$

$$= -\frac{p_1^{\frac{1}{\kappa}} v_1}{-\frac{1}{\kappa} + 1}\left(p_2^{-\frac{1}{\kappa} + 1} - p_1^{-\frac{1}{\kappa} + 1}\right)$$

$$= \frac{\kappa}{\kappa - 1}(p_1 v_1 - p_2 v_2)$$

$$= \frac{\kappa R}{\kappa - 1}(T_1 - T_2)$$

$$= \frac{\kappa p_1 v_1}{\kappa - 1}\left\{1 - \left(\frac{v_1}{v_2}\right)^{\kappa - 1}\right\}$$

$$= \frac{\kappa p_1 v_1}{\kappa - 1}\left\{1 - \left(\frac{p_1}{p_2}\right)^{\frac{\kappa - 1}{\kappa}}\right\}$$

$$= \frac{\kappa R T_1}{\kappa - 1}\left\{1 - \left(\frac{v_1}{v_2}\right)^{\kappa - 1}\right\}$$

$$= \frac{\kappa R T_1}{\kappa - 1}\left\{1 - \left(\frac{p_1}{p_2}\right)^{\frac{\kappa - 1}{\kappa}}\right\} \qquad (3 \cdot 51)$$

이 되며, 식 (3 · 51)과 비교하면 다음과 같다.

$$w_t = \kappa \, {}_1w_2 \qquad (3 \cdot 52)$$

그리고 단열변화의 경우 이동열량은 $dQ = 0$이므로 ${}_1Q_2 = 0$이다.

내부 에너지는 식 (2 · 35) $dq = du + pdv$ 에서 $dq = 0$이므로

$$du = -\,pdv = -\,d_1w_2$$

$$\therefore u_2 - u_1 = -\,{}_1w_2 \tag{3·53}$$

가 되고, 엔탈피는 식 (2·36) $dq = dh - vdp$ 에서 $dq = 0$이므로

$$dh = vdp = -\,dw_t$$

$$\therefore h_2 - h_1 = -\,w_t \tag{3·54}$$

가 된다. 즉, 단열변화에서는 절대일에 상당하는 양만큼 내부 에너지가 변화하며, 또 공업일에 상당하는 양만큼 엔탈피가 변화하며 공업일은 절대일의 k 배가 된다.

예제 3. 9

압력이 1 bar이고 체적이 2 m^3인 20℃의 공기가 단열압축되어 그 체적이 0.5 m^3이 되었다. 압축 후의 공기의 압력과 온도를 구하고 절대일, 공업일, 내부 에너지 변화량 및 엔탈피 변화량을 구하라.

풀이

공기의 질량 m은 $PV = mRT$에서

$$m = \frac{P_1 V_1}{RT_1} = \frac{1 \times 10^5 \times 2 \times 10^{-3}}{0.2872 \times 293.15} = 2.4 \ \text{(kg)}$$

① 압축 후의 압력....... $P_2 = P_1 \left(\frac{V_1}{V_2} \right)^{\kappa} = 1 \times 4^{1.4} = 6.96$ (bar)

② 압축 후의 온도.... $T_2 = T_1 \left(\frac{V_1}{V_2} \right)^{\kappa - 1} = 293.15 \times 4^{1.4-1} = 510.4\text{K} = 237.25$(℃)

③ 절대일... $_1W_2 = \frac{mR}{\kappa - 1}(T_1 - T_2) = \frac{2.4 \times 0.2872}{1.4 - 1}(10 - 219.84) = -361.6$(kJ)

④ 공업일........ $W_t = \kappa\, {}_1W_2 = 1.4 \times (-361.6) = -506.24\text{kJ}$

⑤ 내부 에너지 변화량.... $U_2 - U_1 = -\, {}_1W_2 = 361.6\text{kJ}$

⑥ 엔탈피 변화량..... $H_2 - H_1 = -\, W_t = 506.24\text{kJ}$

3.5.5 폴리트로프 변화(Polytropic change)

내연기관이나 냉동기 등의 사이클 해석에서 실제 상태변화를 나타내기 위해서는 등적, 등압, 등온 및 단열변화 과정으로는 정확히 표현하기가 곤란하다. 따라서, Zeuner는 완전가스의 상태변화를 단열변화의 단열지수 κ 대신 지수 n의 값을 적당히 택함으로서 실제 상태변화에 보다 가까운 표현 방법을 제시하였다.

$$pv^n = \text{const.} = p_1 v_1^n = p_2 v_2^n \tag{3·55}$$

이와 같이 식 (3·55)와 같이 표시되는 변화를 폴리트로프 변화라고 하고 지수 n을 폴리트로프 지수라고 한다.

그리고 기체 상태식 $pv = RT$와 식 (3·55)에서 p를 소거하면

$$Tv^{n-1} = \text{const.} = T_1 v_1^{n-1} = T_2 v_2^{n-1} \tag{3·56}$$

가 되고, 같은 방법으로 v를 소거하면

$$Tp^{\frac{1-n}{n}} = \text{const.}\ T_1 p_1^{\frac{1-n}{n}} = T_2 p_2^{\frac{1-n}{n}} \tag{3·57}$$

가 된다.

이상과 같은 폴리트로프 변화 과정의 $P-V$ 선도와 $T-S$ 선도는 그림 3·9와 같이 된다.

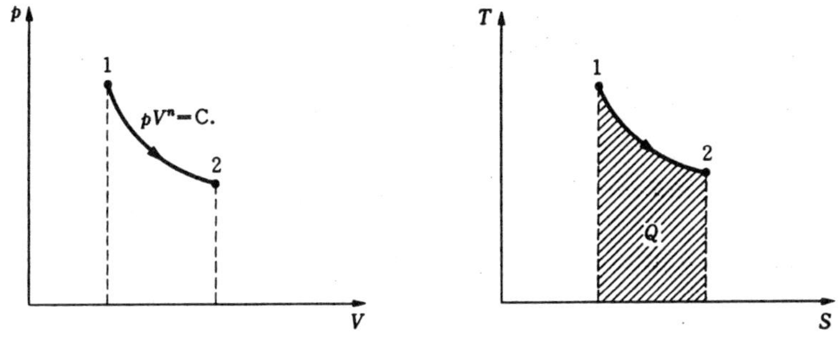

그림 3·9 폴리트로프 변화

폴리트로프 변화에서의 단위 질량당의 절대일은 다음과 같다.

$$
\begin{aligned}
{}_1w_2 &= \frac{1}{n-1}(p_1v_1 - p_2v_2) \\
&= \frac{R}{n-1}(T_1 - T_2) \\
&= \frac{RT_1}{n-1}\left\{1-\left(\frac{v_1}{v_2}\right)^{n-1}\right\} = \frac{RT_1}{n-1}\left\{1-\left(\frac{p_2}{p_1}\right)^{\frac{n-1}{n}}\right\} \quad (3\cdot58)
\end{aligned}
$$

그리고 단위 질량당의 공업일은

$$w_t = \frac{n}{n-1}(p_1v_1 - p_2v_2)$$

$$= \frac{nR}{n-1}(T_1 - T_2)$$

$$= \frac{nRT}{n-1}\left\{1-\left(\frac{v_1}{v_2}\right)^{n-1}\right\} = \frac{nRT}{n-1}\left\{1-\left(\frac{p_2}{p_1}\right)^{\frac{n-1}{n}}\right\} \quad (3 \cdot 59)$$

이고 식 (3 · 58)과 비교하면

$$w_t = n_1 w_2$$

가 됨을 알 수 있다.

폴리트로프 변화에서의 이동열량은 가역 단열변화의 경우와는 달리 열의 출입이 있으므로 다음과 같이 구한다.

식 (2 · 35)로 부터 $dq = du + pdv = c_v dT + pdv$ 이므로, 이동열량은

$${}_1q_2 = \frac{R}{\kappa-1}(T_2 - T_1) + \frac{R}{n-1}(T_1 - T_2)$$

$$= \frac{R(n-\kappa)}{(\kappa-1)(n-1)}(T_2 - T_1)$$

$$= C_v \frac{n-\kappa}{n-1}(T_2 - T_1) \quad (3 \cdot 60)$$

으로 표시된다.

여기서 $C_n = C_v \frac{n-\kappa}{n-1}$ 라고 하면

$$_1q_2 = C_n(T_2 - T_1) \tag{3·61}$$

이 되며, 이 때 C_n을 폴리트로픽 비열(specific heat of polytropic)이라 한다.

내부 에너지의 변화량은 식 (3 · 20) $du = C_v dT$ 로 부터 구하면

$$u_2 - u_1 = \int_1^2 C_v dT \tag{3·62}$$

가 되고, 엔탈피 변화량은 식 (3 · 25) $dh = C_p dT$ 로부터 다음과 같다.

$$h_2 - h_1 = \int_1^2 C_p dT \tag{3·63}$$

예제 3. 10

어느 디젤기관의 실린더내 공기의 압력이 1 bar이고 체적이 0.5 m^{3}인 30℃dml 공기가 $PV^{1.3} = C$ 에 따라 폴리트로프 압축되어 그 압력이 20 bar가 되었다. 압축 후의 공기의 체적과 온도를 구하고 절대일, 공업일, 가열량, 내부 에너지 변화량 및 엔탈피 변화량을 구하라.

풀이

공기의 질량 m은 mRT에서

$$m=\frac{P_1V_1}{RT_1}=\frac{1\times10^5\times0.5\times10^{-3}}{0.2872\times303.15}=0.574\ (\text{kg})$$

① 압축 후의 체적...... $V_2=V_1\left(\frac{P_1}{P_2}\right)^{\frac{1}{n}}=0.5\times\left(\frac{1}{20}\right)^{\frac{1}{1.3}}=0.0499(m^3)$

② 압축 후의 온도... $T_2=T_1\left(\frac{P_1}{P_2}\right)^{\frac{1-n}{n}}=303.15\times\frac{1}{20}^{\frac{1-1.3}{1.3}}=605.195\ (\text{K})$

③ 절대일..... ${}_1W_2=\frac{mR}{n-1}(T_1-T_2)=\frac{0.574\times0.2872}{1.3-1}(303.15-605.195)$

$=-165.98\ (\text{kJ})$

④ 공업일....... $W_t=n_1W_2=1.3\times(-165.98)=-215.77\ (\text{kJ})$

⑤ 가열량..... ${}_1Q_2=mC_v\frac{n-\kappa}{n-1}(T_2-T_1)$

$$=0.574\times0.7171\times\frac{1.3-1.4}{1.3-1}(303.15-605.195)$$

$= 41.442$ (kJ)

⑥ 내부 에너지 변화량... $U_2 - U_1 = mC_v(T_2 - T_1)$

$= 0.574 \times 0.7171(303.15 - 605.195)$

$= -124.326$kJ

⑦ 엔탈피 변화량......... $H_2 - U_1 = mC_p(T_2 - T_1)$

$= 0.574 \times 1.005(303.15 - 605.195)$

$= -174.241$kJ

3.5.6 폴리트로프 지수

[1]폴리트로프 지수와 비열과의 관계

폴리트로프 변화의 경우 압력과 체적 사이의 관계는 다음과 같다.

$$pv^n = c \qquad (3 \cdot 64)$$

식 (3·64)에서 폴리트로픽 지수 n의 값이 특정한 값을 가질 때는 다음과 같은 변화가 된다.

$n=0 \rightarrow p=\text{constant}$(등압과정)

$n=1 \rightarrow pv=\text{constant}$(등온과정)

$n=\kappa \rightarrow pv^{\kappa}=\text{constant}$(단열과정)

$n=\infty \rightarrow p^{\frac{1}{n}}v=\text{constant}$(등적과정)

이와 같은 변화를 $P-V$ 선도와 T-S 선도에 도시하면 다음 그림 (3·10) 과 같이 된다.

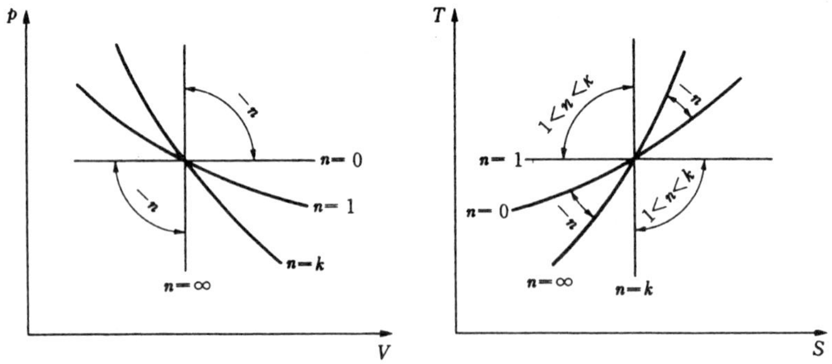

그림 3·10 지수 n의 변화에 대한 선도

다음으로 폴리트로프 변화의 지수 n이 특정한 값이 아닌 일반적인 경우에 대한 상태변화를 알아보자.

1) $0 < n < 1$일 때

이 경우의 폴리트로프 비열 $C_n = C_v \frac{n-1}{n-\kappa} > 0$이다.

식 (3·58)에서 팽창이면 $_1w_2 > 0$이므로, $T_1 < T_2$가 되고, 식 (3·61)에서 $_1q_2 < 0$가 된다. 그리고 압축이면 식 (3·58)에서 $_1w_2 < 0$이므로, $T_1 < T_2$가 되며, 식 (3·61)에서 $_1q_2 < 0$이 된다.

2) $1 < n < \kappa$일 때

이 경우의 폴리트로프 비열 $C_n < 0$이다. 따라서 식 (3·58)에서 팽창이면 $_1w_2 > 0$이므로, $T_1 > T_2$가 되고, 식 (3·61)에서 $_1q_2 < 0$가 된다. 그리고 압축이면 식 (3·60)에서 $_1w_2 < 0$이므로 $T_1 < T_2$가 되며, 식 (3·61)에서 $_1q_2 < 0$이 된다.

3) $k < n < \infty$일 때

이 경우의 폴리트로프 비열 $C_n > 0$이다. 따라서 식 (3·58)에서 팽창이면 $_1w_2 > 0$이므로, $T_1 > T_2$가 되고, 식 (3·61)에서 $_1q_2 < 0$가 된다. 그리고 압축이면 식 (3·60)에서 $_1w_2 < 0$이므로 $T_1 < T_2$가 되며, 식 (3·61)에서 $_1q_2 > 0$이 된다.

이상의 관계를 정리하면 다음과 같다.

i) $n = k$ 이면 $_1q_2 = 0$이 되므로 단열변화이고, $n < \kappa$이면 $_1q_2 > 0$이 되어 열량이 방출된다. 이 관계를 $P-V$선도에 나타내면 그림 3·11과 같다.

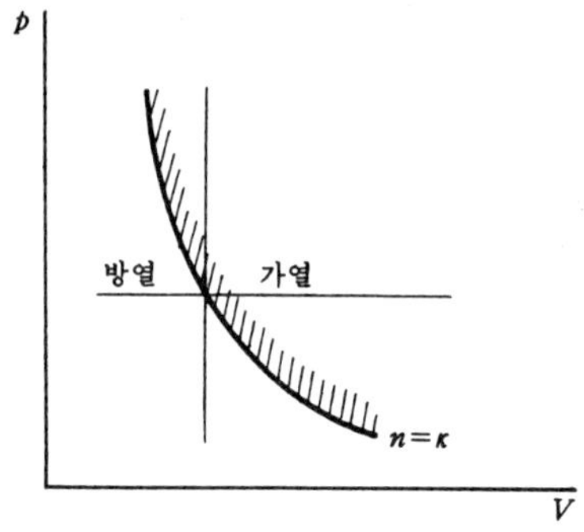

그림 3 · 11 단열변화

ii) $n=0$이면 $p_2=p_1$이 되어 등압변화이고, $n<0$일 때 $p_2>p_1$이면 압력이 상승되고, $n>0$이면 $p_2<p_1$이 되어 압력이 낮아진다. 이 관계를 $P-V$선도에 나타내면 그림 3 · 12와 같다.

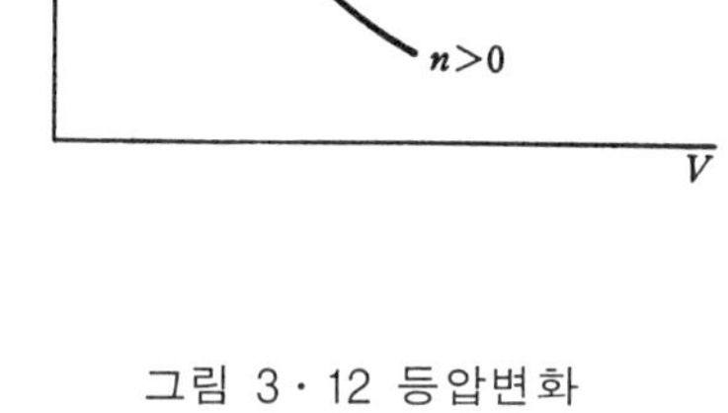

그림 3 · 12 등압변화

iii) $n=1$이면 $T_2=T_1$이 되어 등온변화이고, $n<1$이면 $T_2>T_1$이 되어 온도가 상승하고, $n>1$이면 $T_2<T_1$이 되어 온도가 강하한다. 이 관계를 $P-V$선도에 나타내면 그림 3·13과 같다.

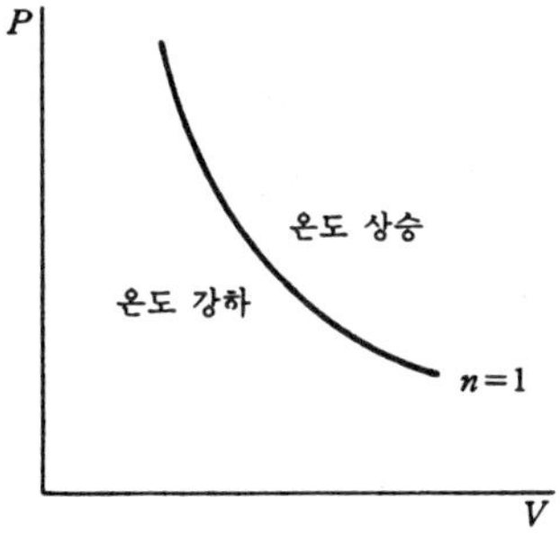

그림 3·13 등온변화

iv) $-\infty < n < 0$인 경우는 $-\infty < n < -1$일 때와 $-1 < n < 0$으로 나눌 수 있으며, 이 관계를 $P-V$선도에 나타내면 그림 3·14와 같다.

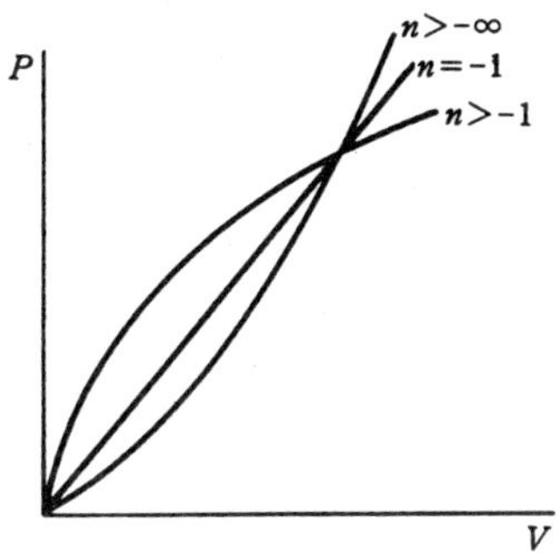

그림 3·14 $-\infty < n < 0$인 경우

[2] 폴리트로프 지수 n을 구하는 법

1) 폴리트로프 곡선이 $P-V$ 선도 상에 주어지는 경우

그림 3·15와 같이 상태 1에서 상태 2까지 폴리트로프 변화를 하는 경우

절대일..... ${}_1w_2 = \int_1^2 p dv =$ 면적 $1\ 2\ V_2\ V_1\ 1$

공업일..... $w_t = -\int_1^2 v dp =$ 면적 $1\ 2\ P_2\ P_1\ 1$

이 되고 $w_t = n_1w_2$이므로

$$n = \frac{w_t}{{}_1w_2} = \frac{\text{면적 } 1\ 2\ P_2\ P_1\ 1}{\text{면적 } 1\ 2\ V_2 V_1\ 1} \qquad (3 \cdot 65)$$

따라서, 공업일의 면적과 절대일의 면적을 구하여 그 비를 구하면 그 값이 n이다.

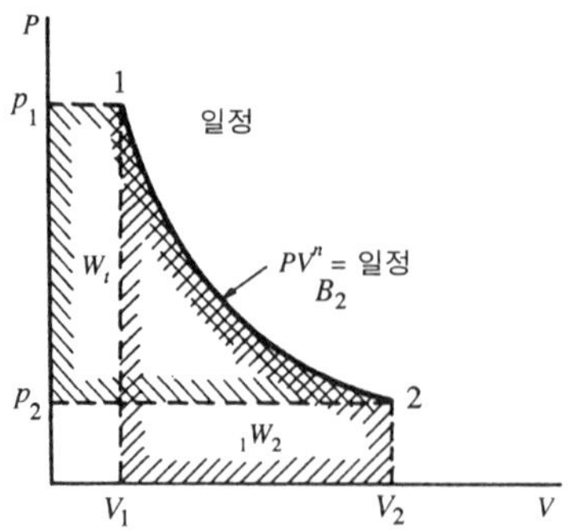

그림 3·15 폴리트로프 지수를 구하는 법

2) 폴리트로프 변화 중 두 점의 상태점을 알고 있을 경우

2개의 상태를 1, 2라 하면 $p_1 v_1^n = p_2 v_2^n$ 의 관계로부터 구하면 다음과 같다.

$$\ln p_1 + n \ln v_1 = \ln p_2 + n \ln v_2$$

$$\therefore n = \frac{\ln p_1 - \ln p_2}{\ln v_2 - \ln v_1} = \frac{\ln \dfrac{p_1}{p_2}}{\ln \dfrac{v_2}{v_1}} \qquad (3 \cdot 66)$$

3) $pv^n = C$의 경우

$pv^n = C$ 에서 대수를 취하면 $\ln p + n \ln v = C$ 가 되므로 그림 3·16과 같이 로그 좌표계에서 직선의 방정식이 된다. 이 직선의 기울기 α를 구하면 n 을 구할 수 있다.

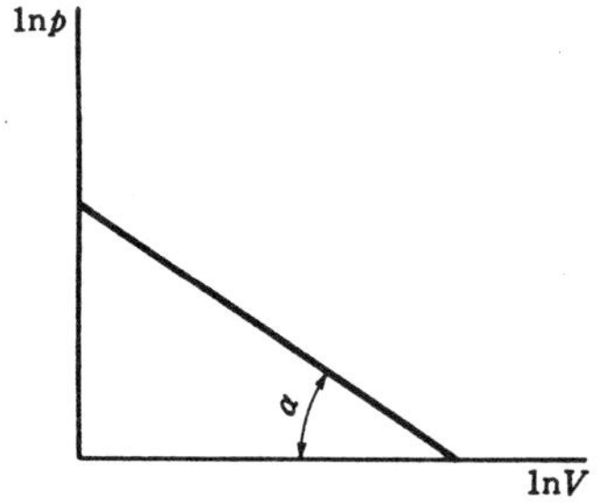

그림 3·16 pv^n의 대수 좌표계

그리고 여러 상태변화를 대수 좌표계에 표시하면 그림 3·17과 같으며, 그림에서 보면 α=0 일 때 정압변화, α=45° 일 때 등온변화 α>45° 일 때 단열변화이다.

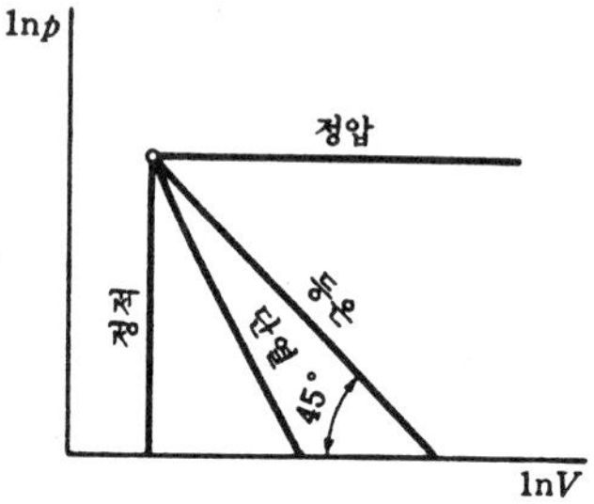

그림 3·17 여러 상태변화의 대수 좌표계

3.6 완전가스의 혼합

서로 화학반응을 일으키지 않는, 종류가 서로 다른 완전가스를 혼합하면 확산에 의해서 일정한 시간이 지난 후 결국에는 균일한 혼합가스가 된다. 한 번 혼합한 가스는 처음 상태의 가스로는 분리될 수 없으므로 이것은 비가역 반응이 된다. 이와 같은 변화에 대해서 혼합 전의 각각의 가스의 성질에서부터 혼합 된 후의 가스의 성질 등을 알아보기로 한다.

3.6.1 돌턴의 법칙(Dalton's law)

지금 그림 3·18에서와 같이 n 종류의 성질이 다른 완전가스를 격리 판으로 격리된 각 실에 넣고 각 실의 격리 판을 제거하면 각 가스는 확산에 의해서 완전히 혼합하여 결국 1종의 혼합가스가 된다. 여기서 혼합 전 각 성분가스의 질량, 체적 및 가스정수를 m_i, V_i, R_i $(i=1,\ 2,\ 3,\cdots,\ n)$이라 할 때, 동일한 온도 압력 하에서 혼합된 후의 질량, 체적, 온도, 압력을 m, V, T, P 라고 하면 전체 체적 V 는

$$V=V_1+V_2+V_3\cdots\cdots V_n \tag{3·67}$$

이며, 전체의 질량은

$$m=m_1+m_2+m_3\cdots\cdots m_n \tag{3·68}$$

이다.

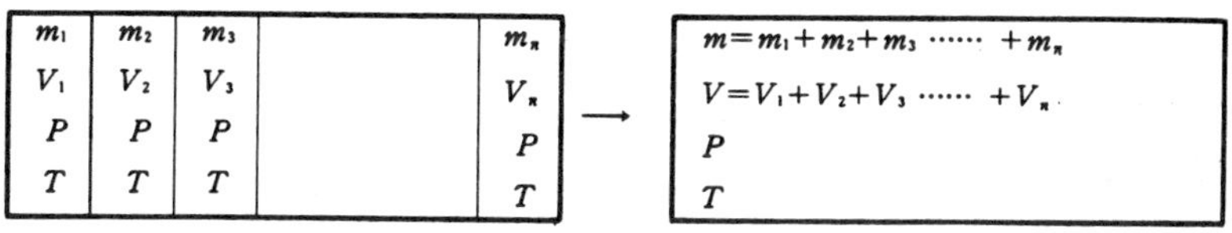

그림 3·18 가스의 혼합

그리고 혼합 후 각 성분가스의 부분압력을 P_1, P_2, $P_3 \cdots\cdots P_n$이라 하고 혼합 전 후에 대한 기체 상태식을 적용하면

$$PV_1 = P_1 V = m_1 R_1 T$$

$$PV_2 = P_2 V = m_2 R_2 T$$

$$\vdots \qquad \vdots$$

$$PV_n = P_n V = m_n R_n T \qquad (3 \cdot 69)$$

가 되고, 윗 식을 모두 합하면

$$P_1 + P_2 + \cdots\cdots + P_n = \frac{P}{V}(V_1 + V_2 + \cdots\cdots V_n) = P$$

$$\therefore P = P_1 + P_2 + \cdots\cdots P_n \qquad (3 \cdot 70)$$

이 된다. 이 식에서 보면 "각 성분가스의 부분압력의 합은 혼합가스의 전 압력과 같게 된다. 이를 돌턴의 분압법칙(Dalton's law)"이라 한다.

예제 3.11

표준상태에서 공기의 체적 조성비는 질소 : 산소 = 79 : 21이다. 이때 질소와 산소의 분압은 각각 얼마인가?

풀이

질소와 산소의 분압을 각각 P_1, P_2 라고 하면

$$P_1 = P\frac{V_1}{V} = 101.325 \times 0.79 = 80.047 \text{ (kPa)}$$

$$P_2 = P\frac{V_2}{V} = 101.325 \times 0.21 = 21.278 \text{ (kPa)}$$

혼합가스의 기체정수는 식 (3·69)와 기체상태 방정식 $PV = mRT$로부터

$$P_1 = \frac{m_1 R_1 T}{V} = P\frac{m_1 R_1}{mR}$$

$$P_2 = \frac{m_2 R_2 T}{V} = P\frac{m_2 R_2}{mR}$$

$$\vdots \qquad \vdots \qquad \vdots$$

$$P_n = \frac{m_n R_n T}{V} = P\frac{m_n R_n}{mR}$$

이 된다. 따라서 윗 식을 모두 합하여 정리하면 다음과 같다.

$$P_1 + P_2 + \cdots\cdots + P_n = \frac{P}{mR}(m_1 R_1 + m_2 R_2 + \cdots\cdots m_n R_n)$$

$$\therefore mR = \sum m_i R_i \qquad (3 \cdot 71)$$

따라서, 혼합가스의 가스정수 R는 식 (3 · 71)에서 구한다.

$$R = \frac{1}{m} \sum_{i=1}^{n} m_i R_i \qquad (3 \cdot 71)'$$

혼합가스의 밀도는 $\rho V = m$ 이므로 식 (3 · 68) 로부터 구하면 다음과 같다.

$$\rho V = \rho_1 V_1 + \rho_2 V_2 + \cdots\cdots + \rho_n V_n$$

$$\therefore \rho = \frac{\rho_1 V_1 + \rho_2 V_2 + \cdots\cdots + \rho_n V_n}{V} \qquad (3 \cdot 72)$$

다음은 혼합가스의 분자량 M을 구한다. 각 성분가스의 분자량을 $M_1, M_2 \cdots\cdots, M_n$ (kg/hmol)이라 하고 혼합가스의 분자량을 M이라 하면 $R_{mol} = MR$이므로

$$Pv = RT = \frac{R_{mol}T}{M}$$

$$\rho = \frac{1}{v} = \frac{P}{RT} = \frac{PM}{R_{mol}T}, \quad \rho_n = \frac{PM_n}{R_{mol}T}$$

$$\therefore \frac{\rho_n}{\rho} = \frac{M_n}{M}$$

이 된다. 따라서, 식 (3·72)는

$$\rho = \rho\left(\frac{M_1V_1}{MV} + \frac{M_2V_2}{MV} + \cdots\cdots + \frac{M_nV_n}{MV}\right)$$

$$\therefore M = M_1\frac{V_1}{V} + M_2\frac{V_2}{V} + \cdots\cdots + M_n\frac{V_n}{V} \qquad (3 \cdot 73)$$

이 된다. 또, 식 (3·69)를 대입하여 구하면 다음과 같다.

$$\therefore M = M_1\frac{P_1}{P} + M_2\frac{P_2}{P} + \cdots\cdots + M_n\frac{P_n}{P} \qquad (3 \cdot 74)$$

혼합가스의 가스정수 R는 식 (3·11)에서

$$R = \frac{R_{mol}}{M} = \frac{8.314}{M}\,\mathrm{kJ/kg \cdot k} \qquad (3 \cdot 75)$$

이므로, 윗 식에 식 (3 · 73) 또는 식 (3 · 74) 으로 구한 M 을 대입하여 구한다.

예제 3. 12

어느 혼합가스의 성분가스 조성이 체적 백분율로 질소(N_2) 70%, 산소(O_2) 10%, 탄산가스(CO_2 12%, 일산화탄소(CO) 8%이다. 이 혼합가스의 분자량과 가스정수를 구하라.

풀이

각 성분가스의 분자량은 $M_{N_3} = 28$, $M_{O_2} = 32$, $M_{CO_2} = 44$, $M_{CO=}28$이다.
혼합가스의 분자량은

$$M = M_{N_2}\frac{V_{N_2}}{V} + M_{O_2}\frac{V_{O_2}}{V} + M_{CO_2}\frac{V_{CO_2}}{V} + M_{CO}\frac{V_{CO}}{V}$$

$$= 28\times0.7 + 32\times0.1 + 44\times0.12 + 28\times0.08 = 30.32$$

가스정수는

$$R = \frac{8.314}{M} = \frac{8.314}{30.32} = 0.2742\text{kJ/kg} \cdot \text{K}$$

그리고 혼합가스의 비열 C는 각 성분가스의 비열을 C_1, C_2, ……, C_n이라 하면 혼합가스 1kg를 1K 상승시키는 데 필요한 열량은

$$mC = m_1 C_1 + m_2 C_2 + \cdots\cdots + m_n C_n$$

$$C = \frac{C_1 m_1 + C_2 m_2 + \cdots\cdots + C_n m_n}{m}, \text{ kJ/kg} \cdot \text{K} \qquad (3 \cdot 76)$$

이 된다. 이 관계식은 정압비열, 정적비열에 대해서도 성립한다.

3.6.2 상태량이 다른 가스의 혼합

종류, 질량 및 상태량이 각각 다른 기체 (P_1, V_1, T_1, R_1, C_1, m_1),(P_2, V_2 T_2, R_2, C_2, m_2),……,(P_n, V_n, R_n, C_n, m_n) n 종을 1개의 용기에 넣고 외부와 단열 된 상태로 혼합 할 때, 이 혼합가스의 상태 (P, V, T, R, C, m)는 다음과 같다.

$$C_1 m_1 (T - T_1) + C_2 m_2 (T - T_2) + \cdots\cdots C_n m_n (T - T_n) = 0$$

$$(C_1 m_1 + C_2 m_2 + \cdots C_n m_n) T = C_1 m_1 T_1 + C_2 m_2 T_2 + C_n m_n T_n$$

$$T = \frac{C_1 m_1 T_1 + C_2 m_2 T_2 + \cdots\cdots C_n m_n T_n}{C_1 m_1 + C_2 m_2 + \cdots\cdots C_n m_n} \qquad (3 \cdot 77)$$

이 된다.

다음으로 혼합 후의 압력 P는 혼합 후의 분압을 $P_1' + P_2' + \cdots\cdots P_n'$라고 하면 Dalton의 법칙에서

$$P = P_1' + P_2' + \cdots\cdots P_n' \qquad (3 \cdot 78)$$

가 된다.

식 (3 · 69)에서와 같은 방법으로 생각하면

$$P_1' V = m_1 R_1 T, \quad P_2' V = m_2 R_2 T, \cdots\cdots, P_n' V = m_n R_n T$$

이므로, 식 (3 · 78)에 대입하면

$$PV = (m_1 R_1 + m_2 R_2 + \cdots\cdots m_n R_n) T = mRT \qquad (3 \cdot 79)$$

가 되고, 한편 혼합 전의 상태에서는

$$P_1 V_1 = m_1 R_1 T_1, \quad P_2 V_2 = m_2 R_2 T_2, \cdots\cdots, \quad P_n V_n = m_n R_n T_n$$

이므로, 이것들을 식 (3 · 79)에 대입하면

$$P=\frac{T}{V}\left(\frac{P_1V_1}{T_1}+\frac{P_2V_2}{T_2}+\cdots\cdots\frac{P_nV_n}{T_n}\right) \tag{3 · 80}$$

이 되어 혼합 후의 압력 P가 결정된다.

3.6.3 습공기

우리가 접하고 있는 대기와 같이 수분을 포함한 공기를 **습공기**(moist air)라 하며, 수분을 포함하지 않은 공기를 **건공기**(dry air)라고 한다. 습공기 중에 포함된 수증기는 완전가스는 아니지만 압력이 낮고 온도에 따라 함유할 수 있는 양이 제한되며, 실제로 그 양이 많지 않아 완전가스로 취급하여도 실용상 문제가 없다.

일반적으로 습공기의 압력이 일정하면 온도에 따라 함유되는 수증기의 최대량이 결정되며, 최대 함유량을 포화량이라 한다. 그림 3 · 19에서와 같이 건공기의 분압을 P_a, 질량을 m_a라 하고, 습공기의 분압을 P_w, 질량을 m_w라 하면 Dalton의 법칙에 따라 습공기의 전압력 P와 질량 m은 다음과 같다.

$$P=P_a+P_w \tag{3 · 81}$$

$$m=m_a+m_w \tag{3 · 82}$$

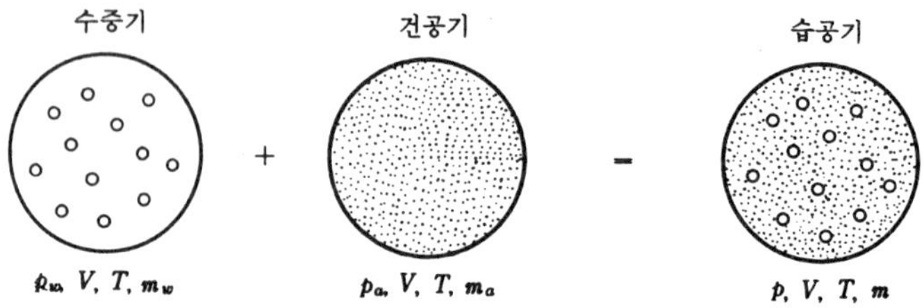

그림 3・19 습공기의 조성

[1] 습도와 노점

습공기 중에 포함된 수증기의 혼합비를 습도(humidity)라 하며, 습도에는 절대습도와 상대습도가 있다.

절대습도(absolute humidity) ω 란 건공기 1kg에 함유되는 수증기의 질량비율을 말하며, 다음 식으로 표시된다.

$$\omega = \frac{m_w}{m_a} \times 100\% \qquad (3 \cdot 83)$$

상대습도(relative humidity) ϕ 란 습공기 중의 수증기 분압 P_w와 그 습공기의 온도에 대한 수증기의 포화압력 P_s와의 비를 말하며, 다음 식으로 표시된다.

$$\phi = \frac{P_w}{P_s} \times 100\% \qquad (3 \cdot 84)$$

일반적으로 $P_w < P_s$이나 압력 일정 하에서 온도를 낮추면 P_w는 일정하지만 P_s는 강하하여 $P_w = P_s$가 되는 온도에 달하게 된다. 즉, 습공기를 일정한 압력 하에서 냉각하면 상대습도는 점점 증가해서 포화상태에 도달하여 증기가 응축하는 온도에 도달하게 되는데, 이와 같은 상태를 **노점**(dew point)이라 하며 이 때의 온도를 처음 상태의 노점온도(dew point temperature)라고 한다.

또한, 절대습도와 동일한 온도의 포화공기의 절대습도의 비를 **포화도**(degree of saturation) 또는 **비교습도**(percentage humidity)라고 한다.

즉 포화도는

$$\Psi = \frac{\omega}{\omega_s}(\%) \qquad (3 \cdot 85)$$

가 된다.

[2] 습공기의 질량, 분자량, 가스정수 및 밀도

습공기 중의 수증기의 질량 m_w 와 건공기의 질량 m_a는 완전가스의 상태식으로부터 다음과 같이 된다.

$$P_w V = m_w R_w T = \phi P_s V \qquad (3 \cdot 86)$$

$$P_a V = m_a R_a T = (P - P_w) V = (P - \phi P_s) V \qquad (3 \cdot 87)$$

$$m_w = \rho_w V = \frac{P_w T}{R_w T} = \frac{\phi P_s V}{R_w T} \tag{3·88}$$

$$m_a = \rho_a V = \frac{P_a V}{R_a T} = \frac{(P - \phi P_s) V}{R_a T} \tag{3·89}$$

따라서 절대습도는

$$\omega = \frac{m_w}{m_a} = \frac{\phi P_s V / R_w T}{(P - \phi P_s) V / R_a T} = \frac{R_a \phi P_s}{R_w (P - \phi P_s)} \tag{3·90}$$

이며, 표 3·1에서 건공기의 기체상수 R_a=0.2872(kJ/kg·K)이고, 수증기의 기체상수 R_w=0.4616(kJ/kg·K)이므로 이들 값을 식(3·90)에 대입하여 정리하면

$$\omega = 0.622 \frac{\phi P_s}{(P - \phi P_s)} = 0.622 \frac{P_w}{P_a} \tag{3·91}$$

가 되며, 상대습도에 관한 식으로 정리하면

$$\phi = \frac{\omega P}{P_s(\omega + 0.622)} \tag{3·92}$$

가 된다.

습공기의 분자량 M은 식 (3・74) 식 (3・81), 식 (3・84)로부터

$$M = M_a \frac{P_a}{P} + M_w \frac{P_w}{P} = M_a \frac{(P - \phi P_s)}{P} + M_w \frac{\phi P_s}{P}$$

$$\therefore M = M_a - \frac{\phi P_s}{P}(M_a - M_w)$$

건공기의 평균 분자량 $M_a = 28.96$, 수증기의 분자량 $M_w = 18.02$를 대입하면

$$M = 28.96 - 10.94 \frac{\phi P_s}{P} \qquad (3 \cdot 93)$$

가 된다. 한편, 습공기의 가스정수 R은 식 (3・75)와 식 (3・93)으로부터

$$R = \frac{8.314}{M} = \frac{8.314}{28.96 - 10.94 \frac{\phi P_s}{P}} \text{(kJ/kg} \cdot \text{K)} \qquad (3 \cdot 94)$$

또는, 식 (3・71)을 이용하면 다음과 같이 구할 수도 있다.

$$R = \frac{m_a R_a + m_w R_w}{m} = \frac{m_a R_a + m_w R_w}{m_a + m_w} = \frac{R_a + R_w \dfrac{m_w}{m_a}}{1 + \dfrac{m_w}{m_a}}$$

$$\therefore R = \frac{R_a + w\,R_w}{m} = \frac{0.2872 + 0.4616w}{1 + w}$$

그리고 습공기의 밀도 ρ는 $P_a V = m_a R_a T$, $P_w V = m_w R_w T$로부터 다음과 같이 표시할 수 있다.

$$\rho = \frac{m}{V} = \frac{m_a + m_w}{V} = \rho_a + \rho_w = \frac{P_a}{R_a T} + \frac{P_w}{R_w T}$$

$$= \frac{P - P_w}{R_a T} + \frac{P_W}{R_w T}$$

가 되며, 식 (3·84)를 이용하여 정리하면 다음과 같다.

$$\rho = \frac{P - \phi P_s}{R_a T} + \frac{\phi P_s}{R_w T} = \frac{P}{R_a T}\left\{1 - \frac{\phi P_s}{P}\left(1 - \frac{R_a}{R_w}\right)\right\} \qquad (3 \cdot 96)$$

예제 3.13

740mmHg, 1℃ 상대습도 85%인 공기를 20℃까지 가열할 때 가열 후의 상대습도는 얼마인가?

단, 1℃때의 포화 증기압 0.00872bar, 20℃때의 포화 증기압 0.02339bar이다.

풀이

상대습도 ϕ는

$$\phi = \frac{\omega p}{p_s(0.622+\omega)}$$

먼저 가열 후의 절대습도를 구하면, 740mmHg는 0.98692bar이므로

$$\omega = 0.622\frac{\phi p_s}{p-p_s\phi} = 0.622\frac{0.85\times 0.00872}{0.98692-0.00872\times 0.85} = 4.707\times 10^{-3}$$

따라서, 가열 후의 상대습도는

$$\phi = \frac{4.707\times 10^{-3}\times 0.98692}{0.02339\times(0.622+4.707\times 10^{-3})} = 0.317$$

연 습 문 제

1. 표준 대기압하에서 10℃, 1.5m^{3}인 산소가 100℃, 10bar로 변하면 체적은 몇 배로 되는가?

답 0.136

2. 1kg의 공기가 압축되어 체적 0.1m^3, 압력이 40bar로 되었을 때의 온도는 얼마인가?

답 1119.6(℃)

3. 가역 단열과정의 p, V, T관계가 다음과 같이 됨을 증명하라.

$$\frac{T_2}{T_1} = \left(\frac{v_1}{v_2}\right)^{\kappa - 1} = \left(\frac{p_2}{p_1}\right)^{\frac{\kappa - 1}{\kappa}}$$

답 (본문 3.5.4절 참고)

4. 공기 2kg을 0℃에서 500℃까지 가열하는 데 필요한 열량, 내부 에너지 및 엔탈피의 변화를 등압과정(SI 단위)과 등적과정(공학단위)에 대하여 각각 구하라.

답 등압과정: $Q = \Delta H = 1005$ kJ, $\Delta U = 717$kJ
등적과정: $Q = \Delta U = 172$ kcal, $\Delta H = 241$kcal

5. 혼합가스가 체적비(%)로 H_2=48.5, CH_4=39.6, CO=7.2, CO_2=1.8, O_2=0.2 및 N_2=2.7이다. 이 때 혼합가스의 분자량은 얼마인가?

답 M=10.93

6. 건공기의 질량비를 N_2 : O_2 : Ar = 76 : 23 : 1이라고 하면, 공기의 가스상수는 얼마인가?

단, R_{N2}=0.2968kJ/kg · K, R_{O_2}=0.2598kJ/kg · K, R_{Ar}=0.2081kJ/kg · K

답 R=0.2872(kJ/kg · K)

7. 가스상수 R=0.189kJ.kg · K인 가스의 정압비열 및 정적비열은 각각 얼마인가?

답 C_p=0.8169(kJ/kgK), C_v=0.6279(kJ/kgK)

8. 밀폐된 공기 탱크 속에 있는 20℃, 1bar인 공기 1kg을 가열하여 그 압력을 5bar로 상승시키고자 할 때, 그 소요 가열량과 가열 후의 온도를 구하라.

단, 공기의 정적비열은 C_v=0.7171(kJ/kg · K)이다.

답 Q_v=840(kJ), t_2=1192(℃)

9. 일정한 온도 15℃에서 15bar, 20 liter의 가스가 1bar까지 팽창하면 팽창일과 출입열량은 얼마인가?

답 W_{12}=81.24(kJ), Q=81.24(kJ)

10. 2.5m^3, 3kg의 공기를 표준 대기압부터 7bar까지 단열압축하는 데 필요한 일량은 얼마인가?

답 W_t =-1960(kJ)

11. 분자량이 44인 완전가스의 5kg을 일정한 입력하에서 10℃로부터 80℃까지 가열하는데 286kJ이 필요하다면, 이 가스를 일정 체적하에서 10℃로부터 100℃까지 가열하는데 필요한 열량은 얼마인가?

답 Q_p =282.6(kJ)

12. 체적 0.3m^{3}의 단열벽으로 둘러싸인 용기 내에 17bar의 압력산태로 수소가 들어 있다. 이 수소를 교란시켰더니 압력은 23bar로 상승되었다. 내부 에너지의 변화는 얼마인가?

답 ΔU =562.8(kJ)

13. 2bar, 100℃의 공기 2kg을 300℃까지 가열한 후 다시 정적과정으로 처음 온도까지 냉각시키는 계가 있다. 이 과정 동안에 계에 흡수된 열량은 얼마인가?
단, 공기의 C_v=0.7171kJ/kg · K , C_p=1.005kJ/kg · K이다.

답 Q=117.2(kJ)

14. 30℃, 5bar의 공기 33m^3/h를 15bar까지 등온압축하는 데 압축기의 구동마력이 50PS일 경우 전동기의 효율은 얼마인가?

답 η=13.4(%)

15. 밀폐계에서 0.45kg의 공기가 1 atm, 0.4m^{3}의 상태에서 0.2m^{3}까지 폴리트로프 변화를 한다. 이 때 나중 온도, 내부 에너지의 변화, 이동열량 및 일을 구하라.
단, 공기의 R =287J/kg · K, C_v=718J/kgK, C_p=1005J/kg · K, 공기의 비열비 1.4, 폴리트로프 지수 1.3 이다.

답 T_2=386.6(K), ΔU=23.4(kJ)
Q=-7.82(kJ), W_{12}=-31.2(kJ)

16. 엔탈피 30kcal/kg인 물 10ton/h를 보일러에서 가열하면 엔탈피 703kcal/kg인 증기가 되며, 이를 다시 증기터빈에 송입하였더니 출구 엔탈피는 615kcal/kg이 되었다. 이 때 보일러에서의 가열량과 터빈의 출력을 구하라.
단, 보일러의 과정은 정압과정이며, 터빈의 과정은 단열과정이다.

답 Q=6.73×10^6(kcal/h)
AW_t=8.8×10^6(kcal/h)=1023(kW)

17. 15kg/cm^2, 100℃인 기체 혼합물의 성분이 20kg의 질소와 10kg의 산소로 이루어져 있다. 질소의 분압은 얼마인가?

답 p_{N_2}=10.43(kg/cm^2)

18. 30℃에서 70%의 상대습도를 갖는 대기의 노점온도는 얼마인가?

단, 30℃에서의 포화 증기압은 0.043261ata, 23℃에서 포화 증기압은 0.028637ata, 24℃에서의 포화 증기압은 0.030415ata이다.

답 23.93(℃)

19. 공기의 체적비가 산소 43%, 질소 66%로 혼합되어 있다. 공기 0℃일 때의 정적비열 C_v 몇 kcal/kg · ℃이다.

단, 0℃에서의 산소 C_v=0.1562kcal/kg · K, 질소 C_v=0.1774kcal/kg · K이다.

답 C_v=0.1694(kcal/kg · K)

20. 산소 8kg과 질소 12kg으로 혼합된 혼합기체의 정압비열을 구하라.

단, 질소의 정압비열은 0.247kcal/kg · K, 산소의 정압비열은 0.217kcal/kg · K이다.

답 C_p=0.235(kcal/kg · K)

참 고 문 헌

(1) 最新工業熱力學, 盧承卓, 文運堂

(2) 工業熱力學, 徐正潤, 淸文閣

(3) 新制熱力學, 李昌植 · 韓英出, 文運堂

(4) 工業熱力學, 崔仁圭 外 2人, 普成文化社

(5) 機械熱力學, 孫良彦 外 2人, 機電硏究士

(6) 最新工業熱力學, 趙珍鎬, 東明社

(7) Engineering Thermodynamics with Applications 2nd ed., M. David Burghardt, HARPER & ROW, PUBLISHERS, New York.

제4장 열역학 제2법칙

열역학 제1법칙에서는 열에너지를 기계적 에너지인 일로 변환시키는 것이나 반대로 일을 열에너지로 변환시키는 것은 어떠한 제한도 받지 않고 언제나 가능한 것으로 해석하였다. 그러나 우리들은 경험에 의해서 자연계에서는 일을 열로 변환시키기는 용이하나 열을 일로 변환시키려면 어떤 제한이 있음을 알고 있다.

따라서, 이 장에서는 열에너지와 기계적인 일 사이의 방향성을 제시하여 주는 법칙을 다룰 것이다. 이것은 어떤 과정이 한 방향으로만 진행되고 반대방향으로는 진행되지 않는 사실과 관련되므로 가역과정과 비가역과정을 언급하고, 이것을 토대로 하여 자연과학의 한 법칙으로 표현한 열역학 제2법칙에 대하여 살펴보기로 한다.

그리고 이 법칙과 관련된 열역학적 사이클과 열역학 제2법칙을 계의 사이클 과정에 대하여 정량적으로 사용할 수 있게 하는 새로운 상태량인 엔트로피를 다룬다. 이것은 "열역학은 에너지와 엔트로피의 과학이다"라고 정의할 만큼 열역학에서는 매우 중요한 사항이다.

4.1 가역과정과 비가역과정

열역학 제2법칙과 이 법칙으로부터 이끌어낸 결과를 이해하기 위해서는 먼저 가역과정과 비가역과정에 대해서 충분한 이해를 하는 것이 중요하다. 왜냐하면, 열역학에서 다루는 과정은 모두 가역과 비가역으로 구별해서 생각하고, 또한 열역학 제2법칙은 후술하는 바와 같이 모든 자연현상은 비가역성으로 존재하는 것을 나타내므로 중요한 의미를 가진다.

일반적으로 계(또는 물체)가 상태변화를 하는 경우 다음과 같은 조건을 만족하는 과정, 즉 한 번 진행된 과정이 역으로 진행될 수 있으며, 이 때 시스템이나 주위에 아무런 변화를 남기지 않는 과정을 **가역과정**(reversible process)이라 하고, 그렇지 않는 과정을 비가역과정(irreversible precess)이라고 한다.

우리 주변에서 볼 수 있는 비가역과정의 예로는 직접 마찰에 의한 일을 열로 전환하는 과정이나 고온도 물체에서 저온도 물체로 열이 전달되는 과정 등을 들 수 있다. 마찰에 의한 일을 열로 직접 전환하는 경우, 예를 들면 회전축을 지지하고 있는 축받이의 가열, 또는 프로펠러로 물을 휘저을 때의 가열 등을 생각해 보면 그 과정을 반대 방향으로 진행시키는 것, 즉 차 축 또는 축받이를 냉각시켜서 마찰에 소비된 기계적 일을 얻는 것이나, 물을 냉각시켜서 프로펠러를 반대로 회전시키는 것은 불가능하고, 계에 변화를 남기지 않고 외부적 작용을 빌려서 그 물을 처음 상태로 복귀시키는 것에 의해서 앞에서 소비한 것과 같은 일을 다시 얻는 것도 불가능하다. 이와 같은 것은 확실하게 **비가역 과정**이다.

물론, 열기관은 열을 기계적 일로 전환시켜 이용하는 것을 목적으로 하지만, 후술하는 바와 같이 동시에 외부적 작용을 수반하게 된다. 또한 전열과정의 경우 어떤 물체로부터 다른 물체에 열을 전달할 때에는 열을 전달하는 물체가 언제나 고온도가 아니면 안 된다. 즉, 열은 그 자신으로서는 저온도 물체에서 고온도 물체로 흐를 수 없으며, 이

것도 명백히 비가역 과정이다.

원래 냉동기에 있어서는 저온도 물체의 열을 고온도 물체에 이동시키는 것이 가능하지만, 이 경우에는 외부 일의 소비를 필요로 하게 되므로 계에 변화를 남기게 된다.

엄밀한 의미에서 자연계에는 마찰이나 전열을 수반하지 않는 과정은 없다. 즉, 가역과정은 존재할 수 없다. 따라서, 가역과정은 하나의 이상과정(ideal process)이다. 그러나 다음과 같은 중요한 과정은 극한에 있어서 가역과정으로 볼 수 있다.

(1) 가스의 압축과 팽창에 있어서, 움직일 수 있는 피스톤을 갖는 실린더에 가스를 넣고 그 압력을 p 라 하면 피스톤에 $p+dp$가 되는 외부압력을 작용시키면 가스는 압축되고, 반대로 압력을 $p-dp$로 내린다면 가스는 팽창한다. 따라서, 이와 같은 미소변화를 하게 하는 과정은 외부압력에 의해서 그 과정을 역행시킬 수 있으므로, 극한조건에 있어서는 가역과정으로 볼 수 있다.

(2) 온도가 같은 물체 사이의 전열과정에 있어서도 동일한 관계가 성립된다. 즉, 온도가 t 인 물체 A와 온도가 $t-dt$ 인 물체 B를 접촉시키면 열은 A에서 B로 흐른다. 그리고 물체 B의 온도가 $t+dt$라면 열 흐름의 방향은 반대로 된다. 즉, 이 dt를 영(zero)에 접근시킨다면 온도의 무한 소의 변화에 의해서 이 과정은 역행시킬 수 있다. 따라서, 전열이 무한히 완만하게 이루어지는 극한의 경우 등온과정은 가역과정으로 볼 수 있다.

여기서 과정을 비가역적으로 만드는 인자들을 알아보면 다음과 같다.

① 마찰(friction)
② 열 전달(heat transfer)
③ 불구속팽창(unrestrained expansion)
④ 이물질의 혼합(mixing)

4.2 열역학 제2법칙의 표현

앞절에서 살펴보았듯이 우리는 경험으로부터 자연현상에 비가역 과정이 존재하는 것을 알고 있지만, 열역학 제2법칙(The second law of thermodynamics)은 이와 같은 비가역 과정의 존재를 자연과학의 한 법칙으로 표현하는 것에 불과하다. 예를 들면, 제2장에서 살펴본 바와 같이 열과 기계적 일과의 전환에 대해서 열역학 제1법칙은 이 둘 사이에 항상 다음과 같은 일정한 관계가 성립한다고 정의하고 있다.

$Q = W$ [식 (2・2) 참조]

물론, 이 관계는 계의 어떤 상태의 변화에 대해서도 적용시킬 수 있고 이것으로부터 중요한 여러 가지 관계를 도출해 낼 수 있지만, 에너지 변환에 관련되어 발생하는 모든 문제를 해결하는 데에는 이 법칙으로는 불충분하다. 왜냐하면, 이 법칙은 일을 열로 변환하는 것과 반대로 열을 일로 변환하는 것이 똑같은 정도로 가능한 것을 나타내기 때문이다. 즉,

$$Q \leftrightarrows W \qquad (4 \cdot 1)$$

와 같이 변환의 방향에는 전혀 관계하지 않고 있기 때문이다. 그러나 실제로는 이미 언급한 바와 같이 이들 양방향의 과정은 똑같이 용이하게 이루어지지 않기 때문에 열역학 제2법칙에 의해서 그 조건을 부여해 주는 것이다. 여기서 열역학 제2법칙의 내용을 충분히 습득하기 위하여 다음과 같은 두 가지 예를 생각해 보기로 한다.

연료를 사용하지 않고 공기 중에 또는 바닷물 속에 들어 있는 무진장한 열을 이용하

여 기계적 일을 얻는 열기관을 제작하는 것이 가능하겠는가? 이와 같은 기관은 다만 에너지의 변화만을 행하고 에너지를 창조하지 않기 때문에 열역학 제1법칙에는 저촉되지 않지만 경험으로부터 불가능함을 알고 있다.

또한, 고온과 저온인 두 물체 사이의 전열과정에 있어서 열역학 제1법칙은 다만 하나의 물체에 주어진 열량이 다른 물체가 얻는 열량과 동일한 것을 나타내기 때문에 열 흐름의 방향은 알 수 없지만, 우리는 경험으로부터 항상 열은 온도가 낮은 쪽으로만 흐른다는 것을 알고 있다.

만약, 열이 자연적으로 저온도에서 고온도로 옮겨지는 것이 가능하다고 하면, 무진장의 열원을 가지고 있는 바닷물 중의 일부분의 온도를 높아지게 하여 이 높아진 고온도의 열원을 이용하여 열기관의 운전이 가능하게 될 것이고, 이것으로 배를 추진시킨다면 이 과정 중에 행하여진 일은 선체 및 프로펠러와 바닷물 사이의 마찰열로 변환되어 바닷물로 복귀하게 된다. 따라서, 이 과정은 열역학 제1법칙에 저촉되지 않으므로 이 배는 연료의 사용 없이 영구적으로 취항시킬 수 있을 것이다. 이와 같은 것은 물론 경험으로부터 불가능함을 알 수 있다.

앞에서 말한 바와 같이 열역학 제2법칙은 에너지의 변환에 대한 조건을 부여하는 법칙이라고 기술할 수 있지만, 넓은 의미로는 자연현상 가운데서 일어나는 변화는 항상 한쪽 방향으로만 일어나는 것을 나타내고 있기 때문에 열역학 제1법칙이 식 (4・1)과 같이 가역을 허용하는 데 비해서, 열역학 제2법칙은 비가역 현상의 존재를 나타내는 점이 특이하다. 그리고 자연과학의 여러 가지 법칙은 열역학 제1법칙 과 같이 모두 가역을 허용하는 식으로 표시하는 데 반해서, 열역학 제2법칙은 자연법칙의 단 하나의 예외로 보아 방향적 관계를 나타내는 점에 중요한 의미를 갖는다.

이와 같은 열역학 제2법칙을 독일의 물리학자인 Clausius는 "열은 그 자신 스스로는 저온도의 물체로부터 고온도의 물체로 옮겨갈 수 없다"라고 표현하였고, 영국의 물리학자인 Kelvin과 독일의 물리학자인 Planck는 "다른 어떤 물체에 변화를 남기지 않고 열원으로부터 열을 얻어서 그것을 계속해서 순환 작용에 의해 기계적 일로 변환시킬 수 있는 기계는 만들 수 없다"라고 표현하였다.

일반적으로 열원의 열을 온도의 강하 없이 또는 다른 어떤 것에 변화를 만기지 않고 계속적으로 기계적 일로 바꾸어 이용할 수 있는 기관이 존재한다면 이것을 **제2종 영구운동기관**(perpetual machine of the second kind)이라고 하는데, 열역학 제2법칙은 이와 같은 제2종 영구운동기관의 존재가 불가능함을 주장하는 법칙이다.

열역학 제2법칙에 대한 위의 두 가지 표현은 아주 다른 내용을 나타내는 것같이 보이지만, 만약 후자의 표현 내용을 부정하는 기관의 존재가 가능하다면 저온도인 대기나 바닷물의 열로부터 기계적 일을 얻어서 그것을 마찰에 의해 임의의 고온도의 열로 변환시킬 수 있으므로 , 열을 저온도에서 고온도로 그 자신이 옮길 수 있게 되어 전자의 표현내용에 반대되는 결과를 얻게 된다. 따라서, 이 두 표현은 궁극적으로 모두 동일한 내용을 나타내는 것이고, 하나는 다른 것의 필연의 결과를 나타내는 것이다.

여기에서 중요한 의미를 갖는 것은 그 자신으로서는 다른 어떤 것으로부터 도움을 빌리지 않아 주위에 어떤 변화도 남기지 않는다는 것이다. 앞에서 언급한 바와 같이 비자연적 방향의 과정, 즉 열기관에 있어서 열을 일로 바꾼다거나 냉동기에 있어서 저온도에서 고온도로 열 이동을 하는 것이 가능하지만, 이것은 열 그 자신으로서는 어떤 과정도 변화시킬 수 없기 때문에 반드시 외부의 힘을 빌려서 과정이 자연적인 방향으로 진행되도록 해야 하고 또한 주위에 변화를 남겨야만 가능하게 되는 것이다.

이와 같은 문제에 관련된 다음의 두 가지 의문을 제기해 보자.

(1) 비자연적 방향의 과정을 일어나게 하려면 얼마만큼의 자연과정의 힘을 빌려야 하는가? 즉 열효율 100%의 열기관이 있을 수 없다면 얻을 수 있는 최대효율은 얼마이며, 그것을 어떻게 얻을 수 있는가?

(2) 비가역 과정에 있어서는 고온도에서 저온도로의 열전달이나 마찰에 의한 일이 열로 전환하는 것과 같이 과정이 자연적인 방향으로만 진행되어야 된다. 즉, 과정이 한 방향으로 확정되지 않으면 안 된다. 따라서, 변화가 한쪽 방향으로만 진행하는 사실을 나타내는 어떤 물리량의 존재가 필요하게 되는데 이 물리량은 무엇인가?

다음절에서 살펴볼 카르노 사이클은 의문 (1)에 대한 해결이 되고, 그 뒤에 살펴볼 엔트로피는 의문 (2)에 대한 물리량이 된다.

4.3 카르노 사이클

4.3.1 일반 사이클

물질이 가지고 있는 열에서 직접 일을 얻으려면 그 물질보다 더 저온도인 다른 물질과 에너지를 전달하는 동작유체(working fluid)가 필요하다. 즉, 동작유체는 고열원에서 열을 얻어서 그보다 더 저온인 저열원에 전달하기 전에 팽창에 의해 그 에너지를 기계적 일로 바꾸고, 그 나머지 열을 저열원에 전달하기 때문에 열이 기계적 일로 바뀔 때에는 반드시 온도 강하가 일어나고 저온도에 열의 일부분을 버려야만 한다. 따라서, 물질이 가지고 있는 열을 일로 변환시킬 때에는 열의 일부분만이 기계적 일로 바뀌게 된다. 내연기관에서는 연소실이 고열원, 연소가스가 동작유체, 대기가 저열원이 된다.

일반적으로 동작유체가 어떤 상태에서 출발하여 연속적으로 여러 가지 상태변화를 한 후 다시 처음의 상태로 되돌아올 때 이 동작유체는 **사이클**(cycle)을 이루었다고 하며, 이것을 $p-V$ 선도상에 나타내면 그림 4·1과 같이 폐곡선이 된다.

그림에서 보는 바와 같이 동작유체는 상태 1에서 출발하여 경로 a를 거쳐 상태 2에 도달하고, 다시 상태 2에서 경로 b를 거쳐 처음의 상태 1에 되돌아와 1-a-2-b-1과 같은 한 사이클을 구성한다. 여기서 1-a-2는 팽창과정을 나타내고, 계는 외부로부터 열량 Q_1을 공급받아서 일 W_1을 한다. 2-b-1은 압축과정을 나타내며, 외부로부터 일 W_2을 공급받아서 동작유체를 압축시키고 열량 Q_2를 방출하여 한 사이클을 완성한다.

사이클을 이루는 동안 일과 열량의 관계는 다음과 같다. 편의상 팽창일은 (+)부호, 압축일은 (-)부호를 붙인다.

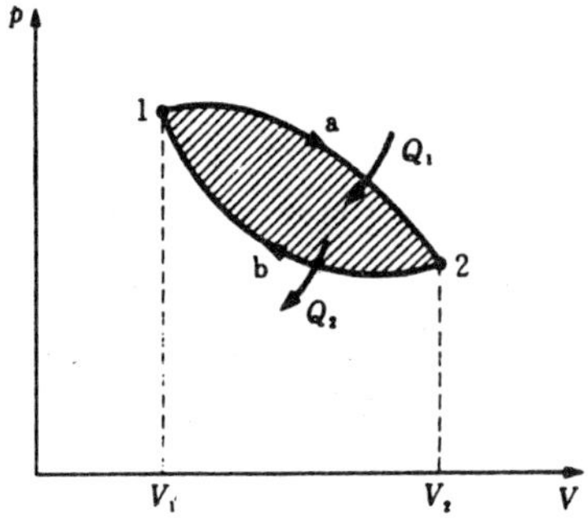

그림 4·1 $p-V$선도에 나타낸 사이클

W_1= 동작유체가 1-a-2 과정에서 하는 일 = + 면적 1-a-2- V_2- V_1(팽창)

W_2= 동작유체가 2-b-1 과정에서 하는 일 = - 면적 2-b-1- V_1- V_2(압축)

한 사이클 동안 동작유체가 한 일은

$$W = W_1 - W_2$$

$$= \text{면적 } 1-a-2-V_2-V_1-\text{면적 } 2-b-1-V_1-V_2$$

$= \text{면적 } 1-a-2-b-1$

$= \oint pdV$

여기서 $\oint$는 사이클 전체에 대한 적분을 나타내고, 면적 1-a-2-b-1은 동작유체가 외부에 행한 일을 나타낸다.

따라서, 한 사이클 동안의 에너지 일반식은 다음과 같이 된다.

$$\oint dQ = \oint dU + \oint dW = \oint dU + W \qquad (4 \cdot 2)$$

그런데 동작유체는 한 사이클을 행한 후에는 다시 처음의 상태로 되돌아가므로, 변화한 상태에 의해서만 결정되는 내부 에너지는 변화하지 않게 된다. 따라서

$$\oint dU = 0, \qquad (4 \cdot 3)$$

$$\therefore \oint dQ = W$$

이 $\oint dQ$는 한 사이클 동안의 수열량 및 방열량의 대수합을 나타내며, 수열량을 Q_1, 방열량을 Q_2라고 하면 결국 $\oint dQ = Q_1 - Q_2$가 되므로, 식(4・3)에 의해서

$$W = Q_1 - Q_2 \qquad (4 \cdot 3)'$$

가 된다. 즉, 한 사이클 동안에 행한 일은 $p-V$선도에서 밀폐곡선으로 둘러싸인 면적으로 나타나고, 이것은 사이클 동안의 수열량과 방열량의 차이와 같은 값이 된다.

이와 같이 사이클을 이루며 계속해서 열을 기계적 일로 변환시키는 원동기를 총칭해서 넓은 의미로 **열기관**(heat engine)이라고 한다. 즉, 열기관은 고열원에서 열량 Q_1을 공급받아 저열원으로 열량 Q_2를 방출하고 그 차이인 $Q_1 - Q_2$가 W로 변환된다. 따라서, 열기관은 W가 클수록 경제적이므로 경제성의 여부를 나타내기 위하여 사이클에 공급된 열량에 대한 일에 사용된 열량의 비를 열효율(thermal efficiency: η)이라고 한다. 즉,

$$열효율 = \frac{일에\ 사용된\ 열량}{사이클에\ 공급된\ 열량}$$

$$\eta = \frac{W}{Q_!} = \frac{Q_1 - Q_2}{Q_1} = 1 - \frac{Q_2}{Q_1} \qquad (4 \cdot 4)$$

한편, 냉동기나 열펌프는 열기관 사이클의 역행 사이클을 이룬다. 즉, 외부로부터 일 W를 공급받고 저열원에서 열량 Q_2 를 흡수하여 이들의 합인 열량 Q_1 을 고열원에서 방출한다. 따라서, 냉동기나 열펌프는 일 W가 작을수록 경제적이므로, 그 성능을 나타내기 위하여 다음과 같이 정의되는 **성적계수**(coefficient of performance: ε 또는 C.P)를 사용한다.

냉동기의 성적계수 ε_R는 다음과 같이 구한다.

$$\text{냉동기의 성적계수} = \frac{\text{저열원에서 흡수한 열량}}{\text{사이클에 공급된 일량}}$$

$$\varepsilon_R = \frac{Q_2}{W} = \frac{Q_2}{Q_1 - Q_2} \qquad (4 \cdot 5)$$

열펌프의 성적계수 ε_H 는 다음과 같다.

$$\text{열펌프의 성적계수} = \frac{\text{고열원에서 방출한 열량}}{\text{사이클에 공급된 일량}}$$

$$\varepsilon_H = \frac{Q_1}{W} = \frac{Q_1}{Q_1 - Q_2} \qquad (4 \cdot 6)$$

식 (4・4)와 식 (4・6)을 비교해 보면 열효율과 열펌프의 성적계수는 서로 역수 관계임을 알 수 있다.

예제 4. 1

매시간당 30kg의 연료를 소비하는 열기관의 출력이 100kW일 때, 이 열기관의 열효율은 얼마인가? 연료의 발열량은 42000kJ/kg이라 한다.

풀이

입력과 출력의 단위를 일치시켜 식 (4·4)에 의하여 구한다.
1kW=3600kJ/h이므로

$$\eta = \frac{W}{Q_1} = \frac{100 \times 3600}{30 \times 42,000} = 0.286$$

4.3.2 카르노 사이클

열로부터 일을 얻게 하는 열기관은 반드시 고열원과 저열원의 두 열원과 에너지 전달의 매개물인 작동유체가 있어야 함은 이미 설명하였지만, 이 경우 효율이 최대가 되는 사이클은 어떤 것인가 하는 의문이 제기되었었다.

열효율을 극대화시키려면 고열원에서 공급받은 열량은 Q_1을 최대한 유효한 일로 변환시켜야 하므로 저열원으로 방출되는 열량 Q_2가 최소로 되어야 하고, 사이클의 구성은 가역변화로 이루어진 가역 사이클이어야 한다. 이러한 관점으로부터 1824년 열역학의 창시자로 불리는 프랑스의 물리학자 카르노(Carnot)는 열효율이 최대가 되는 이상적 사이클인 가역 카르노 사이클(reversible Carnot's cycle)을 발표하여 모든 형식의 열기관에 대한 열효율의 기준을 정하였다.

그림 4·2는 가역 카르노 사이클의 $p-V$선도를 나타낸다. 이 사이클은 2개의 등온과정과 2개의 단열과정으로 구성되며, 고열원의 온도를 T_1, 저열원의 온도를 T_2라고

가정할 때 다음과 같이 작동된다.

(1) 실린더 헤드를 온도가 T_1인 고열원에 접촉시켜 수열에 의해서 과정 1-2와 같이 동작유체를 등온팽창시킨다. 이 때 동작유체가 받아들인 수열량은 Q_1이다.

(2) 상태 2에서는 열원과 동작유체 사이에 열 절연을 시키고 동작유체를 고열원 온도 T_1에서 저열원 온도 T_2까지 실린더 내에서 과정 2-3과 같이 단열팽창시킨다. 이 때 동작유체는 내부 에너지의 소비에 의하여 일 W를 행한다.

(3) 온도가 T_2인 저열원에 실린더 헤드를 접촉시켜 과정 3-4와 같이 방열에 의하여 등온압축시킨다. 이 때 동작유체가 버린 방열량은 Q_2이다.

(4) 상태 4에서 과정 4-1과 같이 동작유체를 단열압축시키면 동작유체는 외부로부터

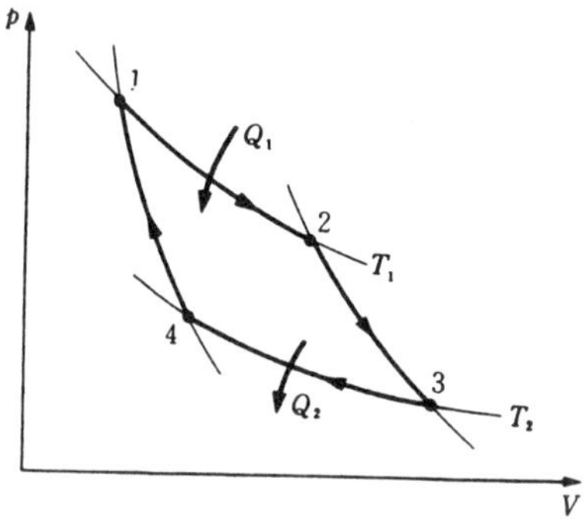

그림4・2 카르노 사이클의 $p-V$선도

일을 받아들여 내부 에너지가 증가되므로 온도가 상승한다. 이 때 압축 끝의 온도를 T_1이 되게 하여 처음의 상태와 같게 하면 한 사이클을 완성하게 된다.

일반적으로 온도차나 압력차가 무한히 작으면 열전도나 팽창 및 압축과정은 강제 평형과정이 되고, 그 과정의 속도가 무한히 작으면 어느 방향으로나 과정이 행해질 수 있어서 가역과정이 되므로, 이 모든 과정이 무한히 작은 속도로 행해진다면 이 사이클은 가역 사이클이 된다.

그림 4·2에서 2개의 등온곡선과 2개의 단열곡선으로 둘러싸인 면적 1-2-3-4는 동작유체가 행한 한 사이클 동안의 일의 크기를 나타내므로 이것을 W라고 하면, 열역학 제1법칙으로부터 다음의 관계가 성립된다.

$$Q_1 = Q_2 + W$$

여기서 기계적 일로 변환된 열량은 다음과 같다.

$$W = Q_1 - Q_2$$

따라서, 카르노 사이클의 열효율 η_c는 다음과 같이 나타낼 수 있다.

$$\eta_c = \frac{W}{Q_1} = \frac{Q_1 - Q_2}{Q_1} \qquad (4 \cdot 7)$$

이 사이클과 반대 방향으로 작동되는 역 카르노 사이클의 경우에는 외부로부터 동작유체가 일 W를 받고, 저열원에서 열량 Q_2를 얻어서 이들의 합인 $W + Q_2 = Q_1$을 고열원에 이동시키게 된다. 이와 같은 사이클은 현재 널리 사용되고 있는 냉동기의 이상 사이클이다.

그러면 카르노 사이클의 열효율이 모든 열기관 사이클 중에서 가장 높다는 것을 증명해 보기로 하자.

≪카르노 사이클의 열효율에 관한 2개의 정리≫

[정리1] : 2개의 정해진 열원 사이에서 작동하는 열기관의 효율을 동일한 2개의 열원 사이에서 작동하는 가역 사이클 기관보다 더 좋게 만들 수는 없다.

우선 2개의 주어진 열원 사이에서 작동하는 비가역 기관이 동일한 2개의 열원 사이에서 작동하는 가역기관보다 효율이 더 좋다고 가정해 보자.

그림 4·3은 동일한 두 열원에서 작동되는 가역기관과 비가역기관을 나타낸다. 비가역 사이클로 작동되는 열기관을 E, 가역 사이클로 작동되는 기관을 냉동기 R(가역 사

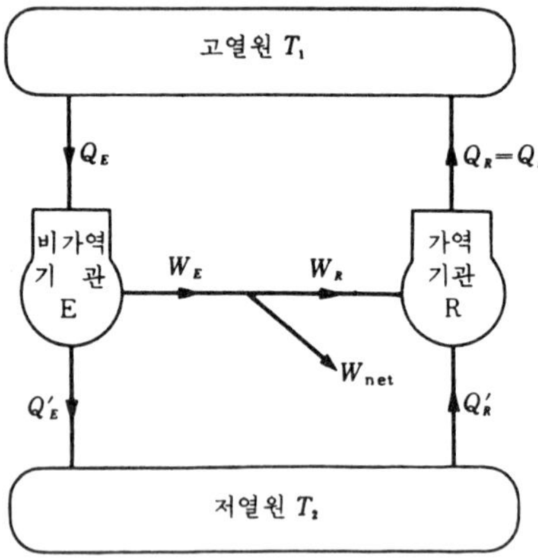

그림 4·3 2개의 열원 사이에서 작동하는 가역기관과 비가역 기관

이클이므로 이것은 가능함)라 하고, 열기관 E의 일 W가 손실없이 냉동기 R에 전달된다고 하자. 그리고 고열원에서 열기관 및 냉동기로 전달되는 열량을 각각 Q_E 및 Q_R, 저열원으로 방출되는 열을 Q_E' 및 Q_R'라 하면 열기관의 일 W_E 및 냉동기 작동에 소요되는 일 W_R는 각각 $W_E = Q_E - Q_E'$ 및 $W_R = Q_R - Q_R'$가 된다.

두 기관의 고열원 온도는 동일하므로 $Q_E = Q_R$이고 비가역기관의 효율이 더 좋다는 가정으로부터 $Q_E' < Q_R'$이다. 따라서, $W_E > W_R$가 된다. 이것을 비가역기관이 기역기관을 구동하면서 동시에 어떤 일 $W(= W_E - W_R = Q_R' - Q_E')$를 할 수 있다는 의미를 가진다. 그러나 이와 같은 사실은 주위에 아무런 변화를 남기지 않고 일을 한 경우에 해당되어 열역학 제2법칙에 위배되는 사실이므로, 비가역기관이 가역기관보다 효율이 더 좋다는 가정은 옳지 않음을 알 수 있다.

또한, $W_E = W_R$이면 $Q_E = Q_R$, $Q_E' = Q_R'$가 되어 모두 처음의 상태로 되돌아가므로 가역 사이클이 된다. 이것은 열기관이 비가역 사이클이란 가정에 어긋난다.

따라서, 동일한 2개의 열원 사이에서 작동하는 가역기관보다 더 효율이 좋은 비가역기관은 있을 수 없으므로, 가역 사이클은 갖는 카르노 사이클의 열효율이 비가역인 모든 열기관 사이클 중에서 최대라는 결론을 얻는다.

[정리2] : 2개의 일정한 열원 사이에서 카르노 사이클로 작동되는 모든 기관은 동일한 열효율을 가진다.

먼저 2개의 가역기관 E_1과 E_2가 동일한 2개의 열원(고온 T_1, 저온 T_2) 사이에서 작동하고 동일한 일 W를 한다고 가정한다. 만일, 효율이 같지 않다고 가정하면 기관 E_1이 고열원으로 부터 받는 열량 Q_1은 기관 E_2가 받는 열량 Q_2와는 다르다. 여기서 기관 E_1의 효율이 좋다고 하면 $\eta_1 > \eta_2$가 된다. 그런데

$$\eta_1 = \frac{W}{Q_1}, \quad \eta_2 = \frac{W}{Q_2}$$

이므로

$$\frac{W}{Q_1} > \frac{W}{Q_2}, \quad \therefore Q_1 < Q_2$$

여기서 기관 E_1을 작동하여 W의 일을 발생시켜 기관 E_2에 주어진 역방향으로 작동시키면, 기관 E_2는 냉동 사이클을 하는 냉동기의 역할을 하여 고열원에 Q_2의 열량을 방출한다. 그러면 고열원은 기관 E_1에 열량 Q_1을 방출하고 기관 E_2로부터 열량 Q_2를 받아들이므로 $Q_2 - Q_1$의 열량이 고열원에 축적된다. 그런데, 가정에서 $Q_1 < Q_2$이므로 $Q_2 - Q_1$은 (+)값이다. 즉, 고열원에는 (+)의 열량이 쌓이게 된다. 이것은 $Q_2 - Q_1$의 열량이 주위에 아무런 변화를 남기지 않고 저열원에서 고열원으로 이동한 결과이므로 열역학 제2법칙에 위배된다. 그리고 기관 E_2의 효율이 좋다고 하면 반대로 $Q_1 > Q_2$가 되어 $Q_1 - Q_2$의 열량이 고열원에 쌓이게 되므로, 이 경우도 열역학 제2법칙에 위배된다.

따라서, 합리적으로는 $Q_1 = Q_2$가 되어야만 하기 때문에 두 기관 E_1과 E_2의 효율은 동일하게 되어 $\eta_1 = \eta_2$가 된다. 그러므로 동일한 2개의 열원 사이에는 작동하는 가역기관의 열효율은 같은 값을 가진다는 것을 알 수 있다.

한편, 카르노 사이클의 효율을 나타내는 식 (4·7)에서 열량 Q는 온도 T의 함수이므로 효율의 일반 관계식은 다음과 같이 나타낼 수 있다.

$$\eta_c = \frac{Q_1 - Q_2}{Q_1} = 1 - \frac{Q_2}{Q_1} = f(T_1,\ T_2) \tag{4·8}$$

식 (4·8)은 카르노 사이클의 효율이 동작유체의 종류 및 압력이나 체적과는 무관하고, 단지 고열원과 저열원의 온도에 의해서만 결정된다는 것을 나타낸다.

4.4 열역학 온도눈금

실제로 온도를 측정하기 위해서는 각종 온도계를 사용하는데, 이들 온도계는 물질의 물리적 성질이 온도에 따라 변화하는 것을 이용하여 온도를 측정하게 된다. 그러므로 이용하는 물질이나 방법에 따라 물리적 변화에 차이가 생기고, 또 그것이 온도에 따라 변화하므로 온도계마다 측정된 온도가 약간씩 다르게 나타난다. 이와 같은 것은 바람직하지 못하므로 온도계의 종류와 관계없이 항상 일정한 절대적인 온도눈금이 필요하게 된다.

앞절 끝에서 카르노 사이클의 열효율은 동작유체와는 관계가 없으며, 오직 고열원과 저열원의 두 온도만의 의해서 결정됨을 알았다. 따라서, 이 원리를 이용하여 온도계에 사용되는 물질의 종류와 관계없는 절대적인 온도눈금을 정한 것을 **열역학 온도눈금**(thermodynamic temperature scale) 또는 절대 온도눈금(absolute temperature scale)이라고 한다.

이 온도눈금의 개념은 3개의 열원과 3개의 카르노 사이클로 작동되는 기관을 나타낸 그림 4·4에서 설명할 수 있다. 그림에서 T_1은 고열원 온도, T_2는 중열원 온도, T_3는 저열원 온도이고, 기관은 각 열원 사이에서 작동한다. Q_1은 A기관과 C기관에 대하여 동일하며, Q_3는 B기관과 C기관에 대하여 동일하다. 이때 카르노 사이클의 열효율은 다음과 같이 쓸 수 있다.

$$\eta_c = 1 - \frac{Q_2}{Q_1} = f(T_1,\ T_2)$$

이므로

$$\frac{Q_1}{Q_2} = \frac{1}{1 - f(T_1,\ T_2)} = \Phi(T_1,\ T_2)$$

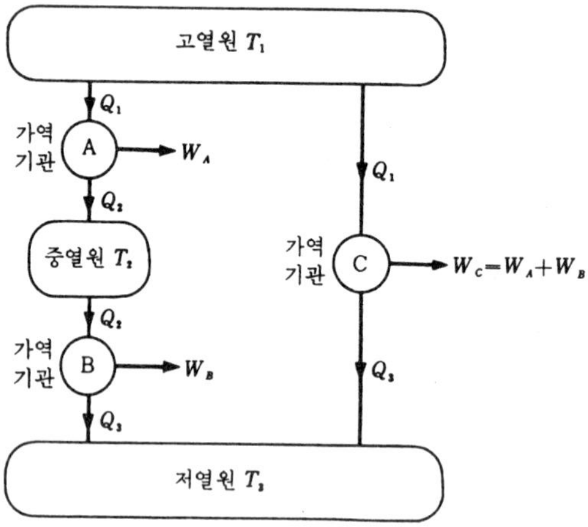

그림 4·4 열역학 온도눈금을 설명하기 위한 가역기관의 배치

여기서 ϕ는 함수관계를 나타낸다. 이것을 3개의 카르노 사이클 기관에 모두 적용하면 다음과 같다.

$$\frac{Q_1}{Q_2} = \phi(T_1, \ T_2)$$

$$\frac{Q_2}{Q_3} = \phi(T_2, \ T_3)$$

$$\frac{Q_1}{Q_3} = \phi(T_1, \ T_3)$$

여기서

$$\frac{Q_1}{Q_3} = \frac{Q_1 Q_2}{Q_2 Q_3}$$

이므로, 다음 관계가 성립한다.

$$\phi(T_1, \ T_3) = \phi(T_1, \ T_2) \times \phi(T_2, \ T_3) \qquad (4 \cdot 9)$$

이 식의 좌변은 T_1과 T_3의 함수이고, 우변도 T_1과 T_3의 함수가 되어야 하므로 함수 ϕ의 형태는 다음과 같다.

$$\phi(T_1,\ T_2)=\frac{f(T_1)}{f(T_2)},\ \phi(T_2,\ T_3)=\frac{f(T_2)}{f(T_3)}$$

이것은 $f(T_2)$가 $\phi(T_1,\ T_2)\times\phi(T_2,\ T_3)$의 상승적으로부터 상쇄되기 때문이다. 따라서, 다음 식이 성립한다.

$$\frac{Q_1}{Q_3}=\phi(T_1,\ T_3)=\frac{f(T_1)}{f(T_3)} \tag{4・10}$$

그러므로 $\phi(T)$를 온도눈금으로 선정하면 그 온도눈금으로 표시되는 2개의 온도는 그 온도의 열원 사이에서 작동하는 카르노 기관이 흡수 또는 방출하는 열량의 절대값으로 정의되고, 물질의 종류나 성질과는 무관한 보편적인 것이 된다. 이것이 열역학 온도눈금이다.

식 (4・10)을 만족시키는 함수적 관계로는 Kelvin이 제안한 다음 관계식이 있다.

$$\frac{Q_1}{Q_2}=\frac{T_1}{T_2} \tag{4・11}$$

절대온도를 이와 같이 정의하면 카르노 사이클 기관의 효율은 절대온도를 사용하여 다음과 같이 된다.

$$\eta_c=1-\frac{Q_2}{Q_1}=1-\frac{T_2}{T_1} \tag{4・12}$$

이 식은 2개의 주어진 열원 사이에서 작동하는 카르노 사이클 기관의 열효율을 알면, 이 두 절대온도의 비를 알 수 있다는 것을 뜻한다. 그러나 이 식은 절대온도의 비만 알 수 있을 뿐이며, 1도의 크기에 관해서는 알 수 없다. 따라서, 다음과 같이 구한다.

고열원의 온도를 물의 비등점 T_b로 정하고 저열원의 온도를 물의 빙점 T_i로 정하여 이 두 온도 사이에서 작동하는 카르노 사이클의 기관이 있다고 하자. 카르노 사이클 기관의 동작유체는 완전가스에 가까운 기체로 생각하여 그 열효율을 구하면 η=26.8%가 된다. 그러므로 식 (4・12)로부터

$$\eta_c = 1 - \frac{T_i}{T_b} = 0.268, \quad \therefore \frac{T_i}{T_b} = 0.732$$

이 식은 2개의 미지수 T_b와 T_i를 포함하는 식이므로 열역학 온도 눈금상의 1도의 크기를 임의로 정함으로써 구할 수 있다. 만일, 절대 온도눈금 1도의 크기를 섭씨 온도눈금 1도의 크기와 일치시키려면 다음과 같이 쓸 수 있다.

$$T_b - T_i = 100(\text{K})$$

이 2개의 식을 풀면 다음과 같다.

$$T_b = 373.15(\text{K}), \quad T_i = 273.15(\text{K})$$

$$\therefore t(℃) + 273.15 = T(\text{K})$$

여기서 $t = 273.15$℃는 절대영도이며, 열역학 온도눈금의 기준점이 된다. 이 온도눈

금은 Kelvin이 제안하였으므로 **Kelvin의 절대 온도눈금**이라고 하며, 단위는 그의 이름 첫 자를 따서 K로 정하였다.

보통 사용되는 절대 온도눈금은 완전가스 온도계의 온도이며, 이것은 완전가스가 일정한 압력하에서 체적이 0이 되는 점을 가상하여 이 점을 온도의 기준점으로 정한 온도이다. 이와 같은 절대 온도 눈금은 열역학 온도눈금과 서로 비례한다. 따라서, 열역학에서는 열역학 온도눈금을 사용해야 하나 완전가스 온도계의 절대 온도눈금과 일치하므로 편의상 완전가스 온도계의 절대 온도눈금을 사용하며, 일반적으로 수소가스를 이용한 수소 온도계를 표준 온도계로 사용한다.

예제 4.2

800℃와 100℃의 사이에서 작동되는 카르노 사이클 기관의 출력이 50kW일 때 열효율과 공급된 열량을 구하라.

풀이

① $\eta_c = 1 - \frac{Q_2}{Q_1} = 1 - \frac{T_2}{T_1}$ 이므로,

$$\eta_c = 1 - \frac{373}{1073} = 0.652 = 65.2\%$$

② $\eta_c = \frac{W}{Q_1}$ 이므로,

$$Q_1 = \frac{W}{\eta_c} = \frac{50}{0.652} = 76.6\text{kW}$$

예제 4.3

화씨 온도눈금 1°F에 대한 절대 온도눈금의 크기를 구하라.

풀이

화씨 온도눈금 1°F는 물의 비등점과 빙점 사이를 180 등분한 것이므로 절대온도와의 관계는

$$\eta_c = 1 - \frac{T_i}{T_b} = 0.268$$

$$\frac{T_i}{T_b} = 0.7321, \quad T_b - T_i = 180(\text{R})\ *$$

이 두 식을 풀면

$$T_b = 671.67(\text{R}), \quad T_i = 491.67(\text{R}) = 32(°\text{F})$$

$$\therefore t(°\text{F}) + 459.67 = T(\text{R})$$

즉, 화씨 온도눈금의 절대영도는 $t = -459.67°F$가 된다.

* 화씨 온도눈금의 절대온도는 Rankine의 절대 온도눈금이라고 하며 단위는 R로 표시한다.

4.5 Clausius의 부등식

열역학 제2법칙을 대표하는 상태량인 엔트로피(entropy)를 고찰하려면 먼저 다음과 같은 Clausius의 부등식이 성립함을 증명해야 한다. 즉,

$$\oint \frac{dQ}{T} \leqq 0$$

이와 같은 Clausius의 부등식은 열역학 제2법칙으로부터 유도되는 결과이며, 일반적으로 구성이 가능한 모든 열기관 사이클에 대해서 성립한다.

온도 T_1과 T_2의 열원 사이에서 작동하는 가역 사이클 기관에 대하여 생각하기로 한다. 이 사이클의 열효율은 식 (4・12)와 같이 나타낼 수 있으므로 다음의 관계가 성립한다.

즉, $\eta_c = 1 - \dfrac{Q_2}{Q_1} = 1 - \dfrac{T_2}{T_1}$ 로부터

$$\frac{Q_2}{Q_1} = \frac{T_2}{T_1}, \quad \therefore \frac{Q_1}{T_1} = \frac{Q_2}{T_2}$$

여기서 동작유체의 수열량은 (+), 방열량은 (-)의 부호를 붙이면 윗 식은 다음과 같이 된다.

$$\frac{Q_1}{T_1} - \frac{Q_2}{T_2} = 0 \qquad (4 \cdot 13)$$

한편, 그림 4·5에서와 같은 폐곡선으로 표시되는 가역 사이클 R를 다수의 단열선과 등온선으로 분할하여 그림과 같이 R를 미소한 카르노 사이클이 집합한 것으로 생각하면, 개개의 미소한 카르노 사이클에 대해서도 식 (4·13)이 성립되므로 전체 사이클에 대한 총합이 영이 된다.

즉,

$$\sum\left(\frac{\Delta Q_1}{T_1} + \frac{\Delta Q_2}{T_2}\right) = 0, \quad \therefore \sum\frac{\Delta Q}{T} = 0$$

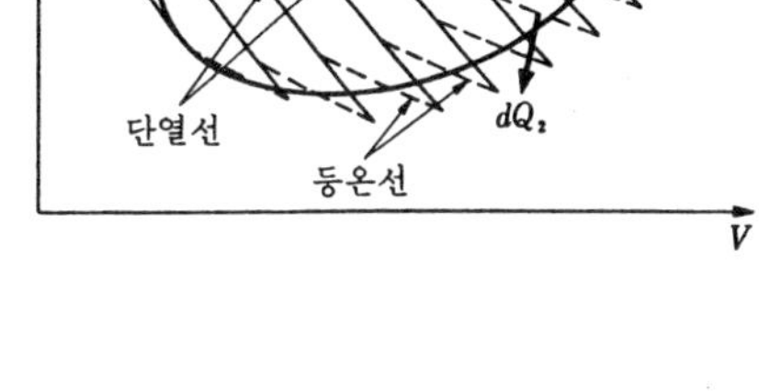

그림 4·5 임의의 가역 사이클을 미소한 카르노 사이클의 집합으로 나타냄

이 미소 사이클의 수를 무수히 많게 하고 그 극한을 고려하면 근사 사이클은 처음에 주어진 가역 사이클 R와 같아지고, 윗 식에 표시된 대수합의 극한은 한 사이클에 대한 적분이 되므로 윗 식은 다음과 같이 된다.

$$\oint \frac{dQ}{T} = 0$$

여기서 $\oint$는 사이클 전체에 대한 폐적분을 나타낸다.

이 적분을 Clauius 적분(Clauius integral)이라고 하며, 임의의 가역 사이클에서 그의 경로를 따라 일주한 Clauius 적분의 값은 영이 됨을 나타낸다.

그러나 비가역 사이클의 경우에는 마찰 등이 발생하기 때문에 일의 에너지가 열로 변하여 방출되므로, 방열량이 가역 사이클의 방열량보다 더 커서 그 적분 값은 0보다 작다.

따라서, 가역 사이클과 비가역 사이클의 열효율을 각각 η_R, η_I라 하면 $\eta_R > \eta_I$가 되므로 Clausius 적분은 다음과 같이 된다.

$$\frac{Q_1}{T_1} - \frac{Q_2}{T_2} < 0$$

$$\Sigma\left(\frac{\Delta Q_1}{T_1} + \frac{\Delta Q_2}{T_2}\right) < 0$$

$$\Sigma \frac{\Delta Q}{T} < 0, \quad \therefore \frac{dQ}{T} < 0$$

즉, 비가역 사이클에서는 사이클의 경로를 따라 일주한 Clausius 적분의 값은 0보다 작음을 알 수 있다. 따라서, 모든 사이클에 대하여 다음과 같이 나타낼 수 있다.

$$\oint \frac{dQ}{T} \leqq 0 \qquad (4 \cdot 14)$$

여기서 부등식은 비가역 사이클에 대하여 성립한다. 이 식 (4・14)를 Clausius 부등식(Clausius inequality)이라고 한다.

4.6 엔트로피

4.6.1 엔트로피의 변화

열역학 제1법칙에서 자연현상에는 비가역성이 존재하며, 이러한 사실을 나타내기 위한 물리량의 존재가 필요하다는 것을 알았으나, 만약 이러한 물리량이 존재한다면 그 값은 항상 한 방향으로만 변화해서 비가역의 사실을 나타내야 하고 동시에 가역과정에 대해서는 불변해야만 한다. 그런데 이미 가역 사이클에 대해서는 Clausius 적분에 의해서 다음의 관계가 있음을 알고 있다.

$$\oint \frac{dQ}{T} = 0$$

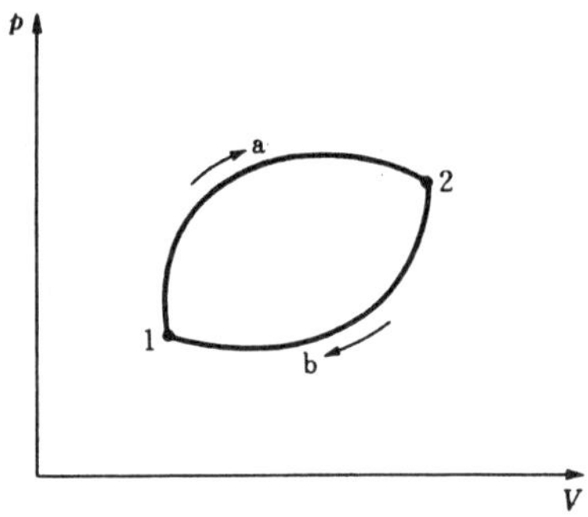

그림 4·6 엔트로피가 상태량임을 표시하는 임의의 가역 사이클

동작유체가 가역변화를 하여 그림 4·6에서와 같이 상태 1에서 1 → a → b 의 경로를 따라 상태 2에 달한 후, 다시 2 → b→ 1 의 경로를 따라 상태 1에 되돌아오는 임의의 가역 사이클에 대한 Clausius 적분은 2개의 경로로 나누어 고찰하면 다음과 같다.

$$\oint \frac{dQ}{T} = \int_{1\to a}^{2} \frac{dQ}{T} + \int_{2\to b}^{1} \frac{dQ}{T} = 0 \quad \cdots\cdots ①$$

이 사이클은 가역 사이클이므로 2 → b→ 1 의 역경로도 성립한다. 즉,

$$\int_{2\to b}^{1} \frac{dQ}{T} = -\int_{1\to b}^{2} \frac{dQ}{T} \quad \cdots\cdots ②$$

식 ②를 식 ①에 대입하여 이항하면 다음 식이 성립한다.

$$\int_{1\to a}^{2} \frac{dQ}{T} = \int_{1\to b}^{2} \frac{dQ}{T} = \text{일정} \quad \cdots\cdots ③$$

윗 식으로부터 변화가 가역이면 $\frac{dQ}{T}$는 경로 1 → a → 2 를 거치거나 2 → b → 1 을 거쳐도 동일한 값을 가지므로, 도중의 경로에는 관계없이 상태 1과 상태 2에 의해서만 결정되는 하나의 상태량이 된다. 이 새로운 상태량을 Clausius는 다음과 같은 관계식으로 표시하고, **엔트로피**(entropy) S라 정의하였다.

$$dS = \frac{dQ}{T} \tag{4·15}$$

엔트로피는 질량 의존성 상태량이며 단위는 J/K이며 공학단위에서는 kcal/K이다. 단위질량(1kg)에 대한 엔트로피는 비엔트로피(specific entropy) s 라 한다.

$$ds = \frac{dq}{T}$$

비엔트로피의 단위는 J/kg · K(공학단위에서는 kcal/kg · K)이다.
계가 상태변화를 할 때의 엔트로피의 변화는 식 (4 · 15)를 적분하여 구한다.

$$S_2 - S_1 = \int_1^2 \frac{dQ}{T} \tag{4·16}$$

다음에는 일반적인 비가역 사이클에 대한 엔트로피의 변화를 생각해 보자.

그림 4·6 에서 1 → a → 2 를 비가역 변화, 2 → b → 1 을 가역변화라 하면 사이클 1 - a - 2 - b - 1 은 비가역 사이클이 되므로 이 사이클의 Clausius 적분은 1보다 작다. 즉,

$$\oint \frac{dQ}{T} = \int_{1\to a}^{2} \frac{dQ}{T} + \int_{2\to b}^{1} \frac{dQ}{T} < 0$$

여기서 2 → b → 1은 가역변화이므로

$$\int_{2-b}^{1} \frac{dQ}{T} = -\int_{1-b}^{2} \frac{dQ}{T} = -(S_2 - S_1)$$

따라서

$$\int_{1\to a}^{2} \frac{dQ}{T} < (S_2 - S_1) \text{ 또는 } (S_2 - S_1) > \int_{1\to a}^{2} \frac{dQ}{T} \qquad (4 \cdot 17)$$

이것은 비가역 변화 1 → a → 2 에 따라서 $\frac{dQ}{T}$를 적분한 값은 변화전후의 상태에 대한 엔트로피의 차보다 작아짐을 표시하고 있다. 점 1과 2를 극히 접근시키면 미소변화에 대한 다음의 관계식이 성립된다.

$$dS > \frac{dQ}{T} \text{ 또는 } dQ < TdS \qquad (4 \cdot 18)$$

이것은 비가역 변화에 대한 엔트로피의 일반식을 나타내는 것이다. 식 (4·18)을 고찰해 보면 어떤 과정이 가열 단열변화이면 $dQ=0$이므로 $dS=0$이 되어 엔트로피는 변화하지 않는다. 그러나 비가역 단열변화이면 $dS>0$이 되므로 엔트로피는 반드시 증가한다. 즉, 엔트로피의 증가는 변화의 비가역성을 나타내게 된다.

자연계에서 일어나는 변화는 열이동이나 마찰 또는 기타 비가역 변화를 포함한다. 따라서, "자연현상의 모든 변화에서는 그것을 구성하는 물질의 엔트로피의 총합이 항상 증가하는 방향으로만 진행된다"라고 말할 수 있으며, 이것을 **엔트로피 증가의 원리**(principle of increase of entropy)라고 하며 열역학 제2법칙의 또 다른 표현이 된다.

그러면 몇 가지 자연현상에 대하여 엔트로피가 증가하는 사실을 지금까지 배운 열역학의 관계식으로 증명해 보자.

1) 전열의 경우

고온물체와 저온물체를 접촉시키면 열은 고온물체 T_1으로부터 저온 물체 T_2로 이동하여 두 물체의 온도는 같아져서 열 평형 상태에 이른다. 이 때 고온물체에서 저온물체로 ΔQ만큼의 열이 이동하였다면 고온물체의 엔트로피의 감소량 ΔS_1는 다음과 같다.

$$\Delta S_1 = -\frac{\Delta Q}{T_1}$$

저온물체의 엔트로피 증가량 ΔS_2는 다음과 같다.

$$\Delta S_2 = \frac{\Delta Q}{T_2}$$

여기서 $T_1 > T_2$이므로, 물체 전체의 엔트로피 변화량 ΔS는 다음과 같이 된다.

$$\Delta S = \Delta S_1 + \Delta S_2 = \frac{\Delta Q}{T_2} - \frac{\Delta Q}{T_1}$$

$$\therefore \Delta Q\left(\frac{1}{T_2} - \frac{1}{T_1}\right) > 0$$

즉, 전열과 같은 비가역 과정에서는 엔트로피가 증가함을 알 수 있다.

2) 마찰의 경우

두 물체 사이에 마찰이 일어나거나 또는 유체가 관속을 흐를 때 관 내벽과의 마찰에 의하여 열이 발생한다. 이 때 발생된 마찰열을 ΔQ_f 라하고, 유체의 온도를 T라 하면, 엔트로피의 변화량 ΔS는 다음과 같다.

$$\Delta S = \frac{\Delta Q_f}{T}$$

여기서 마찰열 ΔQ_f는 항상 $\Delta Q_f > 0$이므로, $\Delta S > 0$이 되어 엔트로피는 증가한다.

3) 열이 일로 변하는 경우

고열원 T_1과 저열원 T_2 사이에서 작동하는 열기관이 있을 때, 고열원의 엔트로피 감소량 ΔS_1과 저열원의 엔트로피 증가량 ΔS_2는 다음과 같다.

$$\Delta S_1 = \frac{Q_1}{T_1}, \ \Delta S_2 = \frac{Q_2}{T_2}$$

여기서 $\frac{Q_2}{T_2} > \frac{Q_1}{T_1}$이므로, 계의 엔트로피 변화량 ΔS는 다음과 같이 된다.

$$\Delta S = \Delta S_2 - \Delta S_1 > 0$$

즉, 비가역 사이클을 이루는 열기관에서의 엔트로피는 증가한다.

예제 4.4

마찰 동력계에 연결된 출력 10kW의 기관으로 1시간 동안 기관 운전 실험을 하였다. 이 때 제동장치에서 발생한 마찰열이 모두 15℃인 주위의 공간에 발산된다고 할 때 엔트로피의 증가량을 계산하라.

풀이

1kWh=3600kJ이므로, 방열량 Q는

$$Q = 10 \times 3600 = 36000(\mathrm{kJ})$$

주위의 공간이 무한대이므로 방열에 의한 온도상승을 무시한다면 엔트로피의 증가량 ΔS는

$$\Delta S = \frac{\Delta Q}{T} = \frac{36000}{(15 + 273.15)} = 124.9(\text{kJ/K})$$

즉, 엔트로피의 증가량은 124.9kJ/K이다.

예제 4.5

공기 3kg이 300K 등온상태에서 가열되는 동안 팽창하여 외부에 대하여 480kJ의 일을 하였다. 가열 전후의 엔트로피 변화량은 얼마이겠는가?

풀이

엔트로피의 변화량은 $S_2 - S_1 = \frac{{}_1Q_2}{T}$ 이고, ${}_1Q_2 = {}_1W_2 = 480\text{kJ}$이므로

$$S_2 - S_1 = \frac{480}{300} = 1.6(\text{kJ/K})$$

즉, 엔트로피는 1.6kJ/K가 증가하였다.

4.6.2 엔트로피 선도

엔트로피는 상태량이므로 이것을 1축에 취하고 또 다른 축에 임의의 상태량을 취하여 선도를 만들면, 이 선도는 그 물질의 상태 및 상태변화를 나타내기 때문에 열역학의 문제 해결에 유용하게 사용 할 수 있다. 특히, 가로축에 엔트로피를 취하고 세로축에 온도를 취하여 상태변화에 따른 열량의 출입관계를 나타낸 선도를 **엔트로피 선도** (entropy diagram)또는 $T-S$선도라고 한다.

그림 4·7과 같이 어느 동작유체가 상태 1에서 2까지 등온변화를 한 경우, 엔트로피 선도에서는 가로축에 평행한 수평선으로 표시되며, 엔트로피의 변화 S_2-S_1은 T가 일정하므로 식 (4·16)에 의하여 다음과 같이 된다.

$$S_2-S_1=\int_1^2\frac{dQ}{T}=\frac{1}{T}\int_1^2 dQ=\frac{{}_1Q_2}{T}$$

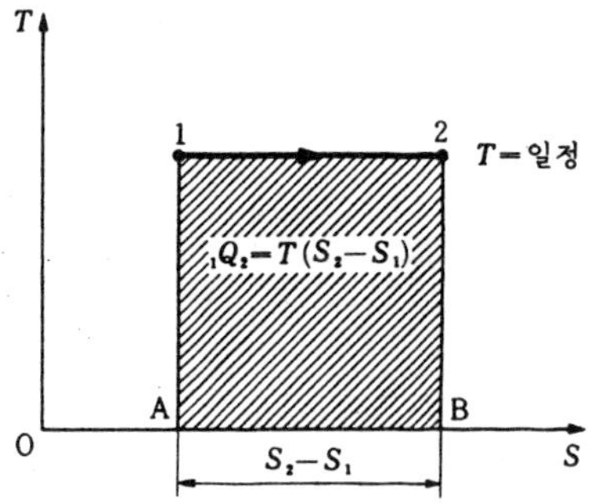

그림 4·7 등온변화에 대한 엔트로피 선도

그러므로

$$ {}_1Q_2 = T(S_2 - S_1) = \text{면적 } 12\text{BA} \qquad (4 \cdot 19) $$

즉, 이 등온변화 중에 들어온 열량 Q_2는 절대온도 T 와 엔프로피의 변화량 $(S_2 - S_1)$을 곱한 값이 되므로, 엔트로피 선도에서는 면적 1 - 2 - B - A로 표시된다.

또한, 그림 4·8과 같은 일반 상태변화의 경우에 대해서는 식 (4·15)에 의하여 다음과 같이 된다.

$$ dQ = TdS $$

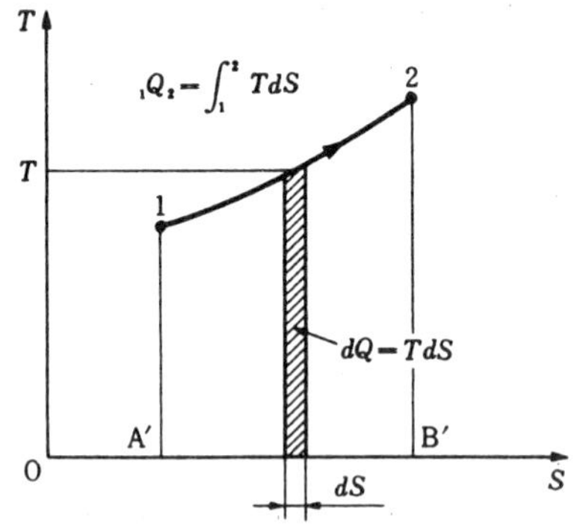

그림 4·8 엔트로피 선도와 출입열량

상태 1에서 2까지 변화하는 동안 출입한 열량 ${}_1Q_2$는 이것을 적분하여 구한다.

$$ {}_1Q_2 = \int_1^2 dQ = \int_1^2 TdS = \text{면적 } 12B'A' \qquad (4 \cdot 20) $$

이상과 같이 상태변화 과정에 의하여 이루어지는 면적은 계에 전달된 열량과 같으므로 이 선도를 **열선도**(heat diagram)라고도 한다. 이것은 마치 $p-V$ 선도에서 면적이 일을 표시하는 것과 같으며, 열역학에서 중요한 선도이다.

따라서, 많은 순수물질에 대하여 엔트로피 선도가 마련되어 있다. 그림 4·9는 물에 대한 엔트로피 선도를 개략적으로 나타낸 것이다.

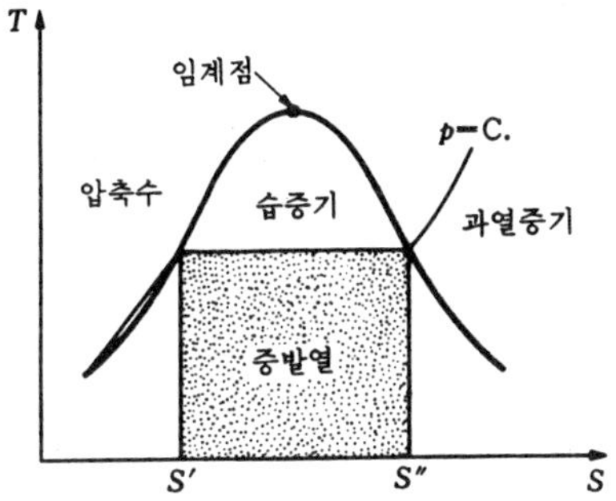

그림 4·9 물의 엔트로피 선도

4.7 완전가스의 엔트로피 변화

4.7.1 완전가스의 엔트로피 일반식

엔트로피는 상태량이므로, 변화전후의 상태가 결정되면 그 양을 계산할 수 있다. 열역학의 제1기초식으로부터 완전가스의 엔트로피식을 유도하면 다음과 같다.

즉, $dq = du + pdv$이고, $du = C_v dT$이므로

$$dq = C_v dT + pdv$$

따라서, 엔트로피의 정의로부터

$$ds = \frac{dq}{T} = C_v \frac{dT}{T} + p\frac{dv}{T}$$

이상기체의 상태 방정식 $pv = RT$ 에서 $\frac{p}{T} = \frac{R}{v}$ 이므로

$$ds = C_v \frac{dT}{T} + R\frac{dv}{v}$$

이 식을 상태 1에서 상태2까지 적분하면

$$\Delta s = s_2 - s_1 = C_v \ln\left(\frac{T_2}{T_1}\right) + R\ln\left(\frac{v_2}{v_1}\right) \tag{4·21}$$

열역학의 제2기초식에서 $dq = dh - vdp$이고, $dh = C_p dT$이므로

$$dq = C_p dT - vdp$$

따라서,

$$ds = \frac{dq}{T} = C_p \frac{dT}{T} - v\frac{dp}{T}$$

이상 기체의 상태 방정식 $pv = RT$에서 $\frac{v}{T} = \frac{R}{p}$ 이므로

$$ds = C_p \frac{dT}{T} - R\frac{dp}{p}$$

상태 1에서 상태2까지 적분하면,

$$\Delta s = s_2 - s_1 = C_p \ln\left(\frac{T_2}{T_1}\right) - R\ln\left(\frac{p_2}{p_1}\right) \tag{4·22}$$

또한, $pv=RT$로부터 $T_1=\frac{p_1v_1}{R}$, $T_2=\frac{p_2v_2}{R}$ 이므로

$$\Delta s=s_2-s_1=C_v\ln\left(\frac{p_2v_2}{p_1v_1}\right)+R\ln\left(\frac{v_2}{v_1}\right)$$

$$=C_v\ln\left(\frac{p_2}{p_1}\right)+C_v\ln\left(\frac{v_2}{v_1}\right)+R\ln\left(\frac{v_2}{v_1}\right)$$

$$=C_v\ln\left(\frac{p_2}{p_1}\right)+(C_v+R)\ln\left(\frac{v_2}{v_1}\right)$$

$$\therefore\Delta s=s_2-s_1=C_v\ln\left(\frac{p_2}{p_1}\right)+C_p\ln\left(\frac{v_2}{v_1}\right) \qquad (4\cdot23)$$

예제 4.6

1kg의 공기가 600kPa, 300℃의 상태로부터 180kPa, 0.6m^{3}의 상태로 변화되었다. 변화 후의 온도와 엔트로피 변화량을 구하라.

풀이

변화 후의 온도

$$T_2 = \frac{p_2 v_2}{R} = \frac{180 \times 0.6}{0.287} = 376\text{K} = 103(℃)$$

엔트로피 변화량

$$s_2 - s_1 = C_p \ln\left(\frac{T_2}{T_1}\right) - R\ln\left(\frac{p_2}{p_1}\right)$$

$$= 1.0035 \ln\left(\frac{376}{573}\right) - 0.287 \ln\left(\frac{180}{600}\right)$$

$$= -0.077 \ (\text{kJ/kg} \cdot \text{K})$$

4.7.2 완전가스의 엔트로피 변화량

이상기체 1kg가 열을 받고 상태 1에서 상태 2로 변화할 때의 엔트로피 변화량은 엔트로피의 정의 $ds = dq/T$로부터

$$\int_1^2 ds = \int_1^2 \frac{dq}{T}$$

$$\therefore s_2 - s_1 = \int_1^2 \frac{dq}{T} \ (\text{kJ/kg} \cdot \text{K}) \qquad (4 \cdot 24)$$

와 같이 나타낼 수 있으므로, 완전가스의 상태변화에 대한 엔트로피 변화량은 다음과 같이 구할 수 있다.

1) 등압변화

등압변화에서는 $dq = C_p dT$이므로, 식 (4·24)로부터

$$s_2 - s_1 = \int_1^2 \frac{C_p dT}{T}$$

$$= C_p \int_1^2 \frac{dT}{T}$$

$$= C_p \ln\left(\frac{T_2}{T_1}\right) = C_p \ln\left(\frac{v_2}{v_1}\right) \qquad (4 \cdot 25)$$

2) 등적변화

등적변화에서는 $dq = C_v dT$이므로, 식 (4·24)로부터

$$s_2 - s_1 = \int_1^2 \frac{C_v dT}{T}$$

$$= C_v \ln\left(\frac{T_2}{T_1}\right) = C_v \ln\left(\frac{p_2}{p_1}\right) \qquad (4 \cdot 26)$$

3) 등온변화

등온변화에서는 T=일정이므로, 식 (4・24)로부터

$$s_2 - s_1 = \frac{1}{T}\int_1^2 dq = \frac{1}{T}\ {}_1q_2$$

여기서 ${}_1q_2$는 등온변화를 할 때 이동열을 나타내며, 식 (3・43)과 식 (3.41)로부터

${}_1q_2 = RT\ln\left(\frac{p_1}{p_2}\right)$이므로

$$s_2 - s_1 = R\ln\left(\frac{p_1}{p_2}\right) = R\ln\left(\frac{v_2}{v_1}\right) \qquad (4 \cdot 27)$$

4) 단열변화

단열변화에는 $dq = 0$이므로, 식 (4・24)로부터

$$s_2 - s_1 = \int_1^2 \frac{dQ}{T}$$

$$\therefore\ s_2 = s_1$$

따라서, 단열변화는 등엔트로피 변화라고도 한다.

5) 폴리트로프의 변화

폴리트로프의 변화에서는 이동열이 폴리트로프 비열 C_n을 사용하여 $dq = C_n dT$로 표시되므로, 식 (4・24)로부터

$$s_2 - s_1 = \int_1^2 \frac{C_n dT}{T}$$

$$= C_n \ln\left(\frac{T_2}{T_1}\right) = C_v \frac{n-k}{n-1} \ln\left(\frac{T_2}{T_1}\right) \quad (4 \cdot 28)$$

예제 4.7

공기 1kg을 대기압 760mmHg하에서 20℃로부터 80℃까지 가열할 때 엔트로피의 변화량은 얼마이겠는가?

풀이

공기의 비열은 대기압하에서 $C_p = 1.004$kJ/kg・K이므로, $s_2 - s_1$은 식(4・25)로부터

$$s_2 - s_1 = C_p \ln \frac{T_2}{T_1}$$

$$=1.004\ln\frac{(273+80)}{(273+20)}=0.187(\text{kJ/kg}\cdot\text{K})$$

예제 4.8

질소 1kg이 30℃의 등온상태에서 300kPa로부터 그 체적이 $3m^3$로 되었다면 엔트로피는 얼마나 증가하는가?

풀이

질소의 가스상수 $R=0.2968\text{kJ/kg}\cdot\text{K}$이므로, $pv=RT$의 관계로부터

$$v_1=\frac{RT}{p_1}=\frac{0.2968(273+30)}{300}=0.300(\text{m}^3/\text{kg})$$

이므로, 식 (4 · 27)로부터

$$s_2-s_1=R\ln\left(\frac{v_2}{v_1}\right)=0.2968\times\ln\left(\frac{3}{0.3}\right)=0.683\ (\text{kJ/kg}\cdot\text{K})$$

예제 4.9

공기가 $pV^{1.36}=C$ 에 따라 폴리트로프 압축되어 50℃, 100kPa 상태에서 500℃로 되었을 때 엔트로피의 변화량은 얼마인가?

풀이

$k=1.4$, $C_v=0.7165$kJ/kg · K이므로, 식 (4 · 28)로부터

$$s_2-s_1=C_v\frac{n-k}{n-1}=\ln\left(\frac{T_2}{T_1}\right)$$

$$=0.7165\times\frac{1.36-1.4}{1.36-1}\ln\left(\frac{500+273}{50+273}\right)$$

$$=-0.0695\ (\text{kJ/kg}\cdot\text{K})$$

4.8 유효 에너지와 무효 에너지

열을 기계적인 일로 변환시키려면 공급열량의 일부를 저열원에 버려야만 가능하다는 것은 열역학 제1법칙에서 이해하였다. 또한, 열효율이 가장 좋은 열기관은 가역 사이클을 갖는 가역기관이라는 것도 알았다. 앞에서 살펴본 바와 같이 열효율이 가장 좋다는

것은 공급열량 중 가장 많은 부분을 유효한 일로 바꿀 수 있다는 사실을 의미한다.

그림 4·10과 같은 카르노 사이클 기관에서 온도 T_1인 고열원에 열량 Q_1을 공급하여 온도 T_2인 저열원에 열량 Q_2를 방출한다면, 유효한 일로 변환된 열량 Q_a는 다음과 같다.

$$Q_a = Q_1 - Q_2$$

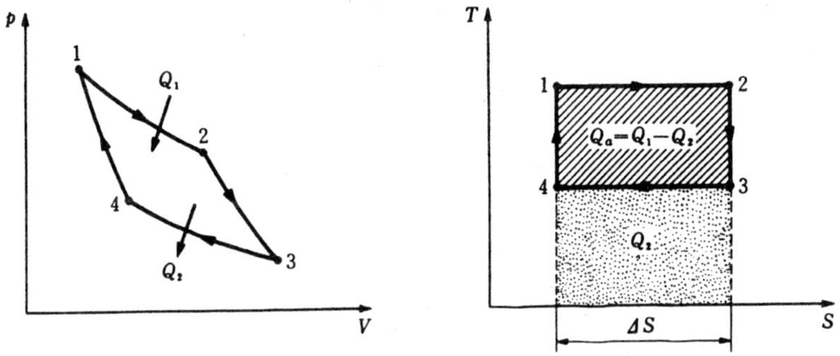

그림 4·10 유효 에너지와 무효 에너지

여기서 카르노 사이클의 열효율 η_c와 엔트로피 ΔS의 관계식은 다음과 같으므로

$$\eta_c = \frac{Q_1 - Q_2}{Q_1} = 1 - \frac{Q_2}{Q_1} = 1 - \frac{T_2}{T_1}$$

$$\Delta S = \frac{Q}{T} = \frac{Q_1}{T_1} = \frac{Q_2}{T_2}$$

이것을 대입하여 Q_a 에 대하여 정리하면 다음과 같다.

$$Q_a = Q_1 - Q_2 = Q_1\left(1 - \frac{T_2}{T_1}\right)$$
$$= Q_1 - T_2\frac{Q_1}{T_1} = Q_1 - T_2\Delta S \qquad (4 \cdot 29)$$

또한 Q_2에 대하여 정리하면 다음과 같다.

$$Q_2 = Q_u = Q_1\frac{T_2}{T_1} = T_2\frac{Q_1}{T_1} = T_2\Delta S \qquad (4 \cdot 30)$$

여기서 유효한 일로 변화된 열량 Q_a를 **유효 에너지**(available energy)라 하고, 방출 열량 Q_2는 이용할 수 없는 에너지이므로 **무효 에너지**(unavailable energy) Q_u라고 한다.

이들 식에서 알 수 있는 바와 같이 고열원 온도 T_1이 높을수록, 저열원 온도 T_2가 낮을수록 유효 에너지 Q_a는 증가하고 무효 에너지는 Q_u는 감소한다.

다음에 그림 4·11과 같이 열원의 온도가 변화하는 경우의 유효 에너지를 구해 보자. 즉, 동작유체가 열량 Q_1을 공급받는 동안 고열원의 온도가 T_1으로부터 T_2로 변화할 때 동작유체의 평균비열을 C_m이라 하고, 질량을 m이라 하면 공급열량 Q_1은 다음과 같다.

$$Q_1 = mC_m(T_2 - T_1)$$

이 때의 엔티로피 변화 ΔS는 다음과 같다.

$$\Delta S = \int_1^2 \frac{dQ}{T} = mC_m \int_1^2 \frac{dT}{T} = mC_m \ln\left(\frac{T_2}{T_1}\right)$$

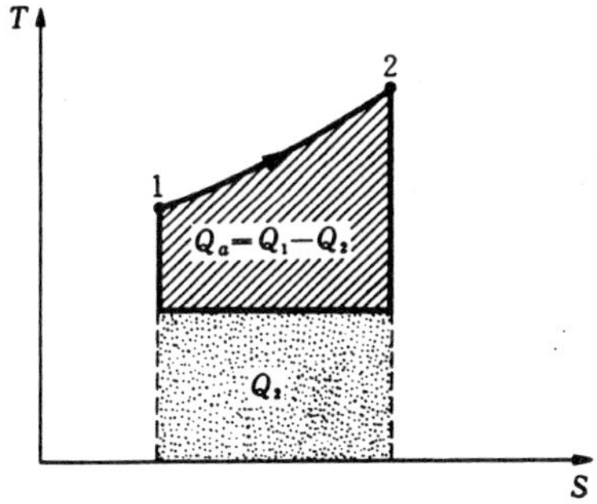

그림 4·11 고열원 온도가 변화할 때의 유효 에너지

따라서, 유효 에너지 Q_a와 무효 에너지 Q_u는 다음과 같다.

$$Q_a = Q_1 - T_0 \Delta S = mC_m\left\{(T_2 - T_1) - T_0 \ln\left(\frac{T_2}{T_1}\right)\right\} \quad (4 \cdot 31)$$

$$Q_u = T_0 \Delta S = T_0 mC_m \ln\left(\frac{T_2}{T_1}\right) \quad (4 \cdot 32)$$

여기서 T_0는 주위의 온도이다.

이와 같이 열에너지는 모두 일로 이용할 수 없고 항상 무효 에너지를 수반하므로 엔트로피는 무효 에너지의 크기, 즉 에너지의 유용성을 나타내는 척도임을 알 수 있다. 또한, 과정 중에 비가역 과정을 포함하면 엔트로피는 더욱 증가하므로 유효 에너지는 감소하고 무효 에너지는 증가한다. 이것을 **유효 에너지의 산일**(dissipation of energy)이라고 한다.

예제 4.10

1000℃의 고열원에 100kJ의 열량을 공급하여 100℃의 저열원에 열량을 방출하는 카르노 사이클 기관의 유효 에너지와 무효 에너지는 각각 얼마이겠는가?

풀이

먼저, 무효 에너지를 구하면 식 (4·30)으로부터

$$Q_u = Q_1 \frac{T_2}{T_1} = (100)\left(\frac{273}{1273}\right) = 29.3\,(\text{kJ})$$

유효 에너지는 식 (4·21)로 부터

$$Q_a = Q_1 - T_2 \frac{Q_1}{T_1} = Q_1 - Q_1 \frac{T_2}{T_1} = Q_1 - Q_u$$

$$= (100) - (29.3) = 70.7\ (\text{kJ})$$

예제 4. 11

초기온도 500℃의 공기 0.3kg에 600kJ의 열량이 정압하에서 가역적으로 가해졌다. 주위의 온도가 20℃일 때 유효 에너지와 무효 에너지를 구하라.

풀이

먼저 가열 후의 온도 T_2를 구하면,

$$Q_1 = mC_p(T_2 - T_1)$$

$$600 = (0.3)(1.005)(T_2 - 773)$$

$$\therefore \ T_2 = 2763\text{K}$$

식 (4・31)과 식 (4・32)에 의하여 유효 에너지 Q_a와 무효 에너지 Q_u를 구하면,

$$Q_a = Q_1 - T_0 \Delta S = Q_1 - T_0 m C_p \ln\left(\frac{T_2}{T_1}\right)$$

$$= 600 - (293)(0.3)(1.005)\ln\frac{2763}{773} = 487.5(\text{kJ})$$

$$Q_u = Q_1 - Q_a$$

$$= 600 - 487.5 = 112.5 \text{(kJ)}$$

또는, $Q_2 = T_0 m C_p \ln\left(\dfrac{T_2}{T_1}\right)$식으로 구해도 된다.

4.9 최대일과 엑세르기

계가 일을 할 때 그 계의 압력과 온도가 주위의 압력과 온도가 다를 경우, 그 계는 비평형 상태에 있다고 한다. 비평형 상태에 있는 계는 평형상태가 될 때까지 상태가 변화한다. 따라서, 비평형 상태에 있는 계는 일을 할 수 있는 능력을 가지고 있는 것이다. 즉, 계가 일을 한다는 것은 평형이 아닌 상태로부터 평형상태가 되도록 변화하는 것이다.

열역학 제1법칙의 제1기초식과 엔트로피식으로부터

$$dq = du + pdv$$

$$= du + dW$$

$$dq = T \cdot ds$$

이므로

$$dW = dq - du$$

$$= T \cdot ds - du$$

여기서 주위의 압력 p_0로 될 때까지 팽창할 때 그 압력에서 주위에 한 일 p_0dv는 주위에 줄뿐이지 유효일로 이용되지는 않는다. 또, 주위온도 T_0가 최저온도이므로 열 교환은 이 온도에서 이루어진다. 따라서, $dq = Tds = T_0ds$가 되며, 이 때 최대 유효량 W_m은 다음과 같이 구한다.

$$dW_m = T_0ds - du - p_0dv$$

$$= dW - p_0dv$$

상태 1에서 상태 0까지 상태변화하는 동안 이루어진 열량은 윗식을 적분하여 구하면 다음과 같다.

$$W_m = T_0(s_0 - s_1) - (u_0 - u_1) - p_0(v_0 - v_1) \qquad (4 \cdot 33)$$

이 W_m을 밀폐계(비유동 과정)에 있어서의 **최대일**(maximum work)이라 한다.

다음에 유동과정인 정상류에 대하여 생각해 보자. 열역학 제1법칙의 제2 기초식과 정상류 관계식으로부터

$$dq = dh - vdp$$

$$dW_t = -vdp$$

$$dq = T \cdot ds$$

이므로

$$dW_t = dq - dh$$

$$= T \cdot ds - dh$$

여기서 속도 에너지는 생략한다. 그리고 주위의 온도 T_0가 최저온도이므로 열교환은 이 온도에서 이루어져 실제 최대일량 W_{tm}은 다음과 같이 구한다.

$$dW_{tm} = T_0 ds - dh$$

상태 1에서 상태 0까지 상태변화하는 사이 이루어진 일량은 이 식을 적분하여 구하면 다음과 같다.

$$W_{tm} = T_0(s_0 - s_1) - (h_0 - h_1) \qquad (4 \cdot 34)$$

이 W_t를 개방계(정상 유동계)에 있어서의 **최대 공업일량**(maximum technical work)이라고 한다.

지금까지 설명한 최대일은 여러 학자들에 의해 일의 능력(Arbeitsfahigkeit), 원동력(motivity), 유효 에너지 (available energy) 등으로 불리고 있다. 1953년 Z. Rant는 이것의 호칭을 통일하여 엑세르기(exergy)로 부를 것을 제창하였다. 또한, H. D. Baehr 는 그 의미를 작동유체가 변화할 때에 발생하는 최대일만으로 한정하지 않고, 좀더 일반화하여 모든 종류의 에너지에도 해당될 수 있도록 다음과 같이 정의하였다.

"에너지 중 다른 에너지의 형태로 변화한 부분을 **엑세르기**(exergy)라 하고 원래의 형태대로 남아 있는 부분을 **아네르기**(energy)"라 한다."

이 정의에 의하면 최대일 뿐만 아니라 임의의 종류의 에너지를 엑세르기와 아네르기로 나눌 수 있다. 그리고 엑세르기는 상태량이 아니고 주위의 상태가 일정하면 정해지는 양이다. 그러나 동작유체의 상태가 일정하면 엑세르기도 정해지므로 하나의 상태량으로 취급할 수 있으나 상태변화 과정에 따라 달라진다. 그리고 엑세르기는 주위에서 열교환이 있으면 그 열교환량에 따라 정해진다.

식 (4·33) 및 식 (4·34)를 엑세르기식으로 변화시키면 다음과 같다.

$$e = T_0(s_0 - s_1) - (u_0 - u_1) - p_0(v_0 - v_1) \qquad (4 \cdot 35)$$

$$e = T_0(s_0 - s_1) - (h_0 - h_1) \qquad (4 \cdot 36)$$

화학반응을 할 때는 물질의 상태가 변화한다. 반응의 전과 후에서 물질의 온도와 압력이 주위의 온도와 압력과 평형을 이루면 반응이 완전히 이루어져 안정상태가 된다. 보통 화학반응에서는 온도나 압력의 어느 하나를 일정하게 하는 것이 편리하다. 온도와 체적이 일정한 상태에서 화학 변화하여 실제 일을 할 때 최대일량은 식 (4·33)에서

$pdv=0$이므로 다음과 같이 된다.

$$W_m = T_0(s_0 - s_1) - (u_0 - u_1)$$

$$= (u_1 - T_0 s_1) - (u_0 - T_0 s_0)$$

$$= f_1 - f_0 \qquad (4 \cdot 37)$$

여기서 $f = u - Ts$ 로 놓고 이것을 **자유 에너지**(free energy)또는 **헬름홀츠 함수**(Helmholtz function)라 부르며, 화공 열역학에서는 화학 친화력(Chemical affinity)의 척도로 쓰이는 중요한 상태량이다.

또, 개방계(정상 유동과정)에 있어서의 최대일량을 위와 같은 방법으로 정리하여 나타내면 다음과 같다.

$$W_{tm} = T_0(s_0 - s_1) - (h_0 - h_1)$$

$$= (h_1 - T_0 s_1) - (h_1 - T_0 s_0) \qquad (4 \cdot 38)$$

여기서 $g = h - Ts$ 로 놓고 이것을 **자유 엔탈피**(free enthapy) 또는 **깁스 함수**(Gibbs function)라 부른다.

4.10 열역학의 제3법칙

물질의 온도가 매우 낮아서 절대영도에 접근하면 원자와 분자의 운동은 정지 직전의 상태가 된다. 원자가 결정격자로 유지되기 위해서는 얼마간의 에너지가 필요할 것인데, 이 때 원자의 상태는 모두 동일한 상태로 접근하는 것으로 생각된다.

독일의 Nernst를 비롯한 여러 학자들의 이에 관한 연구결과를 기초로 하여 1912년에 독일의 Planck는 다음과 같은 법칙을 발표하였다.

"모든 순수물질의 결정체의 엔트로피는 절대영도 부근에서는 영(zero)에 접근한다." 즉, 모든 물질이 열역학적 평형상태에 있을 때 절대온도가 영에 가까워지면 엔트로피도 영에 가까워진다는 것이다. 한편, Nernst는 다음과 같이 표현하였다.

"어떠한 방법에 의해서도 물질의 온도를 절대영도까지 내릴 수 없다."

이상과 같이 표현한 것을 **열역학 제3법칙**(The third law of thermodynamics)또는 Nernst의 열정리(Nernst's heat theorem)라고 한다. 이 법칙에 의해서 모든 물질의 절대 엔트로피(absolute entropy)를 계산할 수 있다.

물체의 비열을 절대영도까지 알 수 있다면 온도 T K에서의 **절대 엔트로피** S_{ab}는 다음과 같다.

$$S_{ab} = \int_0^T C_p \frac{dT}{T} \qquad (4 \cdot 39)$$

이 열역학의 제3법칙은 공업 열역학에서는 별로 응용되지 않으나, 화공 열역학에서는 매우 유용하게 쓰인다. 즉, 화학 반응도 엔트로피가 증가하는 방향으로 진행되므로 절대 엔트로피를 화학 반응식에 적용하여, 반응할 때의 친화력을 계산하여 반응의 진행 방향을 결정한다.

연 습 문 제

1. 열역학의 제1법칙과 제2법칙을 비교하여 그 특징을 설명하라.

2. 카르노 사이클 열효율이 모든 열기관 사이클 중에서 최고임을 증명하라.

3. 엔트로피의 개념을 설명하라.

4. 왜 자연계에 존재하는 모든 변화는 엔트로피가 증가하는 방향으로만 진행되는지 설명하라.

5. 매시 100kg의 연료를 소비하는 발전기의 열효율이 30%라면, 이 발전기의 출력은 몇 kW가 되겠는가? 단, 연료의 발열량은 33000kJ/kg이라 한다.

답 275(kW)

6. 연료 소비율이 10g/s인 열기관의 출력이 125kW일 때 열효율은 얼마인가? 단, 연료의 발열량은 42000kJ/kg이다.

답 29.8(%)

7. 고열원 온도 1000℃와 저열원 온도 10℃ 사이에서 작동되는 카르노 사이클 기관의 열효율을 구하라. 또, 방열량과 수열량의 비를 구하라.

답 77.8(%), 0.222

8. 저열원 온도 30℃에서 작동하는 카르노 사이클 기관의 열효율이 60%일 때 공급된 열량이 90kWh라 하면, 고열원 온도 및 출력은 각각 얼마이겠는가?

답 484.5(℃) 54(kW}

9. 온도가 T_1, $T_2(T_1 > T_2)$인 질량이 동일한 금속 덩어리를 접촉시켜서 온도가 평형에 도달하였을 때의 엔트로피 변화를 구하라.

답 생략

10. 온도가 300℃인 물체의 열용량이 6109kJ/℃이다. 이 물체와 20℃인 대기 온도 사이에서 가역 카르노 사이클 기관을 운전하면 물체의 온도가 주위의 온도(20℃)와 같아질 때까지 몇 kWh의 일을 얻을 수 있겠는가?

답 141.7(kWh)

11. 10kW의 동력계(일종의 전동기)로 20분간 제동을 걸어서 그 출력을 흡수하여 발생한 열이 모두 30℃인 대기로 발산 때의 엔트로피 변화를 구하라.

답 41(kJ/K)

12. 보온병에 100℃의 끓는 물 1ℓ와 10℃의 물 1ℓ를 넣었더니 얼마 후 온도가 같아져서 미지근한 물이 되었다. 물이 혼합되기 전과 미지근한 물로 된 후의 엔트로피 변화량을 계산하라.

답 0.032(kcal/K) 증가

13. 온도가 t_1℃, t_2℃인 두 질량이 각각 $m_1$kg, $m_2$kg일 때, 이 두 액체를 혼합한 경우 전체의 엔트로피 변화를 구하는 식을 만들어라. 두 물체의 비열은 모두 C로 하고 온도는 $t_1 > t_2$로 한다.

답 생략

14. 어느 가역 기관에서 질량 3kg의 공기가 60℃에서 열량 Q_1을 공급받아 온도가 900℃가 되었다. 이 때 공급열량, 유효 에너지, 무효 에너지를 각각 구하고, 이 때 얻을 수 있는 일은 몇 kWh인지 계산하라. 주위의 온도는 20℃라 한다.

답 Q_1=2532.6(kJ), Q_a=1420.2(kJ)
Q_u=1112.4(kJ), W=0.39(kWh)

참 고 문 헌

(1) 工業熱力學, 徐正閏, 省安堂.

(2) 新制工業熱力學, 李昌植 · 韓英出, 文運堂.

(3) 工業熱力學, 崔炳輪 外 3人, 東明社.

(4) 最新機械熱力學, 趙珍鎬, 東明社.

(5) 新編工業熱力學, 盧錫柱 外 3人, 東明社

(6) 工業熱力學, 金東眞 外 2人, 文運堂

(7) 工業熱力學通論, 大賀二 · 薺武, 日刊工業新聞社

(8) 大學演習 工業熱力學, 谷下市松, 東京 華房

(9) Engineering Thermodynamics with Applications 2nd ed., M. David Burghardt, HARPER & ROW, PUBLISHERS< New York.

(10) Fundamentals of Classical Thermodynamics, 2nd ed., Gordon J. Van Wylen and Richard E. Sonntag, New YorkWiley.

제5장 가스동력 사이클

열기관(heat engine)은 고온체로부터 열을 받아 저온체로 열을 전달하면서 일정량의 일을 하는 열역학적 사이클로서 작동되는 기구라고 정의할 수 있다. 대개의 열기관의 개념은 엄밀히 말해서 열역학적 사이클로 작동되지 않을지라도 열 전달이나 연소를 통해 기계적 일을 얻는 모든 기구를 포함하는 경우가 많다. 이러한 공기와 연료를 연소(combustion) 라고 하는 에너지 변환을 거쳐 열 에너지를 동력(power)으로 변환시키는 열기관은 열역학 분야에서 아주 중요한 응용분야라고 할 수 있다.

열기관은 작동유체(working fluid)의 연소과정이 행해지는 방법에 따라 내연기관(internal combustion engine)과 외연기관(external combustion engine)으로 나눈다. 이 장에서는 내연기관을 피스톤의 왕복운동에 의한 왕복형 내연기관(reciprocation internal combustion engine)과 가스터빈 기관(gas turbine engine)으로 분류하고, 그 동작물질(작업유체)은 이상기체로 취급하여 내연기관 사이클 및 가스 터빈 사이클로 분류하여 해석하기로 한다. 또한, 기체 압축기 해설을 위한 공기 압축기 사이클 해석도 이 장에서 살펴보기로 한다.

5.1 공기표준 사이클

열기관의 실제 사이클은 동작물질이나 사이클을 이루지 않는 개방 사이클로 작동하므로 밀폐 사이클의 방법으로 해석할 수는 없고, 그 기관의 작동에 근사한 밀폐 사이클을 만들어 해석할 수 있다. 가스동력 사이클을 해석함에 있어서는 먼저 이상 사이클(idal cycle)로 해석을 하고, 실제 사이클을 해석할 경우에는 여러 인자나 효율 등을 고려하여 실제 가스동력 사이클로 접근시키는 것이 효과적이고 편리한 방법이다.

내연기관의 동작물질은 연소하기 전에는 공기와 연료의 혼합기체이거나 또는 잔류가스와의 혼합기체이며, 연소 후에는 연소 생성 가스등으로 구성되어 있다.

이들은 복잡한 화학반응을 일으키지만, 여기서는 열역학적인 기본특성을 파악하는 가스 동력 사이클 해석을 목적으로 하는 것이므로, 동작물질을 이상기체로 취급할 수 있는 공기로 가정하여 단순화 된 사이클에 대하여 해석한다. 이러한 방법으로 해석하는 사이클을 **공기표준 사이클**(air standard cycle)이라고 하며, 다음과 같은 가정 하에서 해석한다.

① 사이클을 이루는 작동유체는 공기이며, 이상기체로 가정한다.
② 연소과정은 작동유체를 공기로 가정했기 때문에 연소과정이라는 것이 없고, 외부로부터 열을 공급받는 것으로 간주한다.
③ 밀폐사이클을 이루며, 각 과정은 모두 가역과정으로 구성된다고 생각한다.

5.2 공기표준 카르노 사이클

2개의 고정된 온도 사이에서 작용하는 열기관의 사이클로서 최대 열효율을 이루는 것이 카르노 사이클이다. 1824년 카르노는 이상적인 열기관의 효율은 작동물질의 성질에 관계없이 고온 열 저장소와 저온 열 저장소의 온도에 의하여 결정된다고 주장하였다. 카르노 사이클의 열효율은 다음과 같이 표시된다.

$$\eta_{Carnot} = 1 - \frac{T_{\mathrm{II}}}{T_{\mathrm{I}}} \qquad (5 \cdot 1)$$

여기서 T_{I}과 T_{II}는 각각 고온 열 저장소, 저온 열 저장소를 표시한다.

카르노 열기관은 이론적인 가상 사이클로서 2개의 단열과정과 2개의 등온과정으로 이루어져 있고, 사이클의 각 과정이 공기로 작동하는 카르노 사이클의 $p-V, T-S$ 선도가 그림 5·1에 표시되어 있다.

식 (5·1)을 이용하여 카르노 사이클의 열효율을 구하기 위해서는 마찰과 같은 것은 고려하지 않아야 이용할 수 있다. 더욱이, 작동유체의 온도는 열이 유입하거나 유출될 때에는 등온으로 유지되어야 할 것이다. 실제로 이러한 제한은 중요한 문제이며, 카르노 사이클이 실제로 적용되는 기관이 없는 것이 사실이다. 그러므로 실제기관의 효율은 최고온도와 최저온도 사이에서 작동되는 카르노 기관보다 효율이 적은 것은 당연한 것이다. 그럼에도 불구하고 공기표준 사이클로 작동하는 카르노 열기관의 성능은 실제기관을 비교하는 데 아주 중요한 기준이 된다.

그림에서 1-2 과정은 등온팽창 과정으로 온도가 T_{I}인 고열원으로부터 Q_1의 열량을 흡수하여 팽창일을 한다. 흡수열량 Q_1은 $T_{\mathrm{I}} = C$이므로 식 (3·43)로부터

$$Q_1 = mRT_1 \ln\left(\frac{V_2}{V_1}\right) \cdots\cdots ①$$

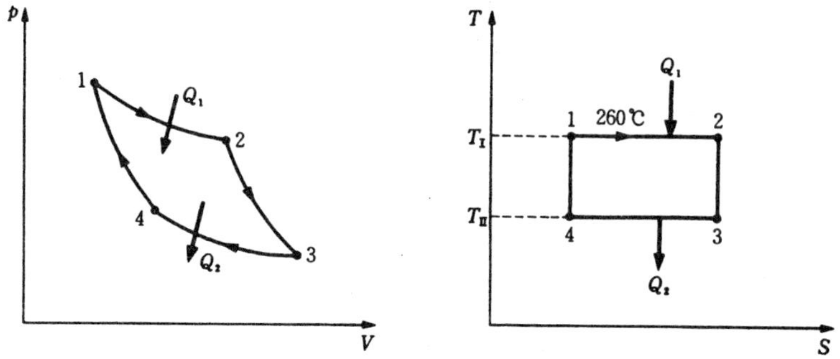

그림 5·1 카르노 열기관 사이클의 $p-V$, $T-S$ 선도

2-3 과정은 단열팽창 과정으로 동작유체의 내부 에너지가 감소되어 외부에 대해 일을 하므로, T_{I}에서 T_{II}로 강하한다. T_{I}과 T_{II}의 비는 식 (3·48)로 부터

$$\frac{T_{\text{II}}}{T_{\text{I}}} = \left(\frac{V_2}{V_3}\right)^{k-1} \cdots\cdots ②$$

3-4 과정은 등온압축 과정으로 외부로부터 압축일을 공급받아 동작유체가 압축되며 온도가 T_{II}인 저열원에 Q_2의 열을 방출한다. 외부로 방출되는 열량 Q_2는 $T_{\text{II}=C}$ 이므로 식 (3·43)으로부터

$$-Q_2 = mRT_{\text{II}}\ln\left(\frac{V_4}{V_3}\right)\text{(-부호는 방열을 뜻함)}$$

$$\therefore Q_2 = mRT_{\text{II}}\ln\left(\frac{V_3}{V_4}\right) \cdots\cdots ③$$

4-1 과정은 단열압축 과정으로 외부로부터 압축일을 공급받아 동작유체를 압축하며, 내부 에너지가 증가하여 T_{II}로부터 T_{I}으로 온도가 상승되고 T_{I}과 T_{II}의 비는 식 (3 · 48)로부터

$$\frac{T_{\text{II}}}{T_{\text{I}}} = \left(\frac{V_1}{V_4}\right)^{k-1} \cdots\cdots ④$$

따라서, 한 사이클을 완성하면 내부 에너지 변화량 ΔU=0 이 되며 식 (4 · 3)'에서와 같이 $Q_1 - Q_2 = W$이고 카르노 사이클의 열효율을 η_{carnot} 라 하면 식 (4 · 4)에 식 ①, ③을 대입하면

$$\eta_{carnot} = 1 - \frac{Q_2}{Q_1} = 1 - \frac{mRT_{\text{II}}\ln(V_3/V_4)}{mRT_{\text{I}}\ln(V_2/V_1)}$$

그런데 ②, ④에서

$$\frac{T_{\mathrm{II}}}{T_{\mathrm{I}}}=\left(\frac{V_2}{V_3}\right)^{k-1}=\left(\frac{V_1}{V_4}\right)^{k-1}$$

이 성립되어 $(V_2/V_1)=(V_3/V_4)$을 위 식에 대입하면

$$\eta_{Carnot}=1-\frac{Q_2}{Q_1}=1-\frac{T_{\mathrm{II}}}{T_{\mathrm{I}}}$$

위 식에서 가역 사이클인 카르노 사이클의 열효율은 두 열원의 절대온도에만 관계되며, 앞에서 가정한 동작유체인 완전가스의 종류와는 전혀 관계가 없음을 알 수 있다.

실제로는 등온과정으로 열 전환을 할 수 없으므로 카르노 사이클로 작동되는 기관을 만들 수는 없으며, 이 기관은 효율이 가장 좋은 이상 사이클이며 다른 기관의 효율을 비교하는 데 표준으로 할뿐이다.

이상에서 살펴본 공기표준 카르노 사이클의 특색을 정리하면 다음과 같다.

1) 가열 사이클이다.
2) 수열량과 방열량의 비는 수열시의 온도와 방열시의 온도와의 비와 같다.
3) $T-s$ 선도에서는 직사각형의 사이클이 된다.
4) 열효율은 고열원 및 저열원의 온도만으로 표시된다.

예제 5.1

작동유체가 공기인 카르노 열기관에서 등온팽창의 초기의 압력, 체적, 그리고 온도가

각각 5 bar, 550cm^3, 260℃이다. 등온팽창 동안에 0.30kJ의 열이 공급되고, 사이클의 최대체적이 5300cm^{3}이다. 다음을 구하라.

① 등온 팽창 후의 체적
② 저온 열저장소 온도, ℃
③ 등온압축 후의 체적, cm^2
④ 사이클당 열방출량
⑤ 열효율

풀이

그림 5·2는 이 문제를 위한 $p = V$, $T-S$ 선도이다.
점 1에서 p_1=5bar, v_1=550cm^{3}이며, $T_1 = T_2$=260℃=553K
Q_1=0.3kJ이 공급되고, 최대체적 V_3=5300cm^{3}은 문제에서 주어졌다.

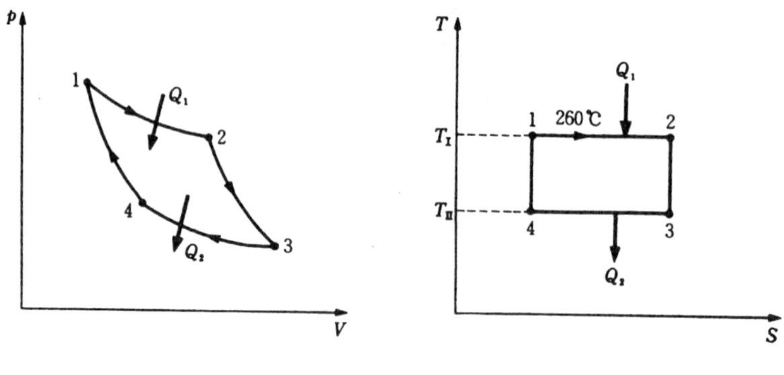

그림 5·2 예제를 위한 $p-V$, $T-S$ 선도

① 등온팽창 후의 체적 V_2를 구하라는 문제이다.

${}_1Q_2 = T_1 \Delta S$ 또는 ${}_1Q_2 = p_1 V_1 \ln \frac{V_2}{V_1}$에서 ${}_1Q_2 = 0.3\text{kJ}$이므로

$$0.3\text{kJ} = 5\text{bar} \times 550\text{cm}^3 \times 10^{-4}\text{kJ/}(\text{bar} \cdot \text{cm}^3) \times \ln \frac{V_2}{V_1}$$

$$V_2 = 2.977\,V_1 = 2.977(550) = 1637\text{cm}^3$$

② 저온 열저장소 온도 : $T_{\text{II}} = T_3 = T_4$

$T_2(=T_1)$, V_2, V_3는 이미 알고 있는 값이다.

또한, 앞에서 등엔트로피 과정, 단열과정에서 비열이 κ가 일정하다면,

$$T_2 V_2^{\kappa-1} = T_3 V_3^{\kappa-1} = \text{일정}$$

을 적용하면 된다. 공기의 비열비 κ를 1.40으로 가정하여

$$T_{\text{II}} = T_3 = T_2\left(\frac{V_2}{V_3}\right)^{\kappa-1} = 533 \cdot \left(\frac{1637}{5300}\right)^{1.4-1} = 333\text{K} = 60(℃)$$

③ 등온압축 후의 체적 : V_4를 구하라는 문제이다.

과정 4-1은 등엔트로피 과정으로 $T_4 V_4^{\kappa-1} = T_1 V_1^{\kappa-1} =$ 상수가 적용된다. 여기서,

$$V_4 = V_1(\frac{T_1}{T_4})^{\frac{1}{(\kappa-1)}} = 550\ (\frac{553}{333})^{\frac{1}{(1.40-1)}}$$
$$= 1783(\text{cm}^3)$$

④ 방출열량 : 카르노 사이클의 열효율 관계에서 다음과 같이 표현된다.

$\eta_{th} = 1 - \frac{Q_2}{Q_1} = 1 - \frac{T_{\text{II}}}{T_{\text{I}}}$, 즉 $\frac{Q_2}{Q_1} = \frac{T_{\text{II}}}{T_{\text{I}}}$의 관계로부터

$$Q_2 = Q_1 \frac{T_{\text{II}}}{T_{\text{I}}} = 0.3 \frac{333}{533} = 0.187(\text{kJ})$$

⑤ 열효율은

$$\eta_{th} = 1 - \frac{T_{\text{II}}}{T_{\text{I}}} = 1 - \frac{333}{533} = 0.375(= 3.75\%)$$

5.3 왕복식 기계를 위한 용어정리

열역학을 기본으로 하여 해석해야 할 많은 기계들이 왕복식 기계들이다. 이러한 왕복식 기계의 열역학적 작동을 이해하기 위해서는 몇 가지 정의를 알아둘 필요가 있다.

그림 5·3은 왕복식 내연기관의 개략도로서 **통경**(지름, bore)은 실린더(cylinder)의 지름을 말하며, 피스톤이 실린더의 가장 윗부분에 위치할 때를 **상사점**(top dead center, TDC)이라 하고, 피스톤이 실린더의 가장 밑부분에 위치할 때를 **하사점**(botten dead canter, BDC)이라고 한다.

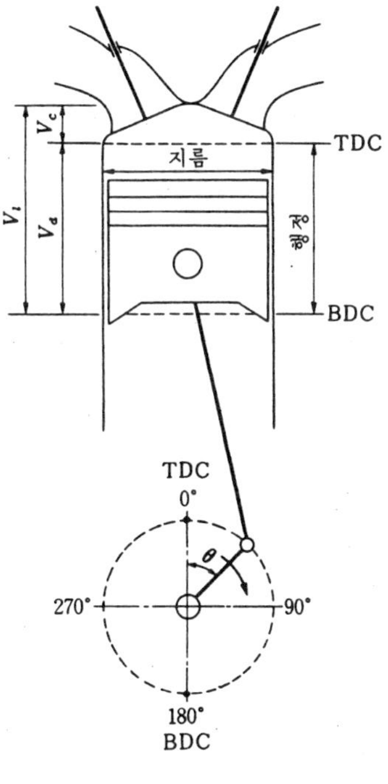

그림 5.3 왕복식 내연기관의 개략도

또한, 실린더 내에서 피스톤이 이동한 거리, 즉 TDC에서 BDC까지의 거리를 행정(stroke)이라고 한다. **행정체적**(displacement volume, stroke volume, V_d)은 피스톤이 배제하는 체적으로서 TDC에서 BDC까지의 체적을 말한다.

연소실 체적(combustion chamber volume, V_c) 또는 간극(통극)체적(clearance volume)은 피스톤이 상사점에 있을 때 작동유체가 차지하는 체적을 말한다.

압축비(compression ratio, γ)는 피스톤이 BDC에서의 체적과 TDC에서의 체적의 비로 계산한다. 즉,

$$\gamma = \frac{V_{BDC}}{V_{TDC}} = \frac{V_c + V_d}{V_c} = 1 + \frac{V_d}{V_c}$$

로 표현되며, 여기서 V_c와 V_d의 비, 즉 V_c / V_d를 **간극체적비**(clearance volume ratio) λ로 표시하기도 하며, $\gamma = 1 + \frac{1}{\lambda}$로 표현하기도 한다.

그림 5·4는 4행정 왕복식 내연기관의 작동순서를 설명하기 위한 개략도이다.

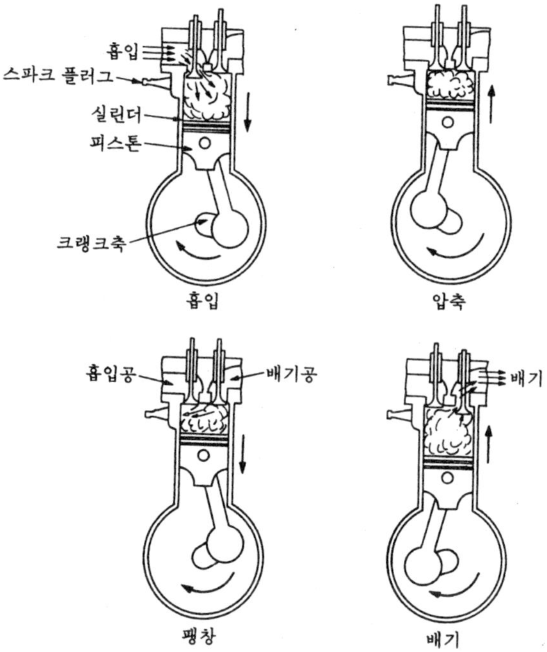

그림 5·4 4행정 사이클 기관의 작동방법

그림 5·5는 평균 유효압력 설명을 위한 선도로서, **평균유효압력**(mean effective pressure, MEP)은 동력발생을 위해서 고안된 왕복식 기계의 연구에 중요한 변수로 유용한 용어이며, 피스톤에 실제로 가해진 일(work)과 동일한 양의 일을 이룰 수 있는 압력으로 정의한다.

그림에서 면적 12345는 abcd와 같게 작도를 하며, $p-V$ 선도에서 폐곡선은 사이클 동안의 일을 의미한다. 그림에서 면적 abcd를 ab의 길이로 나눈 값이 한 사이클 동안의 평균 유효압력 MEP가 된다. 이를 정리하면,

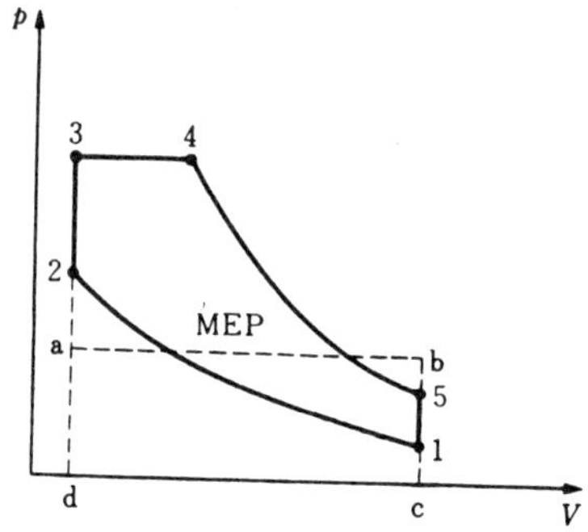

그림 5·5 평균 유효압력 설명을 위한 선도

한 사이클당의 일 = 평균 유효압력 × 행정체적

$$W_{cycle} = \text{MEP} \cdot V_d \qquad (5 \cdot 2)$$

이 된다.

5.4 공기표준 오토 사이클

공기표준 오토사이클은 스파크(spark, 불꽃) 점화기관의 이상 사이클로서, 오토(Otto)가 이론적으로 제시한 이상 사이클이다. 실제 내연기관의 작동유체는 주로 공기, 연료, 그리고 잔류가스로 이루어져 있어 해석하기가 쉽지 않다. 그러므로 단순히 작동유체를 공기로 제안하여 해석하고, 다음에 실제적인 여러 인자나 효율을 삽입하여 실제기관으로 접근하는 것이 효과적일 것으로 생각된다.

그림 5·6은 연소실에 압력센서를 삽입하여 실제 압력을 측정해서 그것을 체적의 함수로 하는 $p-V$ 선도를 나타낸 것으로서, 이러한 선도를 **지압선도**(indicated diagram)라고 한다.

실제 4행정 스파크 점화기관의 $p-V$ 선도에서 ab는 흡입행정(intake stroke), bc는 압축행정(compression stroke), cd는 팽창행정(expansion stroke), da는 배기행정(exhaust stroke)이다. 흡입과 배기행정은 대체적으로 대기압에서 이루어지지만, 엄밀히 말해서 그림과 같이 흡기행정·배기행정의 압력이 같지는 않다.

그림 5·6에서 흡기행정·배기행정을 좀더 크게 확대해서 보면 흡입압력은 대기압보다 약간 낮은 상태이며, 배기압력은 대기압보다 약간 높은 상태에서 배기한다. 또한, 대개의 경우 점화하는 시기는 TDC 전의 압축행정에서 이루어지는데, 이는 점화지연(ignition delay)을 고려하기 때문이다. 주어진 엔진에 있어서 점화시키는 최대 출력을 내기 위하여 변경될 수도 있다. 또한, 배기밸브는 피스톤이 BDC에 이르기 전에 열리게 된다. 이것은 배기행정이 시작하기 전에 배기가스를 대기압 근처로 만들기 위해서일 것이다.

왕복식 스파크 점화기관의 특성을 이해하는 데 기본이 되는 이론적인 사이클이 **오토 사이클**이라고 했는데, 이것은 독일의 공학자 오토가 1876년 이론을 정립하고 성공적인 기관을 만들어 낸 후에 Otto기관이라고 이름붙였다.

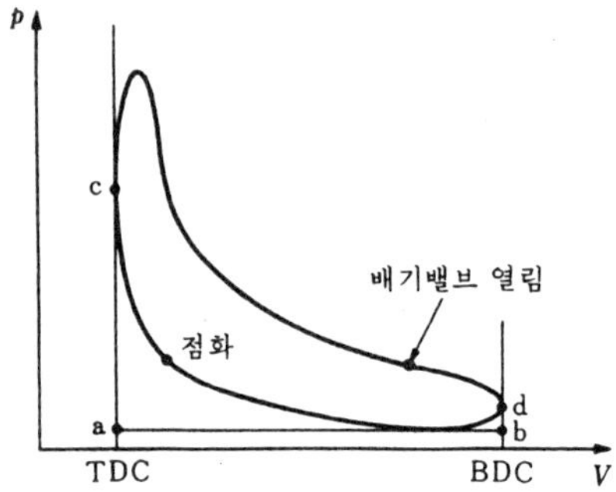

그림 5·6 4행정 스파크 점화기관의 대표적인 $p-V$ 선도

그림 5·7에 오토 사이클의 $p-V$ 선도와 $T-S$ 선도를 제시했다. 작동유체가 공기이며, 피스톤의 위치가 BDC에 있다고 생각해 보자. 이는 $p-V$선도에서 점1을 나타내고 있다. 피스톤이 TDC로 향해 움직임에 따라 공기의 압축은 단열적으로 이루어진다. 과정이 가역이므로 압축과정은 등엔트로피로 점 2에 이른다. 이때 열이 순간적으로 공급되므로 정적과정 2-3 동안에 온도와 압력이 모두 급격히 증가하게 된다. 그리고 또다시 피스톤이 BDC로 움직이게 됨에 따라 팽창이 단열적이며 가역적인, 즉 등엔트로피로 점 4에 이르게 된다. 피스톤이 BDC에 위치하게 되면 열은 초기상태로 될 때까지 정적상태에서 방출된다.

또한, $p-V$ 선도에서 과정 a-1과 과정 1-a에서 일은 크기가 서로 같게 표현되어 있고, 부호가 서로 반대이므로 실제 오토 사이클은 과정 1-2-3-4-1만을 해석해도 될 것이다.

이를 정리하면, 이론적인 오토 사이클은 내부적으로 다음의 가역과정으로 이루어져 있다.

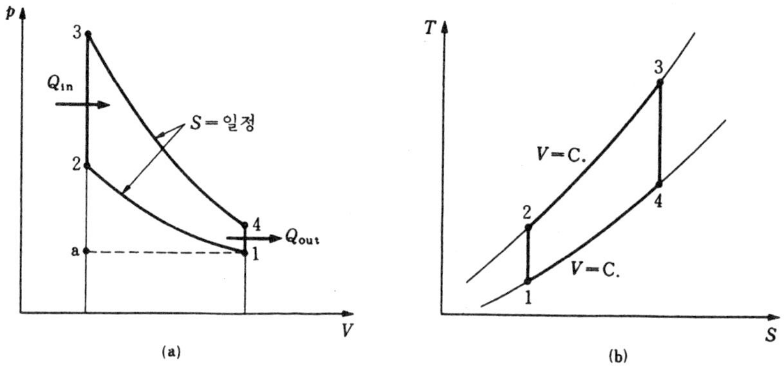

그림 5·7 공기표준 오토 사이클의 $p-V$, $T-S$ 선도

[과정 a-1:흡입]

과정1-2 : 단열압축과정. $pV^k=C.$, $TV^{k-1}=C.$, ${}_1Q_2=0$을 적용시켜 열역학적 상태량을 표현할 수 있는 과정

과정2-3 : 정적, 열량 공급과정. $V=C.$

과정3-4 : 단열팽창 과정. $PV^k=C.$, $TV^{k-1}=C.$, ${}_3Q_4=0$

과정4-1 : 정적, 열량 방출과정. $V=C.$

[과정 a-1:배기]

공기가 밀폐계에서 작용하므로 에너지 보존의 법칙을 이용하여 여러 과정으로 적용시켜 보면, 다음 식의 형태로 나타낼 수 있다.

단열압축과 단열팽창에서 $Q=0$이므로,

$$W=\Delta U$$

정압하에서 열의 공급과 방출과정은 $W=0$이므로,

$$Q=\Delta U$$

사이클 중 공급된 열량과 방출량은 다음과 같다.

$$Q_{in}={}_2Q_3=U_3-U_2=mC_v(T_3-T_2)$$

$$Q_{out}=-{}_4Q_1=U_4-U_1=mC_v(T_4-T_1)$$

그러므로 순수(정미, net)일은 ${}_2Q_3$와 ${}_4Q_1$의 합이며, 열효율(thermal efficiency)은 다음과 같다.

$$\eta_{th}=\frac{W_{net}}{Q_{in}}=\frac{C_v(T_3-T_2)-C_v(T_4-T_1)}{C_v(T_3-T_2)}$$

$$=1-\frac{T_4-T_1}{T_3-T_2}=1-\left(\frac{T_1}{T_2}\right)\frac{\frac{T_4}{T_1}-1}{\frac{T_3}{T_2}-1}$$

여기서, $V_2 = V_3$, $V_1 = V_4$이고, 등 엔트로피 관계로부터

$$\frac{T_2}{T_1} = \left(\frac{V_1}{V_2}\right)^{k-1}, \quad \frac{T_3}{T_4} = \left(\frac{V_4}{V_3}\right)^{k-1} = \left(\frac{V_1}{V_2}\right)^{k-1}$$

이므로,

$$\frac{V_2}{V_3} = \frac{V_1}{V_4} \quad \text{또는} \quad \frac{V_4}{V_1} = \frac{V_3}{V_2}$$

이다. 이러한 결과를 이용하여 정리하면,

$$\eta_{th.Otto} = 1 - \frac{T_1}{T_2} = 1 - \left(\frac{V_2}{V_1}\right)^{k-1} = 1 - \frac{1}{\gamma^{k-1}} \qquad (5 \cdot 3)$$

여기서 γ 는 기관 압축비로서 다음과 같이 정의한다.

$$\gamma = \frac{V_1}{V_2} = \frac{V_4}{V_3}$$

식 (5・3)에서 오토 사이클의 열효율은 압축비와 비열비에 의해 지배된다는 것을 알 수 있다. 이러한 인자들에 의해 열효율이 영향을 받는다는 것을 그림 5・8에 제시하였다.

주어진 비열비에서 열효율은 압축비 증가에 따라 증가한다. 그러므로 기관 설계 시

열효율을 증진시키기 위해서는 압축비를 크게 하면 된다는 것을 알 수 있지만, 실제 스파크 점화기관은 압축비를 너무 크게 하면 이상연소의 하나인 조기착화나 노크가 발생하므로 탄화수소 연료를 채택하는 기관에서는 압축비 10 이상은 사용하지 않고 있다.

그림 5·8에서 열효율은 비열비 증가에 따라 증가하고 있는데, 이는 비열비가 큰 작동유체를 선정하는 것이 열효율을 증진시킬 수 있다는 것도 알 수 있으며, 대개 단원자 분자가 비열비가 크고 다원자일수록 비열비가 작다.

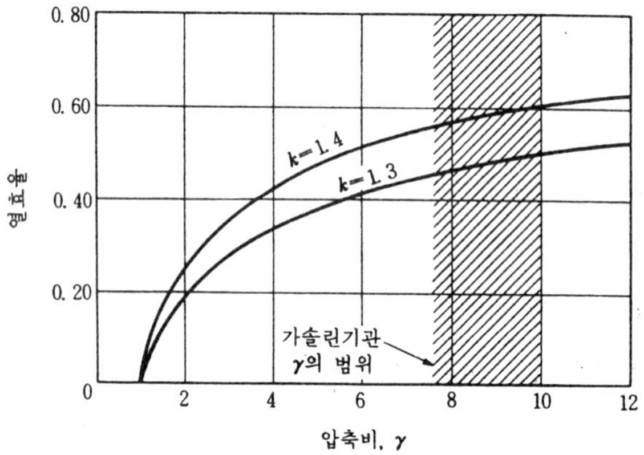

그림 5·8 압축비와 비열비를 함수로 한 공기표준 오토 사이클의 열효율 관계

예제 5.2

압축비 9, 압축 초의 온도와 압력이 15℃, 0.1MPa인 공기표준 오토 사이클이 있다. 사이클당 공기에 전달되는 열량 Q_1=1700kJ/kg일 때 다음을 구하라.

① 사이클 각 과정의 끝점에서의 온도와 압력
② 열효율
③ 평균 유효압력

풀이

그림 5·7을 참조하여

① p_1=0.1MPa, T_1=288K

$$v_1 = \frac{RT}{p} = \frac{0.287 \times 288}{100} = 0.827\text{m3/kg}$$ (공기의 R=0.287kJ/kg·K)

$$\frac{T_2}{T_1} = \left(\frac{V_1}{V_2}\right)^{k-1} = (9)^{0.4}, \quad T_2 = 694\text{K}$$

$$\frac{p_2}{p_1} = \left(\frac{V_1}{V_2}\right)^{k} = (9)^{1.4}, \quad p_2 = 2.167\text{MPa}$$

$$\gamma = \frac{V_1}{V_2}, \quad V = \frac{0.827}{9} = 0.092\text{m3/kg}$$

$$_2q_3 = C_v(T_3 - T_2) = 1700\text{kJ/kg}$$

$$T_3 - T_2 = \frac{1700}{0.7165}, \quad T_3 = 3067\text{K}$$

여기서, 공기의 C_p=1.0035, C_v=0.7165kJ/kg · K 이다.

② $\frac{T_3}{T_2}=\frac{p_3}{p_2}=\frac{3067}{694}$, $p_3=9.577\text{MPa}$

$$\frac{T_3}{T_4}=\left(\frac{V_4}{V_3}\right)^{k-1}=(9)^{0.4},\quad T_4=1274\text{K}$$

$$\frac{p_3}{p_4}=\left(\frac{V_4}{V_3}\right)^{k}=(9)^{0.4},\quad p_4=0.4419\text{MPa}$$

$$\eta_{th}=1-\frac{1}{\gamma^{k-1}}=1-\frac{1}{9^{0.4}}=0.5848=58.48\%$$

③ 방출열량 ${}_4q_1=C_v(T_1-T_4)=0.7165(288-1274)=-706.5\text{kJ/kg}$

(또는 $\eta_{th}=1-\frac{{}_4q_1}{{}_2q_3}=1-\frac{706.5}{1700}=0.5844=58.44\%$)

$$W_{net}=1700-706.5=993.5\text{kJ/kg}=(V_1-V_2)\text{MEP}$$

$$\text{MEP}=\frac{993.5}{0.827-0.092}=1352\text{kPa}$$

5.5 공기표준 디젤 사이클

흡입행정 때 공기만을 흡입할 후 압축 끝 부근에 디젤연료를 분사하여 점화장치 없이 압축온도로 자연 발화시키는 기관을 압축 점화기관(compression ignition engine)이라고 한다. 그림 5·9는 대표적인 압축 점화기관의 $p-V$ 선도를 나타내고 있다.

현재의 압축점화 기관은 종종 디젤 사이클 기관이라 부르는데 $p-V$ 선도의 경향이 전 부하에서의 형태는 스파크 점화기관과 유사하다. 이러한 **디젤 사이클**은 1890년대에 디젤(Diesel)에 의해 제작되었다.

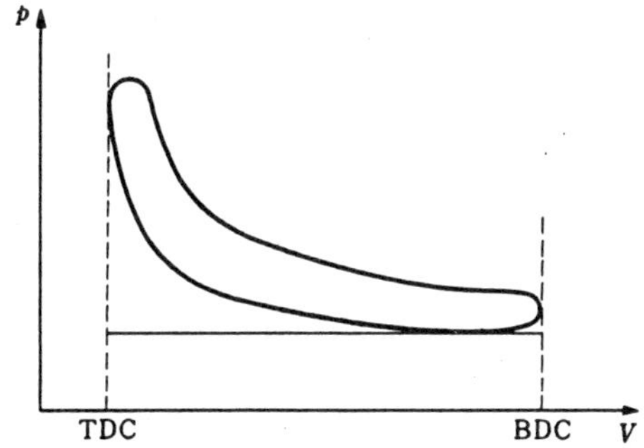

그림 5·9 전형적인 압축 점화기관의 $p-V$ 선도

이론적인 디젤 사이클의 $p-V$ 와 $T-S$ 선도를 그림 5·10 에 제시하였다. 디젤 사이클은 오토 사이클과 마찬가지로 주요한 4개의 가역과정으로 구성되어 있다.

오토 사이클과 비교해서 다른 점은 디젤 사이클은 정압과정에서 연소가 이루어지는 반면에, 오토 사이클은 정적하에서 열이 공급되는 것을 가정한 것이다. 그러므로 사이클간에 공급된 열량과 방출된 열량은 다음과 같다.

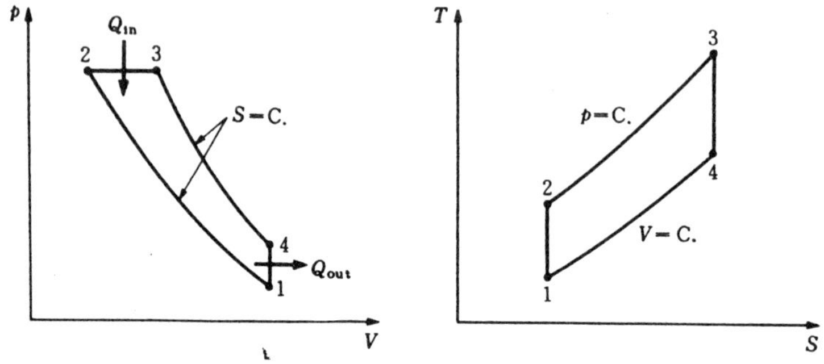

그림 5·10 공기표준 디젤 사이클의 $p-V, T-S$선도

$$Q_{in} = mC_p(T_3\, T_2)$$

$$Q_{out} = mC_v(T_4\, T_1)$$

또한, 사이클 간의 일은

$$W = \sum q = mC_p(T_3 - T_2) - mC_v(T_4 - T_1)$$

디젤 사이클의 열효율은

$$\eta_{th.Diesel} = \frac{W}{Q_{in}} = \frac{Q_{in} - Q_{out}}{Q_{in}} = \frac{C_p(T_3 - T_2) - C_v(T_4 - T_1)}{C_p(T_3 - T_2)}$$

$$= 1 - \frac{T_4 - T_1}{k(T_3 - T_2)}$$

여기서 정압과정에서의 체적비 V_3/V_2를 **단절비**(cutoff ratio, 체절비) γ_c로 취급하고, 압축비 $\gamma = \frac{V_1}{V_2}$이므로 $\eta_{th, Diesel}$을 정리하면 다음과 같다.

$$\eta_{th, Diesel} = 1 - \frac{1}{\gamma^{k-1}} \left[\frac{\gamma_c^{k-1}}{k(\gamma_c - 1)} \right] \qquad (5 \cdot 4)$$

식 (5・4)에서 γ와 γ_c는 1보다 크므로 괄호 안의 값은 항상 1보다 크다. 그러므로 디젤 사이클의 열효윤은 동일한 압축비의 오토 사이클과 비교한다면 항상 작다는 것을 알 수 있다.

또한, 특정한 압축비하에서 단절비 γ_c에 대한 열효율은 그림 5・11에 나타냈다.

그림에서 알 수 있듯이 단절비 γ_c를 작게 설계하는 것이 열효율을 증진시킬 수 있다는 것을 알 수 있다.

현재의 압축 점화기관의 제작자들은 성능을 오토 사이클의 성능에 더욱 가깝게 하기 위하여 노력하고 있다. 또한, 실제의 디젤기관에서는 공기만을 흡입하므로 오토기관에서와 같은 이상연소는 일어나지 않으므로 가능한 압축비를 크게 설정하고 있다.

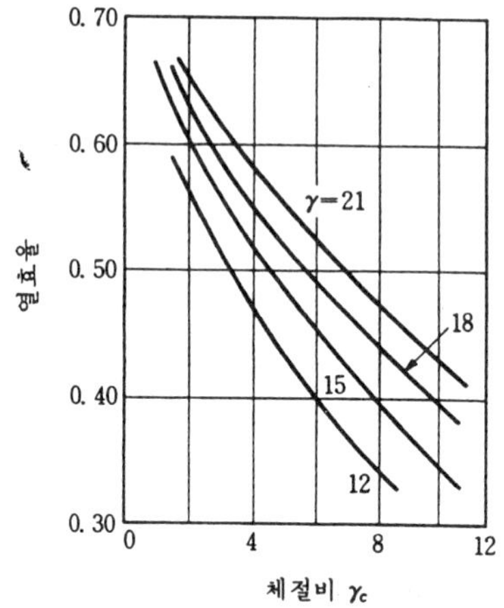

그림 5·11 공기표준 디젤 사이클에 있어서 체절비와 압축비에 대한 열효율

예제 5.3

공기표준 디젤 사이클의 최고온도와 압력이 2700℃, 40bar, 최저온도와 압력이 30℃, 1bar일 때

① 압축비, 단절비, 열효율을 구하라(단, 공기의 k=1.4)

② 만약, 같은 압축비의 오토 사이클로 설계한다면 열효율은 어떻게 되는가?

풀이

① 그림 5·10을 참조한다.

T_3 =2973K, $p_2 = p_3$ =40bar, T_1=303K, p_1=1bar

$$\gamma = \frac{V_1}{V_2} = \left(\frac{p_2}{p_1}\right)^{1/k} = \left(\frac{40}{1}\right)^{1/1.4} = 13.94$$

$$T_2 = T_1(V_1/V_2)^{k-1} = (303)(13.94)^{0.4} = 869.3\text{K}$$

$$\gamma^c = \frac{V_3}{V_2} = \frac{T_3}{T_2} = \frac{2973}{869} = 3.42$$

$$\eta_{th.Diesel} = 1 - \frac{1}{\gamma^{k-1}}\left[\frac{\gamma_c^{k-1}}{k(\gamma_c - 1)}\right] = 1 - \frac{1}{(13.94)^{0.4}}\left[\frac{3.42^{1.4} - 1}{1.4(3.42-1)}\right]$$

$$= 0.5275 = 52.75\%$$

② $\gamma = 13.94$일 때 오토 사이클의 열효율은

$$\eta_{th.Otto} = 1 - \left(\frac{1}{\gamma}\right)^{k-1} = 1 - \left(\frac{1}{13.94}\right)^{0.4}$$

$$= 0.6514 = 65.14\%$$

5.6 공기표준 사바테 사이클

압축 점화기관의 실제성능을 비교하는 데 있어서는 디젤 사이클보다는 오토사이클과 디젤 사이클을 혼합한 사이클과 형태가 유사한 사이클(2중 사이클)이 유용하다. 더욱, 실제적으로 말하면 압축 점화기관이 저속으로 운전할 때는 사이클 모양이 디젤 사이클에 가깝고, 고속으로 주행할 때의 사이클 모양은 혼합 사이클 모양에 가깝기 때문에 혼합 사이클을 **사바테 사이클**(Sabathe) 또는 고속 디젤 사이클이라고 부르기도 한다.

그림 5・12에 사바테 사이클을 나타냈다. 과정 2-x 는 정적하에서 열이 공급되고, 과정 x-3 은 정압하에서 열이 2차적으로 공급되는 것을 나타내고 있다.

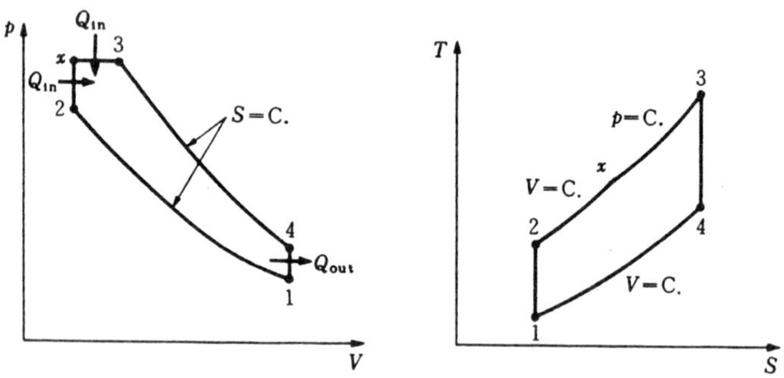

그림 5・12 공기표준 복합 사이클의 $p-V, T-S$ 선도

공기표준 혼합 사이클의 열효율은 공급된 열량과 방출된 열량의 함수로 나타내며, 정적과정 2-x 에서 공급된 열량은 비열이 일정하다는 가정 하에서 다음과 같이 된다.

$$Q_{in} = mC_v(T_x - T_2)$$

정압과정 경로 x-3 에서 공급된 열량은

$$Q_{in} = mC_{p(T_3} - T_x)$$

그러므로 복합 사이클에서 열공급의 전체량은

$$Q_{in.tot} = mC_v(T_x - T_2) + mC_p(T_3 - T_x)$$

또한, 정압경로를 따라 열방출은

$$Q_{out} = mC_v(T_4 - T_1)$$

결과적으로 공기표준 복합 사이클의 열효율은 다음과 같다.

$$\eta_{th.dual} = \frac{Q_{in} - Q_{out}}{Q_{in}} = 1 - \frac{C_v(T_4 - T_1)}{C_v(T_x - T_2) + C_p(T_3 - T_x)}$$

$$= 1 - \frac{T_4 - T_1}{(T_x - T_2) + \kappa(T_3 - T_x)} \qquad (5 \cdot 5a)$$

여기서 κ는 비열비이고, 압축비 $\gamma = V_1/V_2$이며, 단절비 $\gamma = V_3/V_x = V_3/V_2$이다. 만약 이 식에서 압력비 $\gamma_{p,V}$를 정적 연소과정에서 정의하여 $\gamma_{p,V} = p_x/p_2 = p_3/p_2$라 한다면, 식 (5·5a)의 열효율은 γ, γ_c, $\gamma_{p,V}$ 및 κ의 함수만으로 표현될 수 있다.

$$\eta_{th.dual} = 1 - \frac{1}{\gamma^{\kappa-1}}\left[\frac{\gamma_{p,V}\gamma_c^{\kappa-1}}{\kappa\gamma_{p,V}(\gamma_c - 1) + \gamma_{p,V} - 1}\right] \qquad (5\cdot5b)$$

식 (5·5b)에서 $\gamma_{p,V}$가 1이면 식 (5·5b)는 디젤 사이클의 열효율을 나타내는 식이 되어 식 (5·4)와 같아진다. 또한, γ_c가 1이면 식 (5·3)과 같은 오토 사이클의 열효율 식이 된다.

동일한 열 공급과 압축비 하에서 3개의 이론적인 사이클의 열효율을 비교해 보면 Otto>Sabathe>Diesel순이다. 이것은 현재의 CI(압축 점화)기관은 Diesel 사이클보다 Otto나 복합 사이클 모델에 가깝게 설계하고 있다는 것을 잘 표현해 주고 있는 것이다.

예제 5.4

공기표준 혼합 사이클의 최고온도와 압력이 각각 2300℃, 45bar이며, 최저온도와 압력이 20℃, 1bar로(단위 질량당) 작동한다. 압축비 γ =11, 공기의 비열비 κ=1.4 일 때 다음을 구하라.

① 압력비 $\gamma_{p,V}$, 단절비 γ_c
② 열효율
③ 공급된 열량, 일

④ 평균 유효압력

풀이

① 그림 5·12를 참조한다.

T_3=2573K, $p_x = p_3$=45bar, T_1=293K, p_1=bar

$$p_2 = p_1\left(\frac{V_1}{V_2}\right)^{\kappa} = 1\times(11)^{1.4} = 28.7\text{bar}$$

$$\gamma_{p,V} = \frac{p_x}{p_2} = \frac{45}{28.7} = 1.568$$

$$T_x = T_2\left(\frac{p_x}{p_2}\right)T_1\left(\frac{V_1}{V_2}\right)^{\kappa-1}\left(\frac{p_x}{p_2}\right) = 293\times(11)^{0.4}(1.568)$$

$$= 1198.9\text{K}$$

$$\gamma_c = \frac{V_3}{V_x} = \frac{T_3}{T_x} = \frac{2573}{1198.9} = 2.146$$

② 열효율은

$$\eta_{th.dual} = 1 - \frac{1}{\gamma^{\kappa-1}}\left[\frac{\gamma_{p,V}\gamma_c^{\kappa-1}}{\kappa\gamma_{p,V}(\gamma_c - 1) + \gamma_{p,V} - 1}\right]$$

$$= 1 - \frac{1}{11^{0.4}}\left[\frac{1.568 \times 2.146^{1.4-1}}{1.4 \times 1.568(2.146 - 1) + 1.568 - 1}\right]$$

$$= 0.5567 = 55.67\%$$

③ 공급된 열량, 일

$$Q_{in,tot} = mC_v(T_x - T_2) + mC_p(T_3 - T_x)$$

$$= 0.7165(1199 - 765) + 1.0035(2573 - 1199) = 1689.8\text{kJ/kg}$$

$$T_2 = T_1(V_1/V_2)^{\kappa-1} = 293 \times 11^{0.4} = 764.6\text{K}$$

(공기의 C_v =0.7165kJ/kg K, C_p =1.0035kJ/kg · K)

$$W = Q_{in.tot} \cdot \eta_{th} = 1689.8 \times 0.5567 = 940.7\text{kJ/kg}$$

④ 평균 유효압력 MEP= W/V_D=940.7/0.76445=1230.6Pa

$$V_1 = mRt_1/p_1 = 1\times0.287\times293/1 = 84.09\times10^{-2}\text{m}^3$$

$$V_2 = \frac{V_1}{11} = 0.076446\text{m}^3$$

$$V_D = 0.8409 - 0.076446 = 0.76445\text{m}^3$$

5.7 공기표준 브레이턴 사이클

공기표준 **브레이턴 사이클**은 가스 터빈(gas turbine)의 이상 사이클로서 앞에서 설명한 왕복식 기관과는 다른 방식으로 동력을 얻는다. 이 이상 사이클은 1870년대 브레이턴(Brayton)에 의해 고안된 사이클로서, 가스 터빈 사이클의 개략도는 그림 5·13과 같이 밀폐 브리이턴, 개방 브레이턴 사이클로 나뉜다.

단순 가스 터빈 동력 사이클은 초기에 공기가 회전축 또는 원심 압축기를 통해 단열압축되어 공기는 연소실 내로 늘어가게 되고, 여기에 연료가 분사되어 정압하에서 연소하게 된다. 연소 생성물은 부위의 임의압력에 도달할 때까지 터빈을 통해 나가게 된다. 이렇게 3단계 구성된 사이클을 개방 사이클이라고 하는데, 이는 공기가 계속적으로 공급되어야 하기 때문이다[그림 5·13(a) 참조].

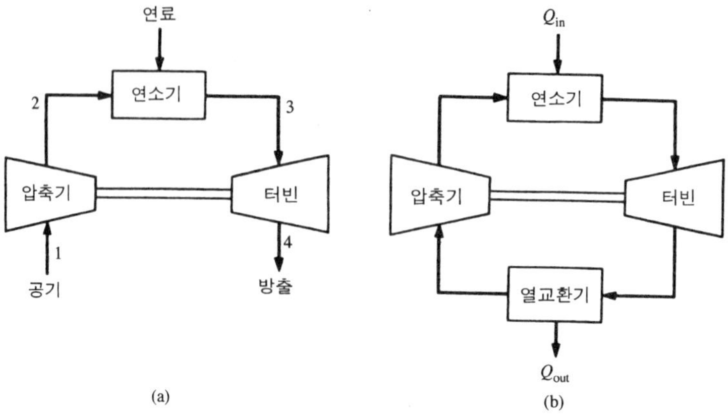

그림 5 · 13 개방(a), 밀폐(b) 브레이턴 사이클로 작동하는 가스 터빈

밀폐 사이클인 경우는 그림 5 · 13의 (b)에서 터빈을 통하여 팽창된 연소 생성물이 열교환기를 거쳐 보내지게 되어 있다. 또한, 열은 초기온도로 될 때까지 방출하게 된다.

브레이턴 사이클은 왕복형 기계에 채택하기는 곤란하다. 공기표준 밀폐 가스 터빈 사이클은 압축기에서 압축된 기체가 연소기(combustor)로 들어가 분사되는 연료를 연소시켜 고온 · 고압기체가 되고, 연소기에서 나오는 고온 · 고압기체는 터빈에서 팽창하면서 일을 하는 것이다. 터빈에서 이루어지는 일 중에서 일부는 압축기를 작동시키는 데 이용하고, 나머지가 순수하게 한 사이클 동안 우리가 이용할 수 있는 정미일(net work)이 된다.

공기표준 밀폐 가스 터빈 사이클은 4개의 가역 과정으로 이루어져 있는데, 즉 그림 5 · 14 에 나타낸 바와 같이 단열 압축, 등압 가열, 단열 팽창, 그리고 등압 방열로 구성되어 있다. 여기서 압축과 팽창 과정은 등엔트로피 과정이고, 실제 연소 과정은 열 공급 과정으로 대체시킨다.

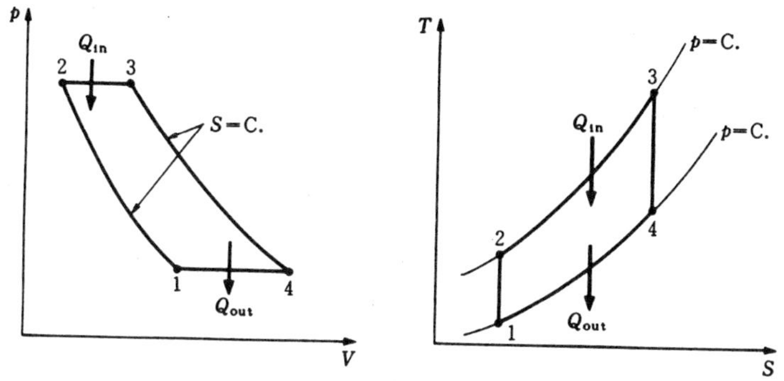

그림 5 · 14 공기표준 브레이턴 사이클의 대표적인 $p-V, T-S$ 선도

그림 5 · 14에서 과정1-2와 3-4는 등엔트로피 과정이며, 이를 에너지 보존의 법칙을 이용하여 간단히 표현하면

$$W = \Delta H + \Delta KE$$

과정 2-3과 4-1에서 열교환에 정상류 에너지 방정식을 적용시키면,

$$Q = \Delta H + \Delta KE$$

가 된다. 여기서 운동 에너지 변화를 무시하면, 브레이턴 사이클의 열효율은

$$\eta_{th.Brayton} = 1 - \frac{Q_{out}}{Q_{in}} = 1 - \frac{H_{4s} - H_1}{H_3 - H_{2s}} \qquad (5 \cdot 6)$$

이 된다. 여기서 첨자 s는 등엔트로피 출구상태를 나타낸다.

또는 $Q_{in} = mC_p(T_3 - T_2)$, $Q_{out} = mC_p(T_4 - T_1)$을 대입하여 브레이턴 사이클을 비열이 일정하다고 한다면 식(5・6)은

$$\eta_{th.Brayton} = 1 - \frac{T_{4s} - T_1}{T_3 - T_{2s}} = 1 - \frac{1}{\gamma^{\kappa - 1}} = 1 - \frac{1}{\gamma_p^{(\kappa - 1)/\kappa}} \qquad (5 \cdot 7)$$

과 같이 표현할 수 있다. 여기서 압축비 γ는 $\frac{v_1}{v_2}$이고, 압력비 γ_p는 $\frac{p_2}{p_1}$를 나타낸다.

식 (5・7)에서 압력비 γ_p가 클수록 열효율은 증가한다. 그러나 η_p가 너무 크면 출력이 적어진다.

그림 5・15의 $t-s$ 선도에서 만일 사이클이 1-5-7-8-1과 같이 이루어진다면 압력비 γ_p는 증가되고 열효율도 커지게 되지만, 열효율이 증가되었다고 출력이 증가되는 것은 아니고 출력의 증가는 $p-V$ 선도의 폐곡선 또는 $T-S$ 선도의 폐곡선을 이용하여 계산이 가능하다는 것은 이미 알고 있는 사실이다. 또한, 반대로 압력비를 작게 하기 위하여 사이클 1-2-3-4-1로 이룬다면 열효율은 감소된다.

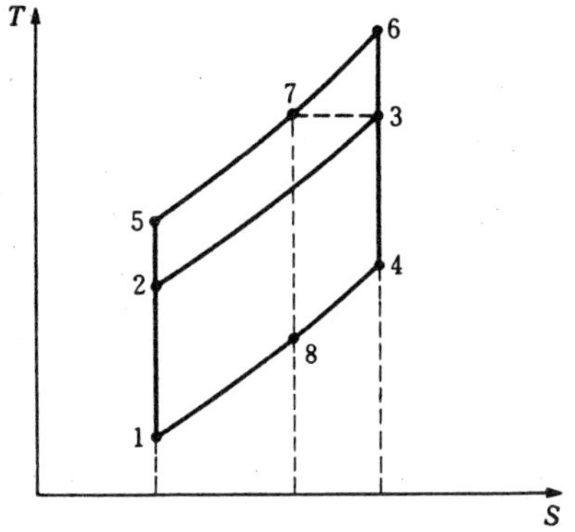

그림 5 · 15 브레이턴 사이클의 열효율에 대한 압력비와 연소기 출구온도의 영향

따라서, 그림 5 · 14에서 최고온도(T_3)와 최저온도(T_1) 사이에서 최대출력을 내는 중간온도(T_2)를 결정할 필요가 있다.

$$T_4/T_1 = T_3/T_2,\quad T_4 = T_1 T_3/T_2$$

사이클의 일은

$$W = \sum Q = mC_p(T_3 - T_2) - mC_p(T_4 - T_1)$$

이므로, 위의 온도 T_4를 대입하고 온도 T_2에 대해 W의 미분값을 0으로 놓으면 된다.

$$dW/dT_2 = 0 = \frac{mC_p d(T_3 - T_2 + T_1 - T_1 T_3 / T_2)}{dT_2}$$

$$0 = \frac{T_1 T_3}{T_2} - 1, \quad T_2 = (T_1 T_3)^{1/2}$$

중간온도를 T_2를 $(T_1 T_3)^{1/2}$으로 취하면 브레이턴 사이클의 최대일을 얻을 수 있다.

예제 5.5

공기($\kappa = 1.4$) 1kg으로 작동하는 브레이턴 사이클에서 최저온도, 최저압력이 각각 400K, 104kPa이고 최고압력이 400kPa이며, 또한 최고온도와 중간온도의 비가 2.0일 때 다음을 구하라.

① 열효율
② 최고온도
③ 터빈일, 압축일
④ 사이클 일 및 공급열량

풀이

그림 5·14를 참조하여 압력과 온도를 표기하면

T_1=400K, p_1=104kPa, $p_2 = p_3$=400kPa, T_3/T_2=2.0

① 열효율은 식 (5·7)에서

$$\eta_{th} = 1 - \left(\frac{1}{\gamma_p}\right)^{\frac{(k-1)}{k}} = 1 - \left(\frac{1}{3.846}\right)^{\frac{0.4}{1.4}} = 0.3195$$

$$\gamma_p = 400/104 = 3.846$$

② $\dfrac{T_1}{T_2} = \dfrac{T_4}{T_3}$, $\dfrac{T_2}{T_1} = \left(\dfrac{p_2}{p_1}\right)^{\frac{(k-1)}{k}}$

$$T_2 = T_1(\gamma_p)^{(k-1)/k} = 400(3.846)^{0.4/1.4} = 588\text{K}$$

$$\therefore T_3 = 2.0\,T_2 = 2.0 \times 588 = 1176\text{K}$$

③ 터빈일(3-4 과정)

$$C_v(T_4 - T_3) = \frac{R}{k-1}(T_4 - T_3) = \frac{0.287}{1.4-1}(800 - 1176)$$

$$\left(\frac{T_1}{T_2}=\frac{T_4}{T_3}\quad T_4=\frac{T_1 T_3}{T_2}=\frac{400\times1176}{588}=800\right)=269.8\text{kJ/kg}$$

압축일(1-2 과정)

$$-C_v(T_2-T_1)=-\frac{R}{k-1}(T_2-T_1)=\frac{-0.287}{1.4-1}(588-400)$$

$$=-134.9\text{kJ/kg}$$

④ $\sum w=269.8-134.9=134.9\text{kJ/kg}$

$$Q=mC_p(T_3-T_2)$$

$$=\frac{kmR}{k-1}=(T_3-T_2)=\frac{1.4\times0.287}{1.4-1}(1176-588)=590.6\text{kJ/kg}$$

5.8 재생 가스 터빈 사이클

사이클의 전체 효율을 증가시키기 위하여 몇 가지 중요한 방법에 의하여 수정할 필요가 있다. 기관의 열효율을 증진시키기 위한 방법 중의 하나가 재생(regeneration)의 개념이다.

그림 5·16은 재생가스 브레이턴 사이클이다. 개략도와 선도에서 표시한 바와 같이

터빈에서 나온 방출열을 이용하여(4-5 과정) 압축기에서 나오는 상태 2의 기체를 상태 x까지 가열할 수 있을 것이다. 이러한 열교환기를 **재생기**(regenerator)라고 한다.

터빈을 떠나는 가스는 상대적으로 높은 온도이다. 대개의 경우에 있어서 터빈 출구의 온도는 압축기 출구의 온도보다 높은 온도이다. 만약, T_4가 T_2에 비하여 지나치게 높으면 배기손실이 커지게 되므로 열효율이 낮게 된다.

만약, 가역 열효율이라 한다면 상호 작동유체의 흐름은 T-S 선도의 면적으로 표현될 수 있다. 즉, 터빈출구의 열의 흐름의 상태와 압축출구의 흐름의 상태가 같아야 한다. 그림 5·16의 (b)에서 빗금친 면적은 서로 같아야 한다. 즉, ${}_2Q_x = {}_4Q_5$이어야 한다.

그림 5·16에서 배기할 때 가지고 있는 열량 중 $mC_p(T_4 - T_2) = mC_p(T_4 - T_5)$가 압축기로부터 나오는 공기에 전달되는 $mC_p(T_x - T_2)$에 해당하는 것만큼 가열하게 된다. 따라서, 공급열량 Q_{in}과 방출열량 Q_{out}은 다음과 같다.

$$Q_{in} = mC_p(T_3 - T_2) - mC_p(T_4 - T_5) = mC_p(T_3 - T_x) = mC_p(T_3 - T_4)$$

$$Q_{out} = mC_p(T_4 - T_1) - mC_p(T_4 - T_5) = mC_p(T_5 - T_1) = mC_p(T_2 - T_1)$$

그러므로 재생 사이클(regenerative cycle)의 열효율은

$$\eta_{th} = \frac{\Sigma Q}{Q_{in}} = 1 - \frac{T_2 - T_1}{T_3 - T_4} = - \frac{T_1\left(\frac{T_2}{T_1} - 1\right)}{T_3\left(1 - \frac{T_4}{T_3}\right)}$$

$$= \frac{T_1}{T_3} \gamma_p^{\frac{(k-1)}{k}} \qquad (5 \cdot 8)$$

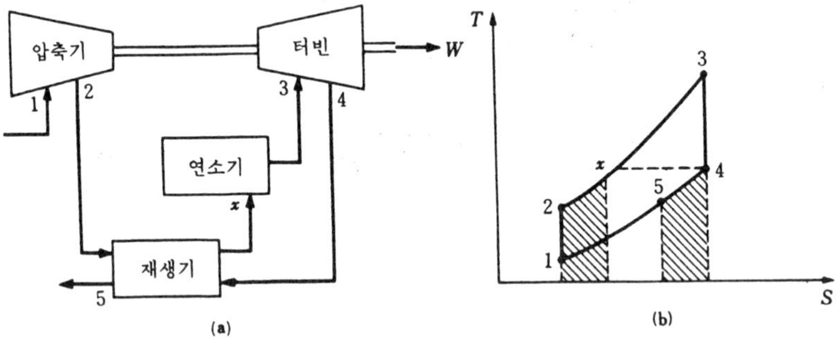

그림 5 · 16 재생 가스터빈 사이클의 개략도와 $T-S$ 선도

위 식에서 알 수 있듯이 이상 재생 사이클의 열효율은 압력비만의 함수가 아니라, 최저 · 최고 온도비의 함수이기도 하다. 최고온도 T_3가 증가하면 열효율은 증가하지만, 압력비가 증가하면 열효율은 감소한다.

5.9 중간냉각기와 재열장치가 부착된 가스 터빈 사이클

압축기에서 중간 냉각기(intercooler)를 가지고 있는 다단 압축을 하면 일을 절약 할 수 있고, 재열기를 사용하여 다단 팽창을 하면 터빈 일을 증가시킬 수 있다.

그림 5·17의 (a)는 중간 냉각기가 부착된 재열 재생장치인데, 이러한 장치를 이용하여 압축기에서 중간 냉각기를 가진 다단 압축을 하면 일을 절약할 수 있고, 재열장치를 사용하여 다단 팽창을 하면 터빈 일을 증가시킬 수 있을 것이다.

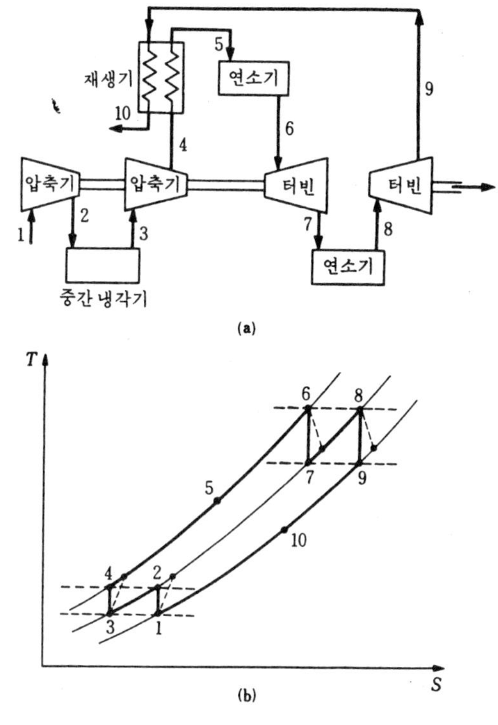

그림 5·17 중간 냉각기와 재열장치가 부착된 가스 터빈 사이클

그림의 (a)는 2단 압축과 1회의 중간 냉각기, 1단의 재열(reheating)을 하고 있다.

그림 5·17의 (b)는 각 점의 상태를 $T-S$ 선도에 표시한 것으로서, 압축기와 터빈에서의 비가역성, 각 유동과정에서 압력강화 등을 고려하여 나타냈다.

5.10 제트 추진을 위한 가스 터빈 사이클

그림 5·18은 제트기관을 위한 가스 터빈 사이클의 개략도 $T-s$ 선도를 나타내고 있다. 그림에서 터빈은 압축기를 돌리고 있고, 작동유체는 터빈일과 압축기 일이 같게 될 때까지만 터빈에서 팽창하고, 주위 압력보다 높은 압력으로 터빈을 떠난 기체는 노즐(nozzle)에서 주위의 압력이 될 때까지 팽창한다. 노즐을 통과하여 기체의 압력은 감소하고 속도는 증가하므로, 기체가 고속으로 노즐을 떠날 때의 운동량의 변화가 추력(thrust)을 발생하여 기관을 장치한 비행체를 추진한다.

그림의 $T-S$ 선도에서 면적 1-2-3-4-1은 압축기를 돌리는 일이고, 면적 y-1-4-5-y 만큼의 일이 노즐에서 운동 에너지로 변환하여 추력을 발생시킨다.

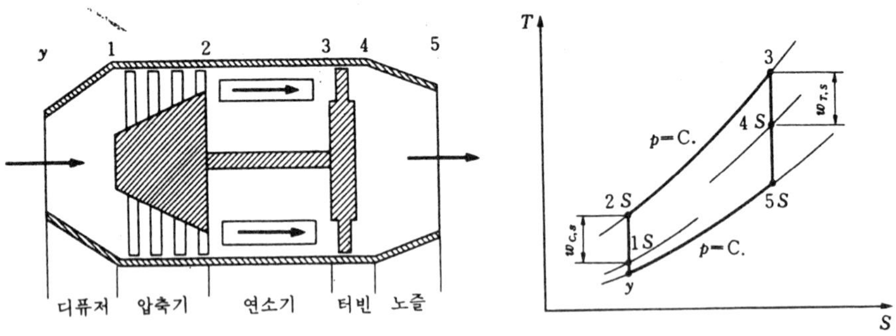

그림 5·18 제트기관을 위한 가스 터빈 사이클

5.11 에릭슨 사이클

에릭슨 사이클(Ericsson cycle)은 1853년 스웨덴의 공학자 John Ericsson에 의하여 고안된 등압가열 사이클이며, 브레이턴 사이클의 단열압축과 단열팽창 과정을 각각 등온압축과 등온팽창 과정으로 변환시킨 사이클이다. 따라서, 에릭슨 사이클은 2개의 등온과정과 2개의 등압과정으로 구성되며, 그림 5·19에 $p-v$ 선도와 $T-s$ 선도를 나타낸다.

선도에서 과정1-2는 등온압축, 과정 2-3은 등압가열, 과정3-4는 등온팽창, 과정 4-1은 등압방열 과정을 나타내며, 과정 2-3에서의 공급열량과 과정 4-1에서의 방출열량은 동일하고 이 열교환은 내부의 재생기에 의하여 이루어진다. 주위와의 열전달은 등온과정인 1-3과 3-4 과정에서만 이루어지며, 따라서 열효율은 동일한 온도범위에서 작동되는 카르노 사이클과 같다. 중간 냉각기, 재생기 및 재열기를 갖춘 가스 터빈 사이클의 이상 사이클이며 실제로 실현은 곤란하다.

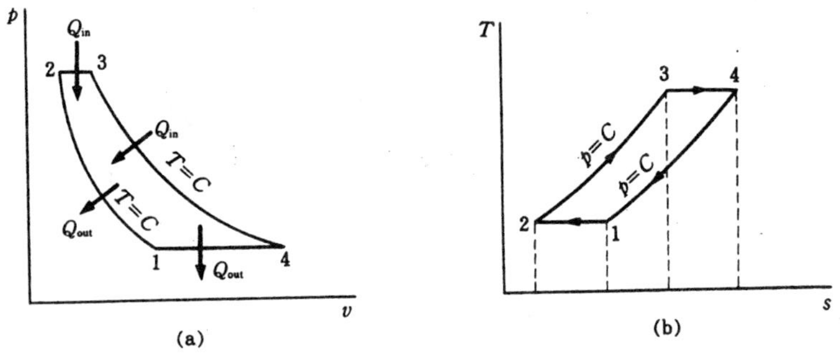

그림 5·19 에릭슨 사이클

5.12 스털링 사이클

스털링 사이클(Stirling cycle)은 1827년 스코틀랜드의 공학자 Robet Stirling에 의하여 고안된 사이클이며, 단열압축 및 단열팽창에서 완전한 단열은 실현성이 없으므로 미소열량의 출입이 있는 등온압축 및 등온팽창 과정으로 변화시킨 사이클이다. 따라서, 스털링 사이클은 2개의 등온 과정과 2개의 등적 과정으로 구성된 사이클이며, 그림 5·20에 $p-v$ 선도와 $T-s$ 선도를 나타낸다.

동작물질과 주위와의 열 교환은 카르노 사이클에서와 같이 2개의 등온과정(1-2 및 3-4 과정)에서 이루어지며 열 교환에 의하여 압력이 변한다. 선도에서 과정 1-2는 등온압축, 과정 2-3은 등적 가열, 과정 3-4는 등온 팽창, 과정 4-1은 등적 방열 과정이며, 에릭슨 사이클과 마찬가지로 공급 열량과 방출 열량이 동일하고 등적 방열량을 완전하게 이용할 수 있으며 열효율은 카르노 사이클과 같아진다.

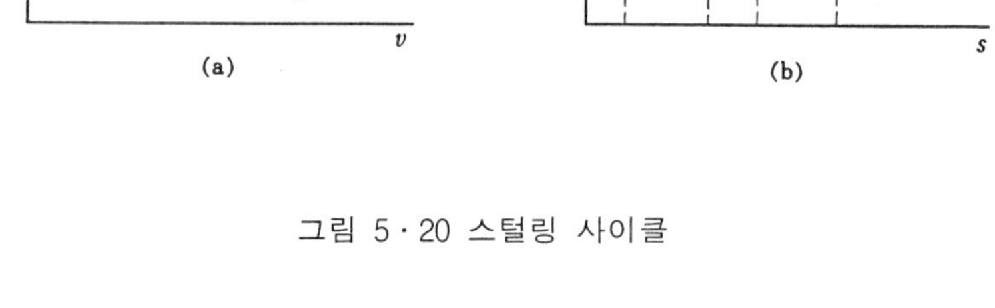

그림 5·20 스털링 사이클

이상적인 재생기(재생률 100%)를 가진 랭킨 사이클이 있다면 이는 스털링 사이클에 접근된다. 한편, 역 스털링 사이클은 헬륨(He)을 냉매로 하는 극저온용 가스 냉동기의 기본 사이클이 된다.

5.13 아트킨슨 사이클

아트킨슨 사이클(Atkinson cycle)은 오토 사이클에서 팽창비를 극대화시켜 더 많은 일을 할 수 있도록 수정한 사이클이며, 2개의 단열과정과 정적가열 및 정압방열로 구성된 사이클이다. 이것은 오토 사이클의 배기로 운전되는 가스 터빈의 이상 사이클(ideal cycle)로서 등적 가스터빈 사이클이라고도 한다. 그림 5·21에 아트킨슨 사이클의 $P-V$ 선도와 $T-S$ 선도를 나타낸다.

선도에서 과정 1-2는 단열압축, 과정 2-3은 정적가열, 과정 3-4는 단열팽창, 과정 4-1은 정압방열 과정이다.

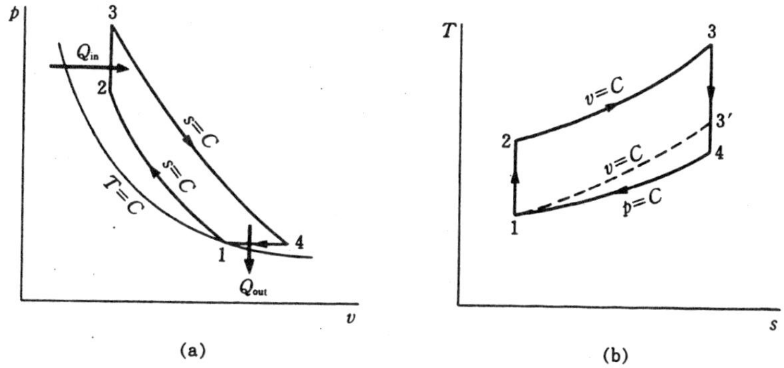

그림 5·21 아트킨슨 사이클

5.14 르누아 사이클

르누아 사이클(Lenoir cycle)은 1860년에 Lenoir에 의해 고안된 사이클로서 작동유체의 압축과정없이 기관을 작동시키는 사이클이다. 즉, 작동유체를 정적과정에서 가열하여 압력을 상승시킨 후 단열팽창시켜 일을 한 후 정압하에서 배출하는 사이클이다.

그림 5·22에 르누아 사이클의 $P-V$ 선도와 $T-S$ 선도를 나타낸다. 선도에서 과정 0-1은 동작유체의 흡입과정, 과정 1-2는 정적가열, 과정 2-3은 단열팽창, 과정 3-1-0은 정압방열 과정이다. 이 사이클은 피스톤 기관에는 적용이 불가능하며 펄스 제트(pulse set)의 사이클과는 비슷하다.

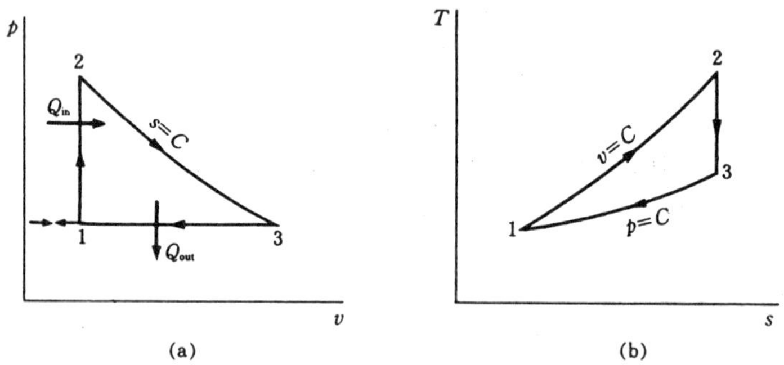

그림 5·22 르누아 사이클

5.15 정상류 압축일 해석

기체를 압축시키는 장치가 **압축기**(compressor)인데, 기체압축에 사용되는 압축기의 종류에는 터빈형식과 체적형이 있다. 압축기에 대한 해석으로 작동유체에 정상류 에너지 방식을 적용시킬 수 있다.

$$Q = \Delta H + \Delta KE + \Delta PE + W$$

$\Delta PE = 0$이고, 압축기에서는 일반적으로 운동 에너지의 변화가 없다고 가정하여 $\Delta PE = 0$으로 놓을 수 있다.

질량 m인 이상기체에 대해서는 다음과 같이 쓸 수 있다.

$$W = -\Delta H + Q$$

$$= m(h_1 - h_2) + Q \qquad (5 \cdot 9)$$

또한, 이상기체인 경우 엔탈피는 $C_p dT$를 적분하여 구하든지 표(table)를 참조로 하여 얻을 수 있다.

5.15.1 가역단열 압축일(일정한 비열하에서)

가열단열 과정에서 열전달이 없으므로, 식 (5 · 9)에서 Q-0이기 때문에 압축일은

$$W = m(h_1 - h_2)$$

$$W = mC_p(T_1 - T_2)$$

$\frac{T_2}{T_1} = \left(\frac{p_2}{p_1}\right)^{\frac{k-1}{k}}$ 를 이용하여 가역단열 과정에 대하여 정리하면, 정상류 기계일은

$$W = \frac{kmRT_1\left[\left(\frac{p_2}{p_1}\right)^{\frac{k-1}{k}} - 1\right]}{1-k} \qquad (5 \cdot 10)$$

이 된다. 식 (5・10)을 이상기체 방정식을 이용하여 여러 가지 형태의 식으로 변형할 수 있을 것이다.

5.12.2 등온 압축일

이상기체인 경우 등온과정에서 엔탈피 변화는 없다. 그러므로 정상상태에서 $W = Q$로 정리할 수 있다. 마찰은 고려하지 않은 정상류 과정의 압축일을 계산한다면 Vdp를 적분하여 구할 수 있다. 즉,

$$W = -\int_1^2 Vdp = -\int_1^2 \frac{mRT}{p}dp = mRT\ln\frac{p_1}{p_2} = mRT\ln\frac{v_2}{v_1} \qquad (5 \cdot 11)$$

(가역 비유동 과정에서의 일은 $\int_1^2 pdV$이고, 가역 정상류 과정에서 운동 에너지와 위치 에너지의 변화가 무시될 때의 일은 $-\int_1^2 Vdp$이다.)

5.13.3 폴리트로프 압축일

폴리트로프 압축일은 경로가 pV^k=C.를 따르는 가역과정을 말하므로, $W=-\int_1^2 Vdp$ 에 pV^k=C.를 정리하여 계산하면 폴리트로피 압축일을 계산할 수 있다. 즉,

$$W=-\int_1^2 Vdp=\frac{mn(p_2V_2-p_1V_1)}{1-n}=\frac{mnR(T_2-T_1)}{1-n}$$

$$\frac{T_2}{T_1}=\left(\frac{V_1}{V_2}\right)^{n-1}=\left(\frac{p_2}{p_1}\right)^{\frac{n-1}{n}} \qquad (5 \cdot 12)$$

또는, 앞에서 $Q=mC_n(T_2-T_1)$, $C_n=\frac{k-n}{1-n}C_v$를 이용하여 $W=\Delta H+Q$에 대입해도 된다. 그리고 작동체는 이상기체이므로,

$$W=mC_p(T_1-T_2)+\frac{k-n}{1-n}mC_v(T_2-T_1)$$

$$W = mT_1\left(\frac{T_2}{T_1} - 1\right)\left[-C_p \frac{(k-n)}{1-n} C_v\right]$$

$$= \frac{mnRT_1}{1-n}\left[\left(\frac{p_2}{p_1}\right)^{\frac{n-1}{n}} - 1\right]$$

$$= \frac{mnp_1v_1}{1-n}\left[\frac{T_2}{T_1} - 1\right] \qquad (5 \cdot 13)$$

위의 단열, 등온, 폴리트로프 압축일들은 정상류 과정에서 해석하였다. 정상류 과정에서의 일은 $\Delta KE = 0, \Delta PE = 0$일 때 $\int_1^2 Vdp$로 표현되며, $p-V$ 선도에서 압력 p 축에 투영된 면적이 그 때의 압축일이 된다. 이는 비정상류 과정(밀폐계)의 일은 $\Delta KE = 0, \Delta PE = 0$일 때 $\int_1^2 Vdp$로 표현되는 것과는 대조를 이룬다는 것에 주의해야 한다.

그림 5·23은 정상류 압축일을 비교한 것으로 $n = k$는 가역단열, $n = 1$은 가역등온, $1 < n < k$는 폴리트로프 과정을 말하는데, $p-V$ 선도에서 등온과정일 때 의 면적이 가장 작음을 알 수가 있다.

그러나 현실적으로 압축을 등온과정으로 할 수는 없기 때문에 일반적으로 폴리트로프 과정이 되도록 지수 n값을 작게 잡아 주는 것이 압축일을 절약하는 것이 될 것이다.

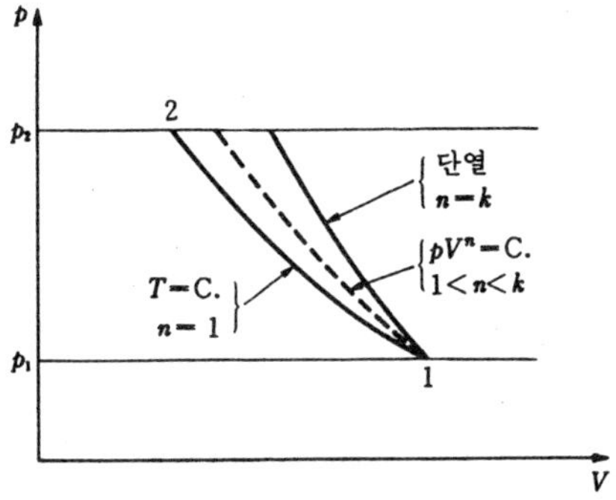

그림 5·23 정상류 압축일의 비교

예제 5.6

10℃인 공기 1kg을 102kPa까지 가역적으로 압축하려고 한다. 속도 에너지와 위치 에너지가 없을 때, 다음 경우의 압축일과 압축 후의 온도를 구하고 서로 비교하라.

① 등온압축

② 단열압축(k=1.4)

③ 폴리트로프 압축($n=1.3$)

풀이

① 등온 압축일은 식 (5·11)을 이용한다.

$$W = mRT\ln\frac{p_1}{p_2} = 0.287\times283\times\ln\frac{102}{250} = -72.8\text{kJ/kg}$$

등온 압축 후의 온도는

$$T_1 = T_2 = 283\text{K}$$

② 단열압축은 식 (5・10)을 이용한다.

$$W = \frac{mkRT_1\left[\left(\frac{p_2}{p_1}\right)^{\frac{k-1}{k}} - 1\right]}{1-k}$$

$$= \frac{1.4\times0.287\times283\left[\left(\frac{250}{102}\right)^{\frac{0.4}{1.4}} - 1\right]}{1-1.4}$$

$$= -83.0(\text{kJ/kg})$$

단열 압축 후의 온도는

$$\frac{T_2}{T_1} = \left(\frac{V_1}{V_2}\right)^{k-1}$$ 에서

$$T_2 = T_1\left(\frac{p_2}{p_1}\right)^{\frac{k-1}{k}} = 283\left(\frac{250}{102}\right)^{0.4/1.4} = 366\text{K}$$

③ 폴리트로피 과정은 식 (5・13)을 이용한다.

$$W = \frac{mnRT_1}{1-n}\left[\left(\frac{p_2}{p_1}\right)^{\frac{n-1}{n}} - 1\right] = \frac{1.3\times0.287\times283}{1-1.3}\left[\left(\frac{250}{102}\right)^{\frac{0.3}{1.3}} - 1\right]\text{kJ/kg}$$

압축의 온도는

$$\frac{T_2}{T_1} = \left(\frac{V_1}{V_2}\right)^{n-1} = \left(\frac{p_2}{p_1}\right)^{\frac{n-1}{n}}$$

$$T_2 = T_1\left(\frac{p_2}{p_1}\right)^{\frac{n-1}{n}} = 283\left(\frac{250}{102}\right)^{\frac{0.3}{1.3}} = 348\text{K}$$

그러므로 ①, ②, ③ 각 과정에 있어서 압축일을 최소로 하는 것은 등온과정이라는 것을 알 수 있다.

5.16 중간 냉각기를 가진 다단 압축기

압축기를 이용하여 압축압력 p_2를 얻는 데 있어서 고압의 압력을 필요로 하여 압력비(p_2/p_1)를 크게 할 필요가 있을 때는, 앞의 5 · 15절과 같이 단단압축을 할 것이 아니라 압축기를 여러 개 붙인 것과 같은 다단 압축기를 설계할 필요가 있고, 이 때 압력 p_2를 얻는 데는 폴리트로프 압축보다는 등온압축을 하는 것이 압축일을 절약할 수 있다는 것은 이미 알고 있는 사실이다.

그러므로 다단압축을 할 때는 각 단 사이에 중간 냉각기를 사용하여 압축과정을 등온과정으로 접근시켜 압축일을 감소시킨다.

그림 5 · 24는 중간 냉각기가 부착된 2단 압축기의 $p-V$, $T-S$ 선도이다.

1-a-d, b-2는 폴리트로피 압축과정이고, 1-b-c는 등온압축 과정이다. 물론, 등온압축 과정인 1-b-c가 압축일이 최소가 된다. 등온과정에 접근시키는 것이 어렵기 때문에 1-a 과정은 폴리트로프 압축을 한다.

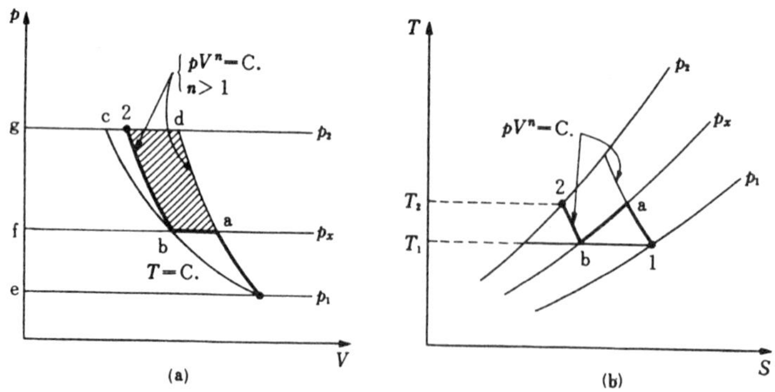

그림 5 · 24 $p-V$, $T-S$ 선도

이 때 폴리트로프 과정을 지나기 때문에 $T-S$ 선도에서 T_1의 온도가 $t_a(=T_2)$의 온도를 증가하게 된다. 올라간 온도를 낮추기 위하여 중간 냉각기를 이용하여 T_a를 T_1이 될 때까지 온도를 낮춘다. 물론, 이 때의 압력은 동일한 압력으로 $p-V$ 선도에서 $p_a=p_b$를 나타낸다. 다시 2단 압축은 b-2과정의 폴리트로프 압축으로, $T_b(=T_1)$의 온도는 T_2로 다시 증가하게 된다.

이런 과정을 거쳐 요구하는 압력 p_2까지 이르게 되며, 이 때 소요된 압축일은 면적 1-a-b-f-e-1과 면적 b-2-c-g-f-b를 더한 것이 될 것이다.

이를 앞의 폴리트로프 압축일의 식 (5・13)을 이용하여 계산하면,

$$W=\frac{mnRT_1[(\frac{p_x}{p_1})^{\frac{n-1}{n}}-1]}{1-n}+\frac{mnRT_1[(\frac{p_2}{p_x})^{\frac{n-1}{n}}-1]}{1-n} \quad (5 \cdot 14)$$

이 되며, 압축일 W를 최소로 하는 것이 경제적으로 W를 최소로 할 수 있는 최적의 p_x값을 구해 본다.

이는 식 (5・14)를 p_x에 대하여 미분하고 그 값을 0으로 놓으면 된다(또한 $T_1=T_b$, $T_2=T_a$가 되도록 하자). 이것에 대한 결과는 다음과 같다.

$$p_x=(\frac{p_1}{p_2})^{\frac{1}{2}} \text{ 또는 } \frac{p_x}{p_1}=\frac{p_2}{p_x} \quad (5 \cdot 15)$$

또한, 식 (5・15)를 식(5・14)에 대입하면, 압축일을 최소로 할 수 있는 W값을 좀더 구체적으로 구할 수가 있다. 그 결과 압축일이 가장 적은 때는 면적 1 a b f e 1과 면적

b 2 c g f b가 동일할 때라는 것을 알게 된다. 따라서, 전압축일은

$$W = 2\times(\text{면적 } 1\ a\ b\ f\ e\ 1) = 2\times(\text{면적 } b\ 2\ c\ g\ f\ b)$$

$$= \frac{2nmRT_1}{1-n}\left[\left(\frac{p_2}{p_1}\right)^{\frac{n-1}{2n}} - 1\right] \qquad (5 \cdot 16)$$

이 되며, 2단이 아닌 3단, 4단, ... z단인 경우는

$$W = \frac{znmRT_1}{1-n}\left[\left(\frac{p_2}{p_1}\right)^{\frac{n-1}{zn}} - 1\right]$$

$$\frac{p_{x1}}{p_1} = \frac{p_{x2}}{p_{x1}} = \cdots\cdots = \frac{p_2}{p_{x2-1}} = \left(\frac{p_2}{p_1}\right)^{\frac{1}{z}} \qquad (5 \cdot 17)$$

이 된다.

예제 5. 7

15℃, 100kPa의 공기 1kg을 4.5MPa까지 $pv^{1.3}$=C.인 폴리트로프 과정으로 압축하여 한다. 다음을 구하라.

① 1단, 2단, 3단 압축할 때의 압축일

② 각 단에서 최적 중간압력과 온도

③ 중간 냉각기에서의 방열량

풀이

① 1단 압축일

$$W=\frac{nmRT_1}{1-n}\left[\left(\frac{p_2}{p_1}\right)^{\frac{n-1}{n}}-1\right]=\frac{1.3\times0.287\times288}{1-1.3}\left[\left(\frac{4.5}{0.1}\right)^{\frac{0.3}{1.3}}-1\right]$$

$$=-504.0\text{kJ/kg}$$

2단 압축일

$$W=\frac{3nmRT_1}{1-n}\left[\left(\frac{p_2}{p_1}\right)^{\frac{n-1}{2n}}-1\right]=\frac{2\times1.3\times0.287\times288}{1-1.3}\left[\left(\frac{4.5}{0.1}\right)^{\frac{0.3}{2.6}}-1\right]$$

$$=-395.1\text{kJ/kg}$$

3단 압축일

$$W=\frac{3nmRT_1}{1-n}\left[\left(\frac{p_2}{p_1}\right)^{\frac{n-1}{3n}}-1\right]=\frac{3\times1.3\times0.287\times288}{1-1.3}\left[\left(\frac{4.5}{0.1}\right)^{\frac{0.3}{3.9}}-1\right]$$

$$= -365.6 \text{ (kJ/kg)}$$

② 2단 압축

$$p_x = p_1\left(\frac{p_2}{p_1}\right)^{\frac{1}{2}} = 0.1\left(\frac{4.5}{0.1}\right)^{\frac{1}{2}} = 0.67\text{MPa}$$

$$T_x = T_2 = T_1\left(\frac{p_2}{p_1}\right)^{\frac{n-1}{2n}} = 288\left(\frac{4.5}{0.1}\right)^{\frac{0.3}{2.6}} = 446.8\text{K}$$

3단 압축

$$p_{x1} = p_1 \times \left(\frac{p_2}{p_1}\right)^{\frac{1}{3}} = 0.1\left(\frac{4.5}{0.1}\right)^{\frac{1}{3}} = 0.356\text{MPa}$$

$$p_{x2} = \left[p_{x1}\left(\frac{p_2}{p_1}\right)^{\frac{1}{3}}\right] = p_1\left(\frac{p_2}{p_1}\right)^{\frac{2}{3}} = 0.1\left(\frac{4.5}{0.1}\right)^{\frac{2}{3}} = 1.265\text{MPa}$$

$$T_{x1} = (T_{x2} = T_2) = T_1\left(\frac{p_2}{p_1}\right)^{\frac{n-1}{3n}} = 288\left(\frac{4.5}{0.1}\right)^{\frac{0.3}{3.9}} = 386.0\text{K}$$

③ 그림 5·24의 $T-S$ 선도를 참조한다. 2단 압축시는 ab를 S축에 투영한 면적으로서 이 과정은 정압과정이다.

$$q = C_p(T_x - T_1) = 1.0035(446.8 - 288)$$

$$= 159.4\text{kJ/kg}$$

3단 압축시 중간 냉각기의 방열량은 동일한 중간 냉각기가 2개이므로

$$q = 2C_p(T_{x1} - T_1) = 2 \times 1.0035(386 - 288)$$

$$= 196.7\text{kJ/kg}$$

5.17 효율

5.17.1 체적효율

압축기의 체적효율(volumetric efficiency, η_v)은 행정체적에 대한 흡입되는 기체체적의 비율로 정의한다.

그림 5·25에서

$$\eta_v = \frac{V_1 - V_4}{V_D} = \frac{V_1'}{V_D}$$

이며, 3-4 과정은 폴리트로프 과정이므로

$$V_4 = V_3\left(\frac{p_3}{p_4}\right)^{\frac{1}{n}}$$

또한, 통근 체적비 λ를 이용하면, $V_3 = \lambda V_D$, $V_1 = \lambda V_D + V_D$이므로

$$\eta_v = \frac{V_1 - V_4}{V_D} = \frac{V_1'}{V_D} = \frac{(\lambda V_D + V_D) - \lambda V_D\left(\frac{p_2}{p_1}\right)^{\frac{1}{n}}}{V_D}$$

$$= 1 + \lambda - \lambda\left(\frac{p_2}{p_1}\right)^{\frac{1}{n}} \qquad (5 \cdot 18)$$

으로 표현된다.

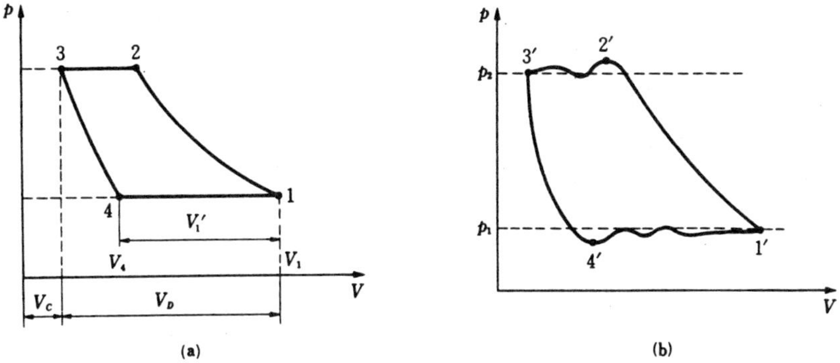

그림 5·25 이론적인 압축기 지압선도(a)와 실제 압축기 지압선도(b)

5.17.2 기계효율

실린더 내에서 유체가 이루는 지시일을 W_i(indicated work)라 하고, 축(shaft)을 돌리는 일은 실린더벽과 피스톤 또는 각 부분의 마찰에 의하여 W_i와는 달리 제동일 W_b (brake work)라 한다.

동력기관에서는 W_i가 W_b보다 작으므로, $W_i - W_b$를 마찰일 W_f(friction work)라 하여

$$\text{동력기관: } W_i > W_b$$

$$W_f = W_i - W_b$$

로 표시하며, 압축기에서는 시스템에 일을 공급하여 소정의 압력을 얻는 기구이므로

W_b 가 W_i 보다 커야 한다.

$$\text{압축기: } W_i < W_b$$
$$W_f = W_b - W_i$$

기계효율(mechanical efficiency, η_m)은 지시일 W_i와 제동일 W_b의 비로 정의하는데, 동력기관과 압축기의 기계효율의 정의는 다음과 같다.

$$\text{동력기관의 기계효율:} \eta_m : \eta_m = \frac{W_b}{W_i}$$

$$\text{압축기의 기계효율:} \eta_m : \eta_m = \frac{W_i}{W_b} \qquad (5 \cdot 19)$$

5.17.3 단열효율

(1) (단열) 압축효율, η_c(adiabatic efficiency)

등엔트로피 압축일에 대한 압축기의 실제일의 비율로 정의한다.

$$\eta_c = \frac{\text{등엔트로피 일}(W_s)}{\text{압축기의 실제일}(W_i \text{ 또는 } W_b)}$$

동력기관 : $\eta_c = \dfrac{W_s}{W_b}$

압축기 : $\dfrac{W_s}{W_i}$ (5 · 20)

(2) 전(단열)효율, η_0(overall adiabatic efficiency)

전효율은 기계효율과 압축효율의 곱으로 표기한다.

$$\eta_0 = \eta_m \cdot \eta_c$$

동력기관 : $\eta_0 = \eta_m \cdot \eta_c = \dfrac{W_b}{W_i} \cdot \dfrac{W_s}{W_b} = \dfrac{W_s}{W_i}$

압축기 : $\eta_0 = \eta_m \cdot \eta_c = \dfrac{W_b}{W_s} \cdot \dfrac{W_i}{W_i} = \dfrac{W_s}{W_b}$ (5 · 21)

예제 5. 8

피스톤의 지름이 140mm, 행정 160mm, 간극체적 5%인 1단 압축기로 100kPa, 15℃인 공기(k = 1.4)를 600 kPa까지 압축한다. 압축기는 단동 2 기통이며 회전속도가 500rpm 이면,

① 공기의 배기량(kg/s)은 얼마인가?

② 또한 기계효율 0.9, 압축효율 0.8일 때 제동동력은 얼마인가?

풀이

① 먼저 식 (5·18)을 이용한다.

$$체적효율\ \eta_v = 1 + \lambda - \lambda\left(\frac{p_2}{p_1}\right)^{\frac{1}{k}} = 1 + 0.05 - 0.05\left(\frac{600}{100}\right)^{\frac{1}{1.4}}$$

$$= 0.8702$$

단동과 복동의 차이에서 단동은 2번의 행정(stroke)으로, 즉 1회전당 1번의 흡입 과정이 있고, 복동은 4번의 행정으로, 즉 2회전에 1번의 흡입 과정이 있는 것을 말하므로

$$V_D = 2\frac{\pi}{4}B^2 \cdot S \cdot N = 2\frac{\pi}{4} \cdot (0.14)^2 \times 0.16 \times 50 = 2.463\mathrm{m^3/min}$$

$$M' = \frac{p_1 V_1'}{RT_1} = \frac{100 \times 2.143}{0.287 \times 288} = 2.5926\mathrm{kg/min} = 0.04321\mathrm{kg/s}$$

(2기통이고, $V_1' = \eta_v V_D = 0.8702 \times 2.463 = 2.143$)

② 식 (5·10)을 시간에 대해 표현하면

$$W_s = \frac{M' kRT_1[(\frac{p_2}{p_1})^{\frac{k-1}{k}} - 1]}{1-k}$$

$$= \frac{0.0432 \times 1.4 \times 0.287 \times 288 (600/100)^{\frac{0.4}{1.4}} - 1}{1-1.4}$$

$$= -0.029\text{kW}$$

그러므로

$$W_b = \frac{W_S}{\eta_m \cdot \eta_c} = \frac{0.029}{0.9 \times 0.8} = 0.04(\text{kW})$$

연 습 문 제

1. 사바테(Sabathe) 사이클의 이론 열효율이 다음 식으로 표현됨을 설명하라.

$$\eta_{th.s}=1-\frac{1}{\gamma^{k-1}}\left[\frac{\gamma_{p,v}\gamma_c^k-1}{k\gamma_{p,V}(\gamma_c-1)+\gamma_{p,V}-1}\right]$$

답 생략

2. 작동 유체가 공기인 오토사이클을 채용한 기관에서 작동유체의 최저 온도가 300K, 최고 온도가 2800K이며, 압축비 7, 압축 초의 압력이 98kPa인 경우 다음을 구하라.

① 이론 열효율
② 최고압력
③ 이론 평균 유효압력

답 ① 0.5408, ② 6.4 (MPa), ③ 1.91 (MPa)

3. 공기를 작동유체로 하는 디젤기관의 최고온도와 압력이 2700K, 3.8mPa이고, 최저 온도와 압력이 300K, 103kPa일 때 다음을 구하라.

① 단절비, 압축비
② 열효율
③ 공급된 열량

④ 평균 유효압력

답 ① 3.21, 13.16, ② 0.525,
③ 1865.5(kJ/kg), ④ 1269.6(kPa/kg)

4. 카르노 사이클로 작동되는 이상 사이클이 고온체에서 400kJ의 열량을 받아들이고, 이 기관의 이론 열효율은 30%이며, 엔트로피의 변화는 0.95kJ/K일 때 다음을 구하라.

① 방출되는 열량
② 저온체의 온도
③ 80kW의 출력을 내기 위하여 매 분당 이루어지는 사이클 수

답 ① 280kJ, ② 421K, ③ 40cycle/min

5. 20℃, 98kPa의 공기 200m^3/min을 400kPa까지 압축한 후의 온도가 80℃이었다. 냉각기의 냉각수는 유동률이 210ℓ/min이며, 입구온도는 10℃, 출구온도는 40℃이었다. 이 압축기의 소요동력을 구하라.

답 946kW

6. 온도 300K, 압력 101.3kPa인 공기 1kg을 405.2kPa까지 n=1.30인 폴리트로프 과정으로 압축하려 한다. 1단, 2단, 3단 압축할 때, ① 각 단의 최적 압축압력 및 온도, ② 각 경우에서의 압축일을 구하라.

답 ① 2단: 202.6kPa, 348K, 3단: 160.8kPa, 334K

② 1단: 140.7kJ/kg, 2단:-129.4kJ/kg, 3단:-125.9kJ/kg

7. 98kPa, 300k인 공기 15kg/min을 490kPa까지 압축한다. 전(단열)효율이 79%, 기계 효율이 83%일 때 제동동력과 지시동력을 구하라.

답 55.7kW, 46.2kW

8. 20ℓ, 102kPa의 공기 50kg을 459kPa까지 폴리트로프 압축할 때 압축 후의 온도가 400K였다. 다음을 구하라.

① 폴리트로프 지수
② 이동열량, 압축일
③ 단열압축 때와 비교하라.

답 ① 1.26 ② 2064kJ, 7415kJ ③ 생략

9. 15℃, 101.3kPa인 공기 1kg을 303.9kPa까지 가역적으로 압축한다. 다음을 구하라.

① 등온, 등엔트로피, n=1.3인 폴리트로프 압축일
② 각 압축일을 비교하라.

답 ① 90kJ, 106.7kJ, 103.4kJ, ② 생략

10. 지름 145mm, 행정 150mm, 통극 6%인 압축기로 98kPa, 15℃의 공기를 등엔트로프적으로 588kPa까지 압축한다. 압축기는 단동 2기통이며 500rpm의 속도로 회전한다. 기계효율 0.9, (단열)압축효율 0.8일 때 다음을 구하라.

① 공기 유동률

② 제동동력

답 ① 2.475kg/min, ② 11.1kW

11. 공기표준 디젤 사이클의 평균 유효압력 p_m이

$$p_m = p_1 \frac{\gamma^k(\gamma_c - 1) - \gamma(\gamma_c^k - 1)}{(k-1)(\gamma - 1)}$$

됨을 증명하라.

단 k는 비열비, γ는 압축비, γ_c는 체절비이다.

답 생략

참 고 문 헌

(1) Thermodynamics, 5th edition, McGraw-Hill International Editions

(2) Thermodynamics 2nd edition, William Z. Black, James G. Hartley, Harper Collins

(3) Introduction to Engineering Thermodynamics, Robert C. Fellinger, William J. Cook, Pang-Han

(4) Macmillan Dictionary of Energy, Malcolm Slesser, Macmillan Reference Books.

(5) Thermodynamics 2nd edition, J.P. Holman, McGraw-Hill book Compant.

(6) 熱力學, 李漢伯, 형설출판사

제6장 증기(실제가스)

증기와 가스의 경계는 명확히 구별되지 않는다. 다만, 통례상 액화점 부근의 기체를 증기라 하고, 고도의 과열된 증기를 가스라고 한다. 기체는 그 상태가 액화상태에서 멀리 벗어날수록, 즉, 상당한 고온 또는 저압일수록 액화가 쉽게 일어나지 않는 완전가스(perfect gas)의 특성에 접근하게 된다. 완전가스는 분자의 크기가 분자간의 거리에 비해 무시할 정도로 작아서 분자들 상호간에 어떠한 힘도 작용하지 않으며, 그 특성이 정확히 상태식 $pv = RT$를 따르는 가스로서 이상기체(ideal gas)라고도 한다.

그러나 증기는 분자의 체적과 분자력이 완전가스에 비해 매우 크고 상온에서 액화가 용이하여 불완전 가스(imperfect gas) 또는 실제가스(real gas)라고 한다. 따라서, 증기의 상태는 완전가스의 상태식을 따르지 못하고 실측에 기초한, 즉 분자의 체적과 분자력이 고려된 경험식, 수표 또는 선도 등을 이용하여 결정된다.

증기 원동소나 냉동기에서는 증발과 액화가 용이한 작업유체가 필요하므로 수증기, 암모니아, 프레온 가스, 탄산가스와 같은 증기가 작업유체로 사용된다. 이 장에서는 증기 원동소에서 작업유체로서 주로 사용되는 수증기(H_2O)를 중심으로 증기의 성질을 살펴보기로 한다.

6.1 증기의 성질

6.1.1 증발과정(등압가열)

증기 발생용 보일러에서 물을 가열할 때 증발, 증기의 배제 및 급수과정은 모두 일정한 압력하에서 연속적으로 이루어진다. 따라서, 증기의 일반적 성질을 고찰하기 위하여 계(系)로 생각하는 물의 등압가열 과정을 고찰해 보려고 한다.

그림6·1과 같은 실린더에 t=20℃의 물 1kg을 넣고 0.1MPa하에서 등압가열 한다고 생각하자(그림의 ⓐ). 계, 즉 물에 열이 전달되면 온도가 상승하며 비체적도 미소하나마 약간 증가한다. 물의 온도가 99.6℃에 달했을 때 더 열을 가하면 **비등**(boiling)과 함께 증기가 발생하면서 액체의 일부가 증기로 바뀌는 상변화(相變化)가 일어난다(그림의 ⓑ).증기가 발생하면 액체의 체적은 감소하지만, 증기의 체적이 급격히 증가하므로 비체적이 상당히 증가한다. 그러나 마지막 물방울이 증발할 때까지 온도와 압력은 변하지 않는다. 이것은 증발과정이 등압(p=const), 등온(T=const.)과정임을 말한다.

포화온도(saturation temperature)는 주어진 압력하에서 증발이 일어나는 온도를 말하며, 이때의 압력을 주어진 온도에 대한 **포화압력**(saturation pressure)이라고 한다. 예를 들어, 0.1 MPa인 물의 포화온도는 99.6℃이며, 99.6℃인 물의 포화압력은 0.1 MPa이 된다. 포화 온도하의 물(액체)을 **포화수(액체)**[saturated water(liquid)]라 하고, 또 이 때의 증기를 **포화증기**(saturated vapour)라 하며 이들의 상태를 각각 " ′ "와 " ″ "를 붙여 나타낸다.

증발과정 동안에는 포화액체와 포화증기가 2상 평형을 이루며 공존한다(그림의 ⓒ). 포화액체와 포화증기가 공존하는 상태를 **습증기**(wet steam) 또는 습포화 증기라 하며, 전부 증발하여 증기만의 상태 ⓓ가 될 때 **건포화증기**(dry saturated vapour)라고 한다.

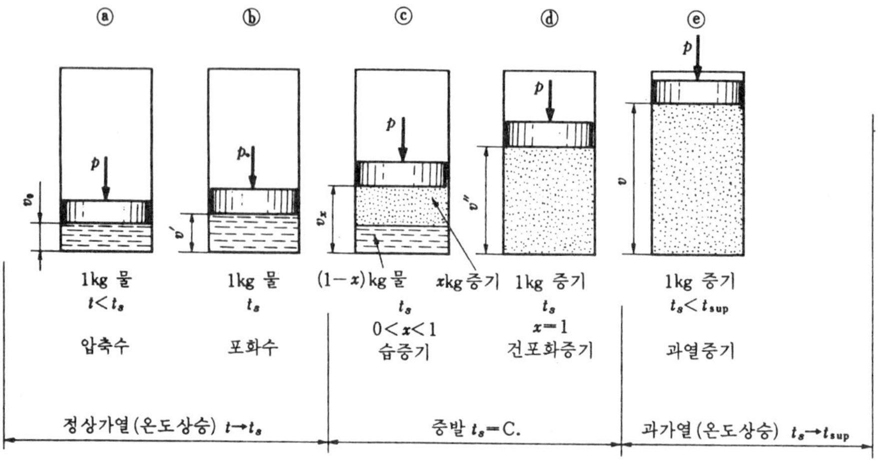

그림 6・1 증발과정(등압가열)

가열을 계속하면 건포화 증기는 온도가 상승하여 포화온도 이상의 고온의 증기 즉 **과열증기**(superheated vapour)가 되며(그림의 ⓔ), 이 때 과열증기의 온도 $t(=t_{sup})$와 포화온도 t_s의 차($t-t_s$)를 **과열도**(degree of superheat)라고 한다. 과열증기는 과열도가 클수록 완전가스의 특성에 접근한다.

이상의 상태변화 과정을 $T-v$ 선도에 나타내면 그림 6・2(a)의 등압선 A→B→C→D와 같다. 이제 압력을 높여 1 MPa하에서 실린더의 물을 가열하면 포화온도 또한 증가하나, 상태변화는 0.1 Mpa 때와 같은 과정을 거쳐 등압선 E→F→G→H를 따라 나타난다. 이상과 같은 실험을, 압력을 점증시키면서 22.09MPa까지 반복할 때 나타나는 포화액체만의 상태 B, F, J, ...N을 연결한 곡선을 **포화 액체선**(saturated liquid line)이라 하고, 또한 건포화 증기 상태인 C, G, K, ...N을 연결한 곡선을 **포화 증기선**(saturated vapour line)이라고 한다.

증발이 일어나는 압력 p와 포화온도 t_s의 관계 $t_s = f(p)$를 표시하면, 그림 6·2의 $p-t$ 선도상에서 보는 바와 같은 증발곡선을 얻게 된다. 증발곡선이 끝나는 점의 압력에서는 포화액체를 가열하면 즉시 건포화 증기로 증발하며, 그 이상의 압력에서는 증발과정이 없이 액체상(液體相)에서 기체상으로 변한다. 따라서, 이 점은 증발과정을 통해 포화액체와 포화증기가 공존하는 최고의 온도와 압력을 갖는 상태점이 되며 임계점(critical point)이라고 한다.

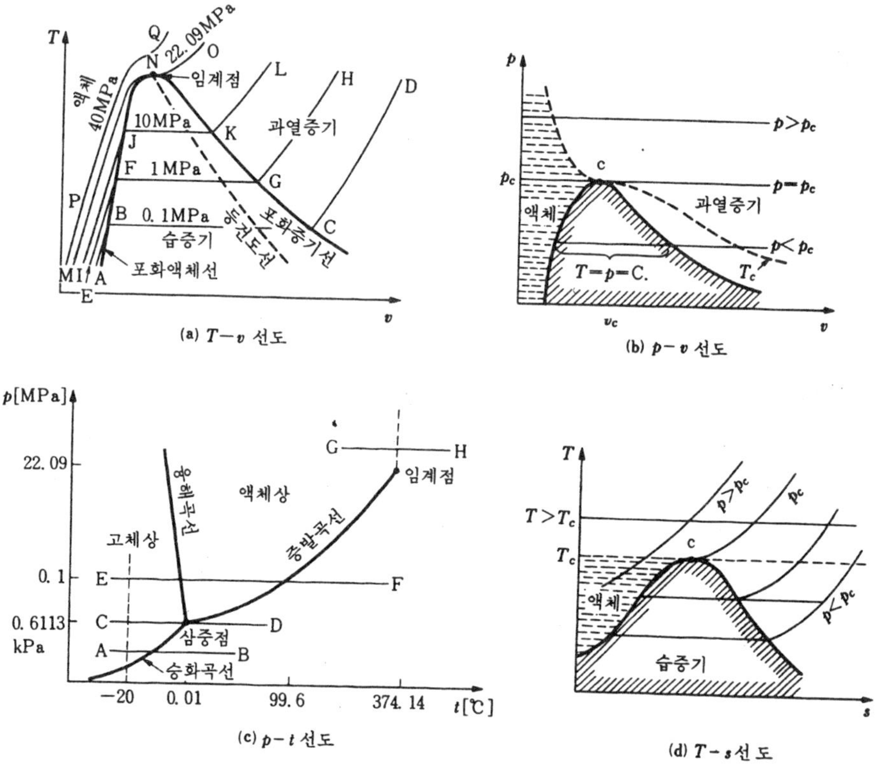

그림 6·2 물의 상태변화 과정

또, 그림 6·2의 $T-v$, $p-v$ 및 $T-s$ 선도를 보면 임계점을 지날 때 등압선과 등온선은 모두 기울기가 0인 변곡점이 된다. 임계점에서의 압력, 온도 및 비체적을 각각 **임계압력**(critical pressure), **임계온도**(critical temperature) 및 **임계비체적**(critical specific volume)이라고 하며 p_c, T_c, v_c로 표기한다.

물의 경우에 입계압력은 22.09 MPa이며, 임계온도는 374.14℃이다. 임계압력 이상의 압력을 **초임계 압력**(super critical pressure)이라고 하며, 초임계 압력에서는 $p-t$ 선도상의 GH와 같이 물을 가열하면 액상과 기상의 뚜렷한 구별없이 액체로부터 증기는 연속하여 변한다.

표 6·1에 몇 가지 물질들에 대한 임계점의 상태값이 제시되어 있다.

표 6·1에 몇 가지 물질들에 대한 임계값

물질	기호	임계압력 (MPa)	임계온도 (K)	임계 비체적 ($m^3/kg \times 10^{-3}$)
공기		3.772	133.0	2.86
메틸알코올	CH_4O	7.971	513.2	3.69
메탄가스	CH_4	4.460	190.7	6.19
산소	O_2	5.040	154.4	2.32
수소	H_2	1.298	33.3	33.03
수증기	H_2O	22.089	647.3	3.16
암모니아	NH_3	11.280	405.5	4.26
아황산가스	SO_2	7.888	430.7	1.91
탄산가스	CO_2	7.391	304.2	2.14
헬륨	He	0.229	5.26	14.60

이제 -20℃의 얼음 1kg을 0.1MPa하에서 등압가열하는 또 다른 실험을 생각해 보자. 열이 얼음에 전달되면 얼음의 비체적이 약간 증가하며 온도가 0℃까지 상승한다. 0℃에 도달한 후에도 열을 계속 가하면 얼음은 이 온도를 유지한 상태에서 물과 상평형을 이루며 융해되기 시작한다. 융해과정이 모두 끝나면 물의 온도가 다시 상승하여 99.6℃에 이를 때 포화수가 되어 증발이 일어나기 시작한다. 포화수가 모두 건포화 증기로 증발될 때까지 온도는 일정하게 유지되나, 건포화 증기를 가열하면 증기의 온도는 다시 상승하여 고온의 과열증기가 된다. 이상의 실험에서 계에 나타나는 상태변화의 전과정을 $p-t$ 선도에서 보면 등압선 EF와 같다.

끝으로 -20℃의 얼음 1kg을 0.6113kPa하에서 등압가열한다고 생각해 보자. 가열하여 얼음의 온도가 0.01에 도달하면 더 열을 가할 때 얼음은 이 온도를 유지한 상태에서 일부는 증기 또 다른 일부는 액체가 되어 고체 · 액체 · 증기의 3상이 평형(T, p =const.)을 이루며 공존하는 상태가 된다. $p-t$ 선도에서는 이 상태가 점으로 나타나므로, 이 점을 **삼중점**(triple point)이라고 한다.

삼중점 압력보다 낮은 압력에서는 얼음을 가열하여 승화온도에 이르면, 더 열을 가할 때 $p-t$ 선도의 AB와 같이 고체에서 곧장 증기로 변화한다.

그림 6 · 2의 $p-t$ 선도상에는 삼중점 외에도 **증발곡선**(vaporization line), **융해곡선**(fusion line) 및 **승화곡선**(sublimation line)이 표시되어 있는데. 증발 곡선상에서는 액체와 증기, 융해곡선에서는 고체와 액체, 그리고 승화곡선에서는 고체와 증기가 2상 평형을 이루며 공존한다.

6.1.2 습증기의 비체적, 비내부 에너지, 비엔탈피 및 비엔트로피

증발과정 동안의 상태는 포화액체와 포화증기를 함유한 습증기 상태이다. 습증기의 비체적, 비내부 에너지, 비엔탈피 및 비엔트로피를 구하려면 증기가 어느 정도 발생되었는지, 즉 습증기 중에 함유된 증기의 질량비율을 의미하는 **건도**(degree of dryness) 혹은 질(quality) x의 값을 알아야 한다. 습증기의 상태량에는 하첨자 " $_x$ "를 붙인다.

건도는 $m_x = m' + m''$에서 m_x를 습증기의 전체 질량, m'와 m''를 각각 습증기 중 포화액체 및 포화증기의 질량이라 할 때 다음과 같이 정의한다.

$$x = \frac{m''}{m_x} = \frac{m''}{m' + m''} = \frac{\text{포화증기의 질량}[m]}{\text{포화액체질량} + \text{포화증기 질량}[kg]}$$

그림 6·1의 ⓒ에서 보는 바와 같이 습증기 1kg이 x kg의 증기와 (1- x)kg의 액체를 함유한 경우, x는 습증기 중 증기의 비율과도 같으므로 건도가 되며, (1- x)는 액체의 비율인 **습분도**(degree of wetness)를 나타낸다. 이로써 x=0은 포화 액체선상의 포화수 상태, x=1은 포화 증기선상의 건포화 증기상태, 그리고 0< x<1은 습증기 상태를 의미한다. 따라서, 건도가 x인 습증기의 비체적 v_x는 v'와 v''를 각각 포화액체와 포화증기의 비체적이라고 할 때

$$\text{습증기의 체적} = \text{포화액체의 체적} + \text{포화증기의 체적}$$

$$V_x = m_x \cdot v_x = V' + V'' = m'v' + m''v''[\mathrm{m}^3] \qquad (6 \cdot 2)$$

이므로, 다음 식에서 구한다.

$$v_x = (1-x)v' + xv''[\mathrm{m}^3/\mathrm{kg}] \qquad (6 \cdot 3)$$

이 식을 변형하면 다음과도 같다.

$$v_x = v' + x(v'' - v') \text{ 그리고 } x = \frac{v_x - v'}{v'' - v'} \quad (6 \cdot 4)$$

습증기의 비내부 에너지 u_x, 비엔탈피 h_x 및 비엔트로피 s_x도 비체적과 마찬가지로 건도 x와 포화수 및 포화증기의 성질과 함께 다음과 같이 구한다.

$$u_x = (1-x)u' + xu'' = u' + x(u'' - u')[\text{kJ/kg}] \quad (6 \cdot 5)$$

$$h_x = (1-x)h' + xh'' = h' + x(h'' - h')[\text{kJ/kg}] \quad (6 \cdot 6)$$

$$s_x = (1-x)s' + xs'' = s' + x(s'' - s')[\text{kJ/kg}] \quad (6 \cdot 7)$$

예제 6.1

게이지 압력 5.9MPa, 건도 x=0.9(=10%의 습도), 체적 60m^{3}인 습증기가 있다. 대기압이 0.1 MPa라 할 때 습증기의 질량과 습증기가 함유한 포화증기 및 포화수의 질량과 체적을 구하라.

풀이

습증기의 절대압력 : $p = p_g + p_{atm} = 5.9 + 0.1 = 6.0$MPa

<부록 7>의 포화 수증기표에서

p =60.MPa : t_s=275.64℃, v'=0.0013187m^3/kg, v''=0.03244m^3/kg

식 (6・3)에서

$$v_x = (1-x)v' + xv'' = (1-0.9) \cdot 0.001319 + 0.9 \cdot 0.03244 = 0.0293\text{m}^3/\text{kg}$$

$$m_x = \frac{V}{v_x} = 60\text{m}^3/0.0293\text{m}^3/\text{kg} = 2045.8\text{kg}$$ (습증기 질량)

$$m'' = x \cdot m_x = 0.9 \cdot 2045.8 = 1841.3\text{kg}$$ (포화증기의 질량)

$$m' = m_x - m'' = 2045.8 - 1841.3 = 204.5\text{kg}$$ (포화수의 질량)

$$V'' = m'' \cdot v'' = 1841.3 \cdot 0.03244 = 59.73\text{m}^3$$ (포화증기의 체적)

$$V' = m' \cdot v' = 204.5 \cdot 0.0013187 = 0.27\text{m}^3$$ (포화수의 체적)

예제 6.2

체적이 0.5m^{3}인 용기에 300℃의 습증기 50kg이 들어 있다. 습증기의 건도와 비엔탈피를 구하라.

풀이

용기내 습증기의 비체적은

$$v_x = \frac{V_x}{m_x} = \frac{0.5}{50} = 0.01\text{m}^3/\text{kg}$$

포화온도가 t_s=300℃일 때, 포화 증기표에서

$$v' = 0.0014036\text{m}^3/\text{kg},\quad v'' = 0.02167\text{m}^3/\text{kg}$$

$$h' = 1344\text{kJ/kg},\quad h'' = 2749\text{kJ/kg}$$

습증기의 건도는 식 (6·4)로부터

$$x = \frac{v_x - v'}{v'' - v'} = \frac{0.01 - 0.0014036}{0.02167 - 0.0014036} = 0.4242 = 42.42[\%]$$

비엔탈피는 식 (6·6)으로부터

$$h_x = h' + x(h'' - h') = 1344 + 0.4242\times(2749 - 1344) = 1939.9[\text{kJ/kg}]$$

6.2 증기가 갖는 열량

6.2.1 액체열 : $q_L(=h')$

포화온도보다 낮은 온도의 액체(물)를 **압축액체**(compressed liquid) 또는 **아냉액체**(subcooled liquid)라고 한다. 이것은 그림 6·2의 $T-v$, $p-v$ 와 $T-s$ 선도상에서 포화 액체선의 좌측 그리고 $p-t$ 선도에서는 증발곡선의 좌측에 있는 상태이다. 압축액체(수)를 포화온도까지 가열하면 포화수의 상태가 되는데, 일정 압력하에서 기준상태의 물을 포화온도까지 가열하는 데 소요되는 열량을 **액체열**(liquid heat) q_L이라고 한다.

이 가열과정에 에너지 보존의 법칙을 적용하여 보면, 액체열은 다음과 같이 물의 비내부 에너지 증가와 비체적 증가에 필요한 일의 열당량과 같다.

$$q_L=(u'-u_0)+p(v'-v_0) \qquad (6\cdot 8)$$

한편, 정의에 의하면 비엔탈피는 비내부 에너지와 다음과 같은 관계에 있으므로

$$h'=u'+pv',\quad h_0=u_0+pv_0$$

결국, 식(6·8)의 액체열은 기준상태의 물을 포화온도까지 가열할 때 나타나는 비엔탈피의 변화와 같다. 즉,

$$q_L = h' - h_0 \qquad (6 \cdot 8a)$$

여기서 v', u' 및 h'는 각각 포화수의 비체적, 비내부 에너지 및 비엔탈피이며, 하첨자 "$_0$"은 기준상태를 의미한다. 물의 경우 3중점(0.01℃, 0.6113kPa)이 안정된 상태이므로 3중점을 기준상태로 정하고, 이 점에서의 비내부 에너지와 비엔트로피를 각각 $u_0 \approx u_0' = 0$, $s_0 \approx s_0' = 0$으로 정하였다.

그러나 실제의 경우 종래에 기준으로 삼았던 0℃의 값이 0.01℃와 거의 차이가 없으므로 0℃를 기준으로 하여도 큰 지장은 없다. 기준상태에서의 비엔탈피도 계산해 보면

$$h_0 = u_0 + pv_0 = 0 + 0.6113 \cdot 0.001 = 0.0006113 \cong 0 \text{[kJ/kg]}$$

와 같아서 $h_0 \approx h_0' = 0$으로 정해도 된다.

압축수는 가열하여도 비체적의 증가가 무시할 정도로 작아서 $(v_0' - v_0) \approx 0$이라 할 수 있으므로, 식 (6·8) 및 식 (6·8a)의 액체열은 다음과 같이 표현된다.

$$q_L \approx u' \approx h' = \int_{0.001}^{t_s} C_p dt = \int_{273.16}^{T_s} C_p dT \text{[kcal/kg] 또는 [kJ/kg]} \qquad (6 \cdot 9)$$

또 C_p =const.라 할 경우

$$q_L \approx u' \approx h' = C_p (T_s - 273.16) \qquad (6 \cdot 10)$$

이 식에 따르면, 포화수의 비엔탈피 h' 또는 비내부 에너지 u'는 근사적으로 일정

압력하에서 물 1kg을 0.01℃(=273.16K)에서 포화온도 T_s까지 가열하는데 필요한 열량, 즉 액체열 q_L과 같다.

포화수의 비엔트로피 s'도 액체열 q_L과의 관계로부터

$$dq_L = Tds = dh = C_p dT \rightarrow \int_0^{'} ds = \int_0^{'} \frac{dq_L}{T} = \int_{T_0}^{T_s} \frac{C_p dT}{T} \qquad (6 \cdot 11)$$

$$s' = s_0 + \int_{273.16}^{T_s} C_p \frac{dT}{T} \qquad (6 \cdot 12)$$

와 같이 나타낼 수 있으며, 이 식은 다시 s_0=0, C_p=const.라고 할 때

$$s' = C_p \cdot \ln \frac{T_s}{273.16} [\text{kJ/kg} \cdot \text{K}] \qquad (6 \cdot 13)$$

로 표현된다.

이상과 같이 포화수의 u', h' 및 s'는 각각 식 (6・9)~식 (6・13)에 따라 계산하여 구한다. 또는 계산결과를 수록한 부록의 <포화 증기표>나 <증기 선도>를 이용할 수도 있다. 증기표와 증기선도를 이용하는 방법에 대해서는 6・4절에서 자세히 언급하고 있다. 위의 식들을 이용하면 포화온도보다 낮은 상태인 압축수의 u, h, s도 구할 수 있다. 다만, 이 경우는 윗식의 적분구간만 T_s 에서 T로 변경시킨다. 예를 들면, 온도가 T[K]인 압축수의 비엔탈피는 식(6・9) 또는 식(6・10)에 따라 다음과 같이 표현되므로

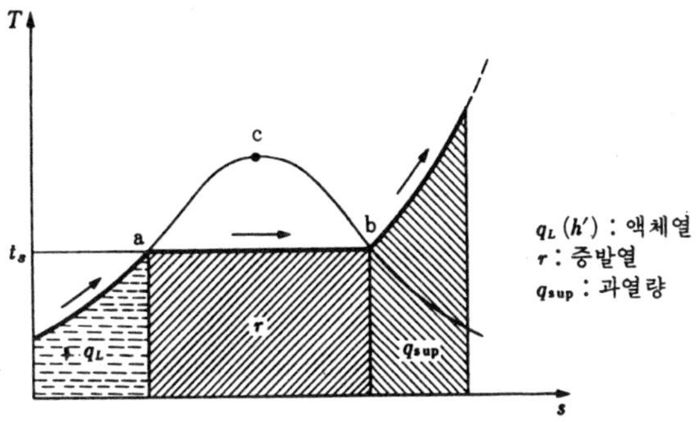

그림 6·3 물을 과열증기 상태까지 등압가열하는 동안 필요한 열량

$$h' = \int_{273.16}^{T} C_p dT \approx C_p \cdot (T - 273.16)[\text{kJ/kg}] \tag{6.14}$$

이 식을 사용하여 직접 계산하거나 또는 계산결과를 수록한 <부록 12>의 압축수표를 이용하여 구한다.

그러나 사용하려는 압축수표 또는 정압비열 C_p의 값이 없는 경우에는, 근사적인 방법으로 실제 압축수에 미치는 압력의 영향은 온도에 비하면 매우 작기 때문에 무시하고, 다음과 같이 주어진 온도 T를 포화온도 T_s라 생각하고 포화온도만의 함수로 구한 포화수의 값을 압축수의 값으로 본다. 즉,

$$u \approx u'(T = T_s)$$

$$h \approx h'(T = T_s)$$

$$s \approx s'(T = T_s) \tag{6·15}$$

예제 6. 3

압력이 0.1MPa인 포화수의 비엔탈피 h'와 비엔트로피 s'를 구하라.
이 때 C_p=4.187kJ/kg · K=const.이다.

풀이

식 (6 · 10)과 식 (6 · 13)을 사용하여
<부록 7>의 포화 수증기표에서 : p =0.1MPa→ t_s =99.63℃, T_s =372.78K

$$h' = C_p(T_s - 273.16) = 4.187 \cdot (372.78 - 273.16) = 417.11 \text{[kJ/kg]}$$

$$s' = C_p \ln \frac{T_s}{273.16} = 4.187 \ln \frac{372.78}{273.16} = 1.3019 \text{[kJ/kg · K]}$$

포화 수증기표에서 직접 구하면

h'=417.46[kJ/kg]
s'=1.3026[kJ/kg · K]

예제 6.4

0.1MPa, 50℃인 압축수의 비엔탈피와 비엔트로피를 구하라.
이 때 압축수의 C_p=4.187kJ/kg · K=const.이다.

풀이

식 (6 · 13)과 식 (6 · 14)을 사용하여

$$h = C_p(T - 273.16) = 4.187 \cdot (323.15 - 273.16) = 209.31 [\text{kJ/kg}]$$

$$s = C_p \ln \frac{T}{273.16} = 4.187 \ln \frac{323.15}{273.16} = 0.7037 [\text{kJ/kg} \cdot \text{K}]$$

그리고 식 (6 · 15)에 따라 포화 증기표를 이용하여 근사적으로 구하면

$$h \approx h'(t_s = 50℃) = 209.33 [\text{kJ/kg}]$$

$$s \approx s'(t_s = 50℃) = 0.7038 [\text{kJ/kg} \cdot \text{K}]$$

6.2.2 증발열 : r

포화온도에 도달한 포화수는 가열을 계속하면 포화온도를 유지한 상태에서 증기가 발생하기 시작한다. 이 때 포화수 1kg을 등압하에서 전부 포화증기로 증발시키는 데 필요한 열량을 증발잠열(latent heat of vapourization) 또는 **증발열**(heat of vapourization) r 하며, 이 값은 열역학 제1법칙에 의하여 다음과 같이 된다.

$$r = \int_{'}^{''} dq = \int_{'}^{''} du + \int_{'}^{''} p dv$$

$$= (u'' - u') + p(v'' - v') \qquad (6 \cdot 16)$$

$$= (u'' + pv'') - (u' + pv') = h'' - h' \qquad (6 \cdot 17)$$

즉, 건포화 증기와 포화수의 비엔탈피 차 ($h'' - h'$)로 구한다. 그러나 고압이 될수록 비엔탈피의 차가 작아지므로 증발열 r도 작아지며, 임계압에서는 $h'' = h'$가 되어 증발열이 0 (zero)이 된다. 건포화 증기의 비엔탈피 h''는 식 (6 · 9) 및 식 (6 · 17)로부터 다음과 같이 표현할 수 있다.

$$h'' = h' + r = \int_{273.15}^{T_s} C_p dT + r \qquad (6 \cdot 18)$$

증발열 r 는 액체 상태인 물의 분자결합을 기체상태로 느슨하게 만드는 데 필요한 **내부 증발열**(internal heat of vapourization) ρ와 주어진 압력하에서 팽창(비체적 증가)하는 데 필요한 일의 열량당의 **외부 증발열**(external heat of vapourization) ϕ로 구성되어 있다. 즉,

$$r = \rho + \phi \tag{6·19}$$

ρ와 ϕ는 식 (6·16)과 비교하면 각각 다음과 같다.

$$\rho = u'' - u'$$

$$\phi = p(v'' - v') \tag{6·20}$$

증발열 r 중 외부 증발열 ϕ가 점하는 비율은 약 10% 정도로서, 증발열의 대부분은 분자들의 결합을 느슨하게 하는 데 사용된다.

증발과정 동안에 나타나는 비엔트로피 증가 $(s'' - s')$는 엔트로피의 정의 $ds = (dq/T)_{rev}$와 식 (6·17)로부터 다음과 같이 표현할 수 있다.

$$s'' - s' = \int_{'}^{''} \left(\frac{dq}{T_s}\right)_{rev} = \frac{1}{T_s} \int_{'}^{''} dq = \frac{r}{T_s} \text{[kJ/kg·K]} \tag{6·21}$$

이로써 증발열 r는 다시금 포화증기와 포화수의 비엔트로피 차 $(s'' - s')$, 즉 증발과정 동안의 비엔트로피 증가로 나타낼 수 있으며,

$$r = T_s(s'' - s')\text{[kJ/kg]} \tag{6·22}$$

그 크기는 그림 6·3의 T-s 선도에서 보는 바와 같이 선분 a-b 를 따라 적분하여 구한, 사선으로 표시된 면적과 같다. 이 식에서 건포화 증기의 비엔트로피는 다음과 같이 구할 수 있다. 이 때 T_s는 증발압력에 대한 포화온도이다.

$$s'' = s' + \frac{r}{T_s} \tag{6·23}$$

식 (6·17)과 식 (6·22)를 이용하면 식 (6·6) 및 식 (6·7)로 표현된 습증기의 비엔탈피와 비엔트로피는 증발열 r와 함께 다음과 같이 구할 수 있다.

$$h_x = h' + x(h'' - h') = h' + xr, \quad x = \frac{h_x - h'}{r} \tag{6·24}$$

$$s_x = s' + x(s'' - s') = s' + \frac{x \cdot r}{T_s} \tag{6·25}$$

증발열 r에 관해서는 이 밖에도 다음의 Clapeyron 관계식이 있다.

$$r = h'' - h' = T_s(v'' - v')\frac{dp}{dT_s} \tag{6·26}$$

Clapeyron 관계식은 식 (6·4), 식 (6·7) 및 Maxwell 관계식을 이용하여 유도한 것으로서, 이 식을 이용하면 증발과정 중 측정한 포화압력 p, 포화온도 T_s, 비체적 변화 $(v'' - v')$에 대한 자료로부터 증발열 $r(= h'' - h')$를 구할 수 있다. dp/dT_s는 증발곡선의 기울기로서 측정값 p와 T_s에서 구한다. Clapeyron 관계식을 이용하면 식 (6·21)의 비엔트로피 변화는 다음과 같이 표현될 수도 있다.

$$s'' - s' = (v'' - v')\frac{dp}{dT_s} \qquad (6 \cdot 27)$$

6.2.3 과열량 : q_{sup}

건포화 증기를 가열하면 이제는 증기의 온도는 포화온도 이상으로 상승하면서 과열증기(superheated vapour)가 된다. 이 때 건포화 증기 1kg을 등압하에서 과열증기로 가열하는 데 소요되는 열량을 **과열량** q_{sup}라 하며, 그 크기는 다음과 같다.

$$q_{sup} = h - h'' = \int_{''}^{sup} dh = \int_{T_s}^{T} C_p dT \approx C_{p.av}(T - T_s)[\text{kJ/kg}] \qquad (6 \cdot 28)$$

이 식으로부터 과열증기의 비엔탈피 h는 다음과 같이 된다.

$$h = h'' + \int_{T_s}^{T} C_p dT \approx h'' + C_{p.av}(T - T_s)[\text{kJ/kg}] \qquad (6 \cdot 29)$$

그리고 비엔트로피 s는 등압하에서 비엔트로피의 변화가 $ds = dq = dh/T$이므로, 다음과 같이 구한다.

$$s = s'' + \int_{T_s}^{T} C_p \frac{dT}{T} \approx s'' + C_{p.av} \ln \frac{T}{T_s} \text{[kJ/kg·K]} \quad (6 \cdot 30)$$

과열증기의 h와 s는 식 (6·29) 및 식 (6·30)에 의하여 직접 계산하거나, <부록 8>의 과열 증기표를 사용하여 구할 수 있다.

이 때 과열증기의 정압비열 C_p가 그림 6·4에서 보는 바와 같이 온도와 압력에 따라 상당히 큰 영향을 받으므로, 과열증기의 h와 s에 대한 정확한 값을 구하려면 윗식에 C_p의 상태식을 대입하여 적분해야 하지만, 윗 식에서도 보는 바와 같이 정압비열의 평균값 $C_p \approx C_{p.av}$=const. 를 사용하여 근사적으로 구하기도 한다.

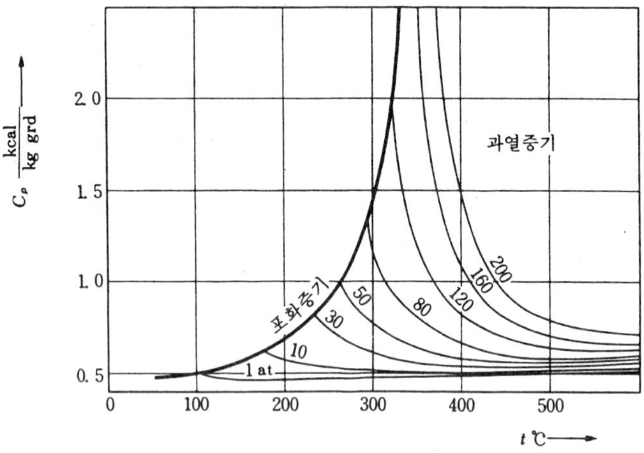

그림 6·4 과열상태에 있는 수증기의 정압비열 C_p

6.2.4 총열량 : q

일정 압력하에서 0.01℃(=273.16K)의 물 1kg을 가열하여 TK의 과열증기로 만드는데 필요한 **총열량** q는 물이 각 상영역(相領域)을 거칠 때 소요되는 열량의 합과 같으므로 식 (6・9), (6・10), (6・17) 및 식 (6・28)로부터

$$q = q_L + r + q_{sup} = h' + r + \int_{T_s}^{T} C_p dT$$

$$h' + r + C_{p.av}(T - T_s) \qquad (6 \cdot 31)$$

$$= h'' + C_{p.av}(T - T_s) \qquad (6 \cdot 32)$$

$$= h'' + (h - h'') = h \,[\text{kJ/kg}] \qquad (6 \cdot 33)$$

로 표현될 수 있으며, 그 값은 임의온도 T와 압력 p하에서 과열증기가 보유하는 비엔탈피 $h(T,\ p)$와 같다. 그림 6・3을 보면 각 상영역을 지날 때 필요한 열량들이 $T-s$ 선도에 면적으로 나타난다.

예제 6.5

0.01℃의 물 2kg을 등압하에서 가열하여 4MPa, 350℃의 과열증기를 생산하려고 한다. 소요되는 총열량 및 증발열 중 외부 증발열의 비율을 구하라.

(이 때 $C_{p.av}$=2.89kJ/kg · K 이다).

풀이

① 물 2kg을 과열증기로 만드는 데 필요한 총열량 Q
<부록 7>의 포화 수증기표에서

$$p = 4\text{Mpa} \rightarrow t_s = 250.4℃$$

$$h' \rightarrow 1087.3\text{kJ/kg},\quad h'' \rightarrow 2801.4\text{kJ/kg}$$

$$v' \rightarrow 0.0012522\text{m}^3/\text{kg},\quad v'' \rightarrow 0.04978\text{m}^3/\text{kg}$$

우선 식 (6 · 31)에 따라 0.01℃의 물 1kg을 과열증기로 만드는 데 필요한 총열량 q를 각 상영역을 지날 때 필요한 가열량들의 합으로 구하면,

$$q = q_L + r + q_{sup} = h' + r + C_{p.av}(t - t_s)$$

$$q_L = h' = 1087.3\text{kJ/kg}$$

$$r = h'' - h' = 2801.4 - 1087.3 = 1714.1\text{kJ/kg}$$

$$q_{sup} \approx C_{p.av}(t - t_s) = 2.89 \cdot (350 - 250.4) = 287.8\text{kJ/kg}$$

$$q = 1087.3 + 1714.1 + 287.8 = 3089.2\text{kJ/kg}$$

q는 식 (6·33)에 의해 과열 증기표에서 직접 구할 수도 있다.

$$q = h(p = 4\text{MPa},\ t = 350℃) = 3092.5\text{kJ/kg}$$

이로써 물 2kg을 과열증기로 만드는 데 필요한 총열량 Q는

$$Q = m \cdot q = 2 \cdot 3092.5 = 6185[\text{kJ}]$$

가 된다.

② 증발열 r 중 외부 증발열의 비율 ϕ/r는 식 (6·20)에 따라

$$\phi = p(v'' - v') = 4 \cdot 10^3\text{kN/m}^2 \cdot (0.04978\text{-}0.0012522)\text{m}^3/\text{kg}$$

$$=194.1[\text{kJ/kg}]$$

$$\frac{\phi}{r}[\%] = \left(\frac{194.1}{1714.1}\right) \cdot 100 = 11.3[\%]$$

6.3 증기(실제가스)의 상태식

실제가스로 취급되는 증기라도 특별히 증기의 온도가 매우 높거나 압력이 아주 낮으

면, 예를 들어 증기의 온도와 압력이 $T > 2 \cdot T_c$[K] 또는 $p < p_c/10$이면 그 거동이 완전가스에 접근하므로 완전가스 상태식 $pv = RT$ 를 적용할 수 있다.

그러나 보통의 실제가스는 완전가스와 달이 분자간의 인력과 분자 자신의 체적 때문에 $pv \neq RT$ 이다. 이와 같은 사실을 고려하여 실제가스를 위해 수많은 상태식들이 제안되었다. 그 중에서 가장 잘 알려진 것으로 Van der Waals가 완전가스 상태식을 반이론적으로 수정하여 제시한 식이 있는데, 이 식은 비록 가장 오래 되었으나 간단하면서도 기상(과열증기)과 습증기 및 액상에 걸쳐 물질의 성질을 정성적으로 잘 표시해 주고 있다. Van der Waals 식은 다음과 같다.

$$\left(p + \frac{a}{v^2}\right)(v - b) = RT \tag{6 · 34}$$

이 식에서 a 와 b 는 기체의 종류에 따라 정해지는 상수이다. a/v^2는 분자간의 인력이 압력에 미치는 영향을 수정해 주는 p의 보정항이며, b는 1kg의 기체에 포함된 분자가 차지하는 체적이다. 따라서, 실제로 기체분자가 자유로이 운동할 수 있는 체적은 $(v - b)$가 된다.

Van der Waals의 식을 $p - v$ 선도에 나타내면 그림 6 · 5와 같으며, 상수 a 와 b 는 이 선도에서 임계 등온선의 변곡점이 임계점에서 나타나며, 또한 임계점에서 이 등온선의 기울기가 0이 된다는 조건을 이용하여 구할 수 있다.

그러나 증기의 성질은 매우 복잡하고 또 물질에 따라 다른 특성을 보이므로,Van der Waals의 식과 같은 일반 상태식은 이들의 정량적 계산에는 충분하지 못하다.

따라서, 실제로는 각각의 물질에 대한 실측 결과를 기초로 하여 각 물질을 위한 상태식을 만들어 사용한다. 이렇게 만들어진 것으로, 예를 들면 수증기(H_2O)를 위하여 다음과 같은 상태식들이 있다.

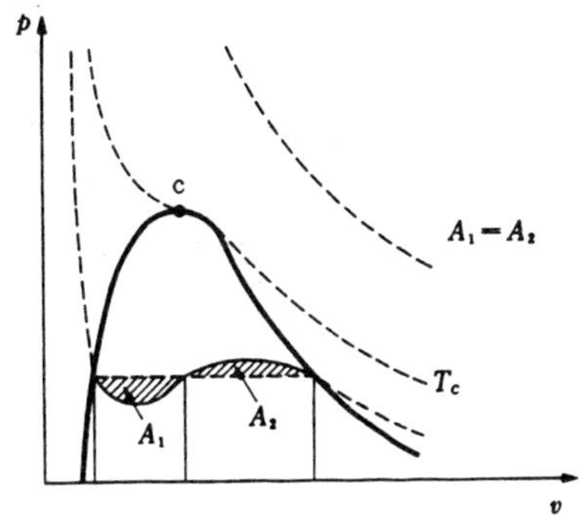

그림 6·5 $p-v$ 선도상에 나타낸 습증기 구역에서의 van der Waals 등온선

포화 증기선상에 있는 수증기에 대하여 Zeuner는

$$p^{15/16} \cdot v'' = 1.727, \quad v'' = \frac{1.727}{p^{15/16}} \qquad (6 \cdot 35)$$

그리고 Mollier는 다음과 같은 상태식을 만들었다.

$$p^{0.957} \cdot v'' = 1.778, \quad v'' = \frac{1.778}{p^{0.957}} \qquad (6 \cdot 36)$$

이 때 압력 p와 비체적 v''의 단위는 각각[kg_f/cm^2],[m^3/kg]이다. 그리고 다음의 식은 건포화 증기와 과열증기 상태의 수증기를 위한 것으로, 오랫동안 독일의 VDI-수증기표에서 사용되었던 Koch의 상태식이다.

$$v''(v) = \frac{47.06 \cdot T}{p} \frac{-0.9172}{(T/100)^{2.82}} - p^2 \left[\frac{1.3088 \cdot 10^{-4}}{(T/100)^{14}} + \frac{4.379 \cdot 10^{7}}{(T/100)^{31.6}} \right] \tag{6・37}$$

여기서 p, T, v의 단위는 각각 $[kg_f/cm^2]$, [K], $[m^3/kg]$이다.

예제 6.6

체적이 V=0.5m^{3}인 용기 안에 0.1MPa, 250℃의 수증기가 들어있다고 할 때, 용기내 수증기의 질량 m를 구하라.

풀이

수증기 상태 : p=0.1MPa=1・10^{5}N/m^2, t = 250℃→ T=523.15K
수증기의 임계압력 : p_c=22.09MPa, 임계온도 t_c=374.14℃

① 완전가스

p=0.1MPa≪p_c/10=22.09/10→수증기를 완전가스로 취급

수증기의 기체상수 : R=0.46152kJ/kg・K

완전가스 상태식을 사용하여

$$m = \frac{pV}{RT} = \frac{1 \cdot 10^5\ \mathrm{N/m^2} \cdot 0.5^3 \cdot 10^{-3}\mathrm{kJ/Nm}}{0.46152\ \mathrm{kJ/kg \cdot K} \cdot 523.15\mathrm{K}} = 0.2071\mathrm{kg}$$

② 실제가스

<부록 7>에서 p=0.1MPa→포화온도 t_s=99.63℃

t=250℃> t_s=99.63℃→수증기는 과열증기 상태

i) <부록 8>의 과열 증기표에서 v를 읽음

$$v = v(p=0.1\mathrm{MPa},\ t=250℃) = 2.406\mathrm{m^3/kg}$$

$$m = V/v = 0.5/2.406 = 0.2078\mathrm{kg}$$

ii) Koch가 제안한 증기의 상태식 (6·37)을 사용하여 v를 직접 계산한다. 이 때 식에 대입할 p와 T는

$$p = 0.1\mathrm{MPa} = 10{,}197\mathrm{kg_f/m^2},\quad T = 523.15\mathrm{K}$$

$$v = \frac{47.06 \cdot 523.15}{10{,}197} - \frac{0.9172}{(523.15/100)^{2.82}}$$

$$-10{,}197^2\left[\frac{1.3088 \cdot 10^{-4}}{(523.15/100)^{14}} + \frac{4.379 \cdot 10^7}{(523.15/100)^{31.6}}\right]$$

$$= 2.40567\mathrm{m^3/kg}$$

$$\therefore m = V/v = 0.5/2.40567 = 0.2078\mathrm{kg}$$

6.4 증기표 및 증기선도

증기의 상태를 결정하려면 특별히 고온 또는 저압상태가 아닌 한 완전가스 상태식 $pv=RT$를 적용할 수 없고, 또 모든 증기의 성질을 정량적으로 계산하기에 충분한 일반 상태식이 없기 때문에 6·3절에서도 언급한 바와 같이 실제로는 각각의 물질에 대한 실험결과로부터 구한 상태식을 사용한다.

그러나 이리하여 구한 상태식은 대부분이 특별한 조건 외에는 식 (6·37)과 같이 매우 복잡하여 실제응용에서는 이 식의 계산결과를 수표 또는 선도로 표시한 것으로 사용한다. 이것을 각각 **증기표**(steam tabel) 및 **증기선도**(steam chart)라고 한다. 상태식이란 결국 열역학적 상태량들간의 상관관계를 수학적으로 표현한 식인데, 순수물질인 경우 이 상태식을 이용하여 어떤 상태량을 구하려면 다른 2개의 상태량이 필요하다. 예를 들어, 식 (6·37)은 순수물질인 수증기의 상태식으로 간단히 $v=f(p, T)$로 표현되는 v, p, T간의 함수관계를 나타내는 식이다. 이 식을 이용하여 v를 구하려면 p와 T가 필요한데, 이와 같이 v에 대한 독립변수 p와 T를 열역학에서는 독립 상태량이라 한다.

과열증기, 건포화 증기 또는 포화액체와 같이 하나의 상으로만 이루어진 계에서는 p와 T가 v를 구할 수 있는 독립 상태량이 되지만, 2 상으로 이루어진 습증기($0<x<1$) 구역에서는 상변하가 등압(p = const.) 및 등온(T = const.)하에서 일어나므로 p와 T는 서로 의존적이다. 따라서, v를 결정하는 독립 상태량은 $v=f(p, x)$ 또는 $v=f(T, x)$와 같이 p와 x 또는 T와 x가 된다. 즉, 습증기의 상태량을 구하려면 p와 T중 하나와 건도 x가 필요함을 의미한다. 이것은 증기표와 증기선도를 이용하여 상태량을 구할 경우에도 마찬가지이다.

6.4.1 증기표

증기표에는 포화 증기표 (부록 6 및 7)와 과열 증기표(부록 8)가 있으며, 포화 증기표에는 온도를 기준으로 한 것(부록 6)과 압력을 기준으로 한 것(부록 7)의 2종류가 있다. 포화 증기표에는 온도 또는 압력기준에 따라 포화압력과 포화온도, 그리고 포화수와 건포화 증기의 비체적, 비내부 에너지, 비엔탈피, 비엔트로피 등이 표시되어 있으며, 과열 증기표에는 압력과 온도의 영향을 나타내는 과열증기의 여러 상태량들이 표시되어 있다. 증기표상에 나타나 있지 않은 사이 값은 그 온도 또는 압력에 대하여 비례배분법칙(내삽법)에 따라 구한다.

예제 6.7

온도 210℃, 건도 0.8인 습증기의 p_s 및 v_x, h_x, u_x를 구하라.

풀이

<부록 6>의 포화 증기표에서 t=210℃→p_x=1.9062[MPa]

v'=0.0011726[m^3/kg], v''=0.10441[m^3/kg]

u'=895.52[kJ/kg], u''=2599.5[kJ/kg]

h'=897.76[kJ/kg], h''=2798.5[kJ/kg]

이므로 식 (6・4), (6・5) 및 식 (6・6)을 사용하여 다음과 같이 구한다.

$$v_x = v' + x(v'' - v') = 0.0011726 + 0.8(0.10441 - 0.0011726) = 0.08376[m^3/kg]$$

$$h_x = h' + x(h'' - h') = 897.76 + 0.8(2798.5 - 897.76) = 2418.35[kJ/kg]$$

$$u_x = u' + x(u'' - u') = 895.53 + 0.8(2599.5 - 895.53) = 2258.71[kJ/kg]$$

또는, 엔탈피 정의($h = u + pv$)로부터

$$u_x = h_x - p_s \cdot v_x = 2418.35 - 1.9062 \cdot 10^3 \cdot 0.08376 = 2258.69[kJ/kg]$$

예제 6.8

압력이 500kPa, 온도가 230℃인 과열증기의 v와 h를 구하라.

풀이

<부록 8>의 과열 증기표에서

p =500kPa일 때 t =230℃에 대한 값이 직접 표에 없으므로, 이 온도에 가장 근접한 t =220℃, 250℃의 v, h 값을 찾아 비례 배분법을 적용한다.

p=0.5MPa일 때 : t=220℃, v=0.4449m3/kg, h=2897.9kJ/kg

t=230℃, v=0.4547m^3/kg, h=2918.8kJ/kg

t=250℃, v=0.4744m^3/kg, h=2960.7kJ/kg

$$v=0.4449+(0.4744-0.4449)\cdot\frac{230-220}{250-220}=0.4547[\text{m}^3/\text{kg}]$$

같은 방법으로 구하면,

h=2918.8[kJ/kg]

6.4.2 증기선도

증기가 작업유체로 사용되는 동력기관이다. 냉동기관에서 정밀히 계산을 할 경우 상태량 값은 주로 증기표를 사용하여 구하지만, 정밀도가 떨어지더라도 쉽게 상태량을 구하고자 할 때, 또는 상태변화 과정을 알아볼 경우 **증기선도**를 사용한다.

열역학에서는 널리 사용되는 선도로는 $p-v$, $T-s$, $h-s$ 및 $p-h$ 선도가 있으며, 동력기관의 경우 $h-s$ 선도와 $T-s$ 선도가 가장 많이 활용된다.

[1] $T-s$ 선도

$T-s$ 선도의 기본형은 그림 6·6에서 볼 수 있으며, 등압선(p=const.), 등적선(v=const.), 등엔탈피선(h=const.), 등건도선(x=const.) 등이 표시되어 있다. 여기서 등온선(T=const.)은 수평으로, 그리고 등엔트로피선(s=const.)은 수직으로 나타난다.

$T-s$ 선도에서는 상태변화 중에 작업유체가 주고받는 열량이 면적으로 표시되므로, $T-s$ 선도를 열선도(heat diagram)라고도 한다.

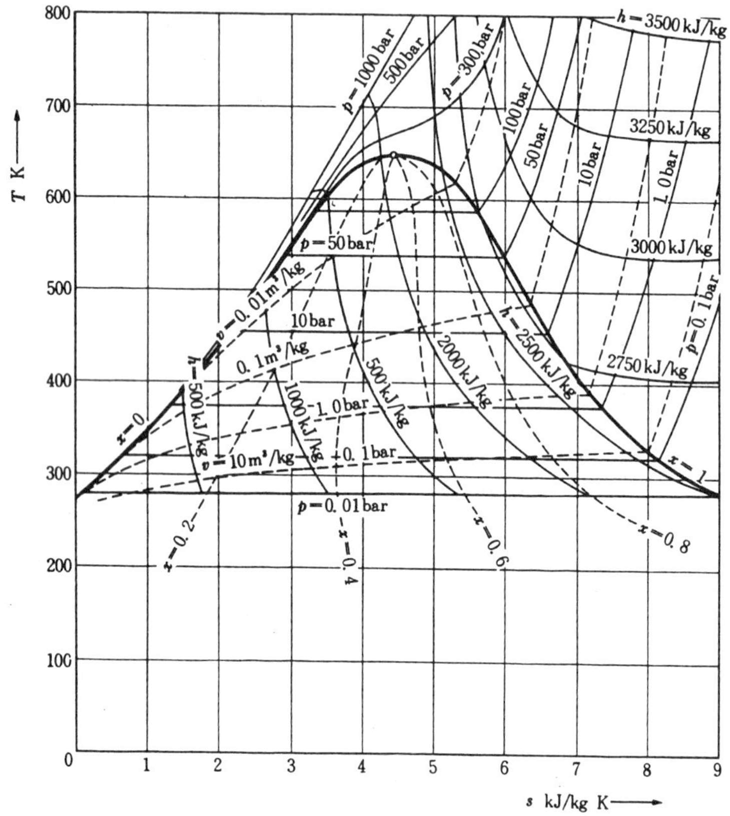

그림 6·6 수증기의 $T-s$ 선도

[2] $h-s$선도

$h-s$ 선도는 **몰리에르**(Molier) 선도라고도 하며 세로축에 비엔탈피 h 를, 그리고 가로축에 비엔트로피 s 를 취한 선도로서 수증기에 대해서는 그림 6·7 또는 <부록 14>와 같다. $T-s$ 선도에서 열량이 면적으로, 그리고 $p-v$ 선도에서는 일량이 면적으로 표시되는 반면, $h-s$ 선도에서는 작업유체가 주고받는 열 및 일 량을 모두 수직 선분의 길이로 표시할 수 있다. 따라서, $h-s$ 선도는 수직 선분의 길이를 측정하는 것만으로도 열과 일량을, 그리고 측정된 선분길이의 비로부터 열효율(thermal efficiency)을 쉽게 구할 수 있어 실용상 많이 사용되고 있다.

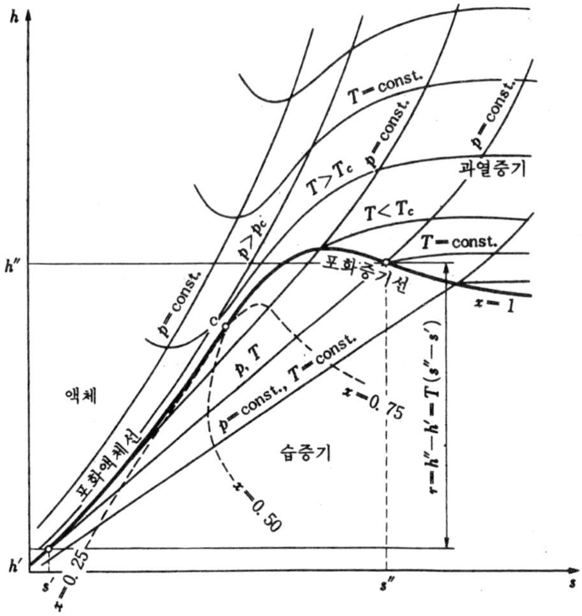

그림 6·7 $h-s$ (Mollier) 선도

그림 6·7에서 굵은 선으로 표시된 곡선이 포화 액체선과 포화 증기선으로 이루어진 포화 곡선이며 그 접점인 c 가 임계점이다. 등건도선(x=const.)은 포화곡선 아래 점선으로 표시되어 있다. 습증기 영역에서는 등압선과 등온선이 함께 우측 위로 향하다가 포화 증기선에 도달하면 등온선의 꺾임이 나타나면서 고도의 과열증기 구역에서 등온선은 비엔탈피와 같은 수평선이 된다. $h-s$ 선도에서 공업적으로 자주 사용되는 범위는 선도의 우측 상부이다.

예제 6. 9

체적이 15m^{3}인 용기 안에 10ata의 건포화 증기가 들어 있다. 이제 증기를 냉각하여 용기 내의 압력을 8 ata로 감소시키려 할 때 방출열량과 액화될 물의 질량을 구하라.

풀이

여기서 용기체적 = 작업유체의 체적

V =15m^3=const., m =const.인 밀폐계→ $V\,/\,m$ = v_1= v_2= const.(등적 냉각 과정)

냉각 전: p_1=10ata=10 · 0.9807=9.807bar=9.807 · 10^2 kN/m^2, 건포화 증기상태(x_1=1)

<부록 7>의 증기표에서 $v_1 = v_1'' = 0.1984$m3/kg, $h_1 = h_1'' = 2777.3$kJ/kg

$$m = \frac{V}{v_1} = \frac{15\ \mathrm{m^3}}{0.1984\ \mathrm{m^3/kg}} = 75.6\mathrm{kg}(\text{증기 질량})$$

$$u_1 = u_1'' = h_1'' - p_1 \cdot v_1''$$

$=2777.3\text{kJ/kg}-9.807 \cdot 10^2\text{kN/m}^2 \cdot 0.1984\text{m}^3/\text{kg}=2582.7\text{kJ/kg}$

냉각 후 : $p_2 = 8\ \text{ata} = 8 \cdot 0.9807 = 7.846\ \text{bar}$

증기표에서 $v_2{}'=0.0011138\text{m}^3/\text{kg}$, $v_2{}''=0.2454\text{m}^3/\text{kg}$

$$v_2 = v_1 = 0.1984\text{m}^3/\text{kg}$$

$$x_2 = \frac{v_2 - v_2{}'}{v_2{}'' - v_2{}'} = \frac{0.1984 - 0.0011138}{0.2454 - 0.0011138} = 0.808$$

<부록 4>의 $h-s$선도에서

$$h_2 = h_{x2} = h(p_2=8\text{ata}(=7.846\text{bar}),\ x_2=0.808)=2374.5\text{kJ/kg}$$

$$u_2 = u_{x2} = h_{x2} - p_2 \cdot v_{x2} = 2374.5-7.846 \cdot 10^2 \cdot 0.1984=2218.84\text{kJ/kg}$$

냉각에 의한 방출열량

$$Q_{12} = m \cdot (u_2 - u_1)=75.6 \cdot (2218.84-2582.7)=-27507.8\text{kJ}$$

냉각에 의해 증기의 건도가 $x_1=1$에서 $x_2=0.808$로 변환된 것은 증기의 일부가 $1-x_2=0.192 \approx 19\%$만큼 액화된 것을 의미하므로 냉각 후의

액체 질량 : $m_L = m \cdot (1-x_2)=75.6 \cdot (1-0.808)=14.52\text{kg}$

증기 질량 : $m_g = m \cdot x_2 = 75.6 \cdot 0.808 = 61.08\text{kg}$

그림 6·8은 증기의 상태변화를 $h-s$ 선도에 나타낸 것으로, 점 1은 냉각 전의 건포화 증기상태($x_1=1$, $p_1=10\text{ata}$)이며, 점 2는 등적(v=const.) 냉각 후 압력과 온도가 감소되고 습해진 습증기 상태($x_2=0.808$, $p_2=8\text{ata}$)이다.

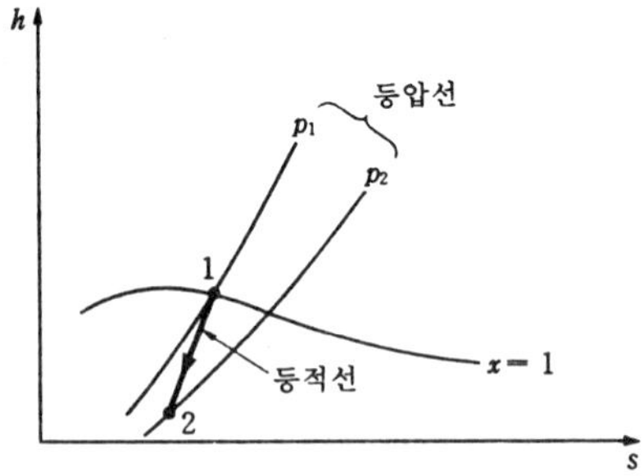

그림 6·8 증기의 상태변화에 대한 $h-s$ 선도

6.5 증기의 상태변화

일반적으로 증기의 상태변화 과정을 해석하려면 먼저 해석하고자 하는 계가 개방계(open system) 또는 밀폐계(closed system)인가, 또한 상태변화는 등압, 등온, 등적 또는 단열변화인가를 구별해야 한다. 이 때 상태변화가 가역변화이면 많은 경우 열역학 제1법칙만으로 충분하나, 비가역 변화이면 해석을 위해 열역학 제1법칙과 제2법칙이 모두 필요하다. 여기서는 단위질량의 증기가 가역변화를 하는 경우를 살펴보기로 한다.

6.5.1 등압변화

등압변화(dp=0, p=const.)는 그림 6·9와 같이 나타나며, 습증기 구역에서의 등압변화는 등온변화와 일치한다.

등압변화를 하는 경우, 계에 가한 열량은 열역학 제1법칙의 제2기초식($dq= dh- vdp$) 에서 dp=0이므로 증기 1kg당

$$q=h_2-h_1[\mathrm{kJ/kg}] \qquad (6\cdot 38)$$

와 같으며, 절대일(= 체적변화일) w 와 공업일 w_t 는 다음과 같다.

$$w=\int_2^1 pdv=p(v_2-v_1)[\mathrm{kJ/kg}] \qquad (6\cdot 39)$$

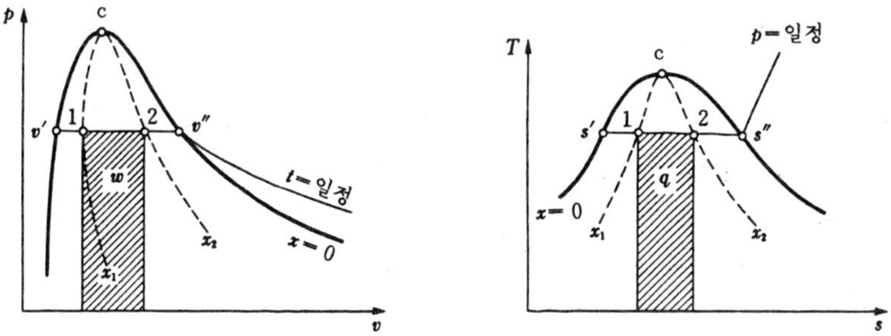

그림 6·9 증기의 등압변화

$$w_t = -\int_2^1 vdp = 0[\text{kJ/kg}] \qquad (6 \cdot 40)$$

습증기 구역에서 건도가 x_1의 상태로부터 x_2로 등압변화를 하는 경우, 식 (6・6), 식 (6・24)에 의하여 건도가 x인 습증기의 비엔탈피가

$$h_x = h' + x(h'' - h') = h' + xr \qquad (6 \cdot 41)$$

이므로, 습증기로 이루어진 계에 가한 열량은 식 (6・38) 및 식 (6・41)에 따라

$$q = h_2 - h_1 = h_{x2} - h_{x1}$$

$$= (x_2 - x_1) \cdot (h'' - h') = (x_2 - x_1) \cdot r \qquad (6 \cdot 42)$$

와 같다.

이상과 같이 등압 변화를 하는 계에 가한 열량은 열역학 제1 법칙의 제1 기초식($dq = du + pdv$)에서도 구할 수 있는데, 그 크기는 계에 나타나는 비내부 에너지 변화와 비체적 변화에 소요한 일에너지의 합과 같다.

$$q = (u_2 - u_1) + p(v_2 - v_1) \qquad (6 \cdot 43)$$

습증기 구역에서는 비체적과 비내부 에너지의 증가량이 식 (6・4) 및 식 (6・5)에 의해 각각 다음과 같으므로

$$v_2 - v_1 = (x_2 - x_1) \cdot (v'' - v') \qquad (6 \cdot 44)$$

$$u_2 - u_1 = (x_2 - x_1) \cdot (u'' - u') \qquad (6 \cdot 45)$$

습증기로 이루어진 계에 가한 열량은 식 (6・43), (6・44) 및 식 (6・45)로부터 다음과 같이 구할 수 있다.

$$q = (x_2 - x_1) \cdot (u'' - u') + p\{(x_2 - x_1) \cdot (v'' - v')\} \qquad (6 \cdot 46)$$

$$= (x_2 - x_1) \cdot \{(u'' - u') + p(v'' - v')\} \qquad (6 \cdot 47)$$

$$= (x_2 - x_1) \cdot (h'' - h') = (x_2 - x_1) \cdot r \qquad (6 \cdot 42)$$

그리고 이 때 계가 외부에 한 절대일(=체적 변화일) w는 식(6・39)와 식(6・44)에서 다음과 같이 구할 수 있다.

$$w = \int_2^1 p dv = p(v_2 - v_1) = p(x_2 - x_1) \cdot (v'' - v') \qquad (6 \cdot 48)$$

예제 6. 10

압력이 2Mpa, 건도가 x_1=0.94(습도=6%)인 습증기를 매시 5kg씩 등압하에서 건포화증기(x_1=1)로 건조시키는 데 필요한 열량을 구하라.

풀이

증기표(부록 7)에서 압력이 2MPa일 때

$$h''=2799.5\text{kJ/kg},\quad h'=908.79\text{kJ/kg},\quad r=1890.7\text{kJ/kg}$$

식 (6·42)에 따라

$$q=h_2-h_1=(x_2-x_1)\cdot(h''-h')=(x_2-x_1)\cdot r$$

$$=(1-0.94)\cdot 1890.7=113.442\text{kJ/kg}$$

습증기 5kg/h에 대한 가열량은

$$Q=m\cdot q=5\text{kg/h}\cdot 113.442\text{kJ/kg}=567.21\text{kJ/h}$$

윗식에서 구하고자 하는 h_1과 h_2의 값은 $h-s$선도에서 직접 읽을 수 있다.

$$h_1=h_x(x_1=0.94,\ p=2\text{MPa})=2682\text{kJ/kg}$$

$$h_2=h''(x_2=1,\ p=2\text{MPA})=2795\text{kJ/kg}$$

$$Q=m\cdot q=m\cdot(h_2-h_1)=5\cdot(2795-2682)=565.0\text{kJ/h}$$

그림 6·10은 건조과정 동안의 상태변화를 $h-s$ 선도에 나타낸 것이다.

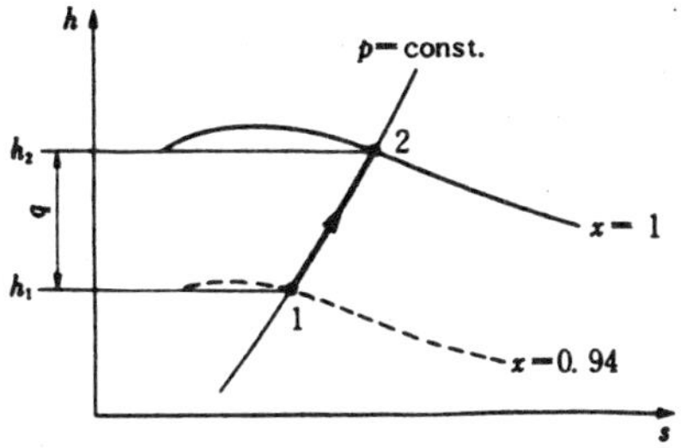

그림 6·10 건조과정 동안의 상태변화를 $h-s$ 선도

6.5.2 등적변화

등적변화($dv=0$, $v=$const.)는 그림 6·11과 같이 나타내며, 이 때 계에 가한 열량은 열역학 제1법칙($dq=du+pdv=dh-vdp$)에서 $dv=0$이므로 증기 1kg당

$$q=u_2-u_1=(h_2-h_1)-v(p_2-p_1)[\mathrm{kJ/kg}] \qquad (6\cdot49)$$

과 같으며, 절대일(체적 변화일) w와 공업일 w_t는 다음과 같다.

$$w=\int_2^1 pdv=0[\mathrm{kJ/kg}] \qquad (6\cdot50)$$

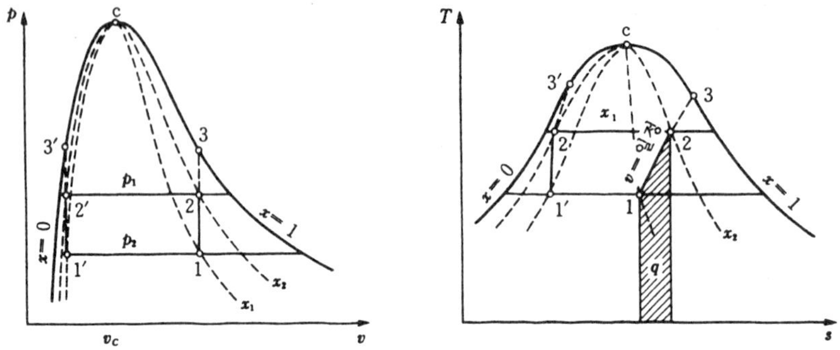

그림 6·11 증기의 등적변화

$$w_t = -\int_2^1 v dp = v \cdot (p_1 - p_2) \text{[kJ/kg]} \qquad (6 \cdot 51)$$

습증기 구역에서 등적변화($v_{x1} = v_{x2}$)가 일어나는 경우, 습증기 1kg에 가하는 열량은 다음과 같다.

$$q = u_{x2} - u_{x1} = (h_{x2} - p_2 \cdot v_{x2}) - (h_{x1} - p_1 \cdot v_{x1})$$

$v_{x2} = v_{x1} = v_x$=일정하므로

$$q = (h_{x2} - h_{x1}) - v_x(p_2 - p_1) \qquad (6 \cdot 52)$$

여기서 h_{x1}과 h_{x2}는 상태 1과 2에서의 습증기의 비엔탈피로서 다음과 같으며

$$h_{x1} = h_1' + x_1(h_1'' - h_1')$$

$$h_{x2} = h_2' + x_2(h_2'' - h_2') \qquad (6 \cdot 53)$$

h_1', h_1'' 및 h_2', h_2''는 각각 상태 1과 2의 압력 또는 온도에서 증기표를 이용하여 그 값을 구한다.

증기와 물이 $x : (1-x)$의 질량비로 혼합된 습증기를 밀폐용기에 넣고 가열하면, 습증기는 그림 6·11과 같이 상태 1에서 2로 등적변화를 하며 압력과 온도가 모두 상승한다. 이 때 건도 x는 습증기의 초기상태에 따라 증가 또는 감소된다.

가열 전 습증기의 비체적 v_1이 임계 비체적 v_c보다 크면 그림에서 보는 바와 같이 상태가 1→2로 변할 때 건도도 $x_1 \rightarrow x_2$로 증가하나, v_1이 v_c보다 작으면 상태가 1′→2′로 변하면서 건도가 감소한다. 이것은 습증기가 가열에 따라 오히려 액화되는 것을 의미한다.

일반적으로 습증기 구역에서 건도가 x_1에서 x_2로 변하는 경우, 변화 전후의 습증기의 비체적이 각각

$$v_1 = v_{x1} = v_1' + x_1(v_1'' - v_1')$$

$$v_2 = v_{x2} = v_2' + x_2(v_2'' - v_2') \qquad (6 \cdot 54)$$

이므로, $v_1 = v_2$인 등적변화에서는 변화 후의 건도 x_2는 다음과 같다.

$$x_2 = \frac{v_2 - v_2'}{v_2'' - v_2'} = \frac{v_1 - v_2'}{v_2'' - v_2'} \qquad (6 \cdot 55)$$

여기서 v_1', v_1'' 및 v_2', v_2''는 각각 상태 1에서 2의 압력 또는 온도에서 증기표를 이용하여 구한다. 건도 x_1이 주어진 경우에는 변화 후의 건도 x_2는 다음과 같다.

$$x_2 = \frac{v_1'' - v_1'}{v_2'' - v_2'} = \frac{v_1 - v_2'}{v_2'' - v_2'} \qquad (6 \cdot 55')$$

예제 6. 11

체적이 일정한 밀폐용기에 물 20kg과 증기 2kg의 비율로 혼합된 습증기가 0.5MPa의 압력하에 들어 있다. 이제 이 용기에 열을 가하려 한다. 다음을 구하라.

① 용기의 체적과 가열 전 습증기의 체적 v_1 및 건도 x_1

② 가열 후 압력이 1MPa라 할 때 습증기의 건도 x_2

③ 총가열량 Q

풀이

① 용기의 체적 V, v_1, x_1

p_1=0.5MPa일 때, v_1'=0.0010926m³/kg, v_1''=0.3749m³/kg

(증기표에서) h_1'=640.23kJ/kg, h_1''=2748.7kJ/kg

용기의 체적(=습증기의 체적)은 식 (6・2)에 따라

$$V = m \cdot v_x = V' + V'' = m'v' + m''v''$$

$$= 20 \cdot 0.0010926 + 2 \cdot 0.3749 = 0.77165$$

가열 전 습증기의 비체적 v_1 및 건도 x_1

$$m = m' + m'' = 20 + 2 = 22\text{kg}(\text{습증기의 질량})$$

$$v_1 = v_{x1} = V/m = 0.77165/22 = 0.03508\text{m}^3/\text{kg}$$

$$x_1 = \frac{m''}{m} = \frac{2}{22} = 0.091$$

또는

$$x_1 = \frac{v_1 - v_1'}{v_1'' - v_1'} = \frac{0.03508 - 0.0010926}{0.3749 - 0.0010926} = 0.091$$

② 가열 후 습증기의 건도 x^2 : 식 (6・55)로부터

p_2=1MPa일 때

v_2'=0.001127m^3/kg, v_2''=0.19444m^3/kg

h_2'=762.81kJ/kg, h_2''=2778.1kJ/kg

일정체적의 밀폐용기에서는 : V, m=const., V/m=const.= v_1= v_2

$$x_2 = \frac{v_1 - v_2'}{v_2'' - v_2'} = \frac{0.03508 - 0.0011273}{0.19444 - 0.0011273} = 0.1756$$

③ 총가열량 Q : 등적변화를 하는 습증기 1kg에 가한 열량 q는 식 (6・52)로부터

$$q = (h_{x2} - h_{x1}) - v_1 \cdot (p_2 - p_1)$$

$$h_{x1} = h_1' + x_1(h_1'' - h_1')$$

$$= 640.23 + 0.091 \cdot (2748.7 - 640.23) = 823.1\text{kJ/kg}$$

$$h_{x2} = h_2' + x_2(h_2'' - h_2')$$

$$= 762.81 + 0.1756 \cdot (2778.1 - 762.81) = 1167.7\text{kJ/kg}$$

$$q = (1116.7 - 832.1) - 0.03508 \cdot (1000 - 500) = 267.06\text{kJ/kg}$$

이에 따라 총열량은

$$Q = m \cdot q = 22\text{kg} \cdot 267.06\text{kJ/kg} = 5875.32\text{kJ}$$

6.5.3 등온변화

등온변화($dT=0$, $T=$const.)는 그림 6·10과 같이 나타낸다. 열역학 법칙에 의하면 상태 1에서 2로 등온변화를 하는 계에 가하는 열량 q는 증기 1kg당 $dq = du + pdv$, 또는 $dq = dh - vdp$이며, 이 식을 적분하여 구하면 다음과 같다.

$$q = (u_2 - u_1) + \int_1^2 pdv = (h_2 - h_1) - \int_1^2 vdp \qquad (6 \cdot 56)$$

$$= T\int_1^2 ds = T(s_2 - s_1) \qquad (6 \cdot 57)$$

절대일(체적 변화일) w 와 공업일 w_t 는 각각 다음과 같다.

$$w = \int_1^2 pdv = q - (u_2 - u_1) \qquad (6 \cdot 58)$$

$$= T(s_2 - s_1) - \{(h_2 - p_2v_2) - (h_1 - p_1v_1)\} \qquad (6 \cdot 59)$$

$$w_t = -\int_1^2 vdp = q - (h_2 - h_1) \qquad (6 \cdot 60)$$

$$= T(s_2 - s_1) - (h_2 - h_1) \tag{6·61}$$

습증기 구역에서는 그림 6·12에서 보는 바와 같이 등온변화 중에는 압력도 일정하다. 따라서, p=const.하에서 식 (6·56)을 적분하면 습증기 1kg에 대한 등온 가열량은

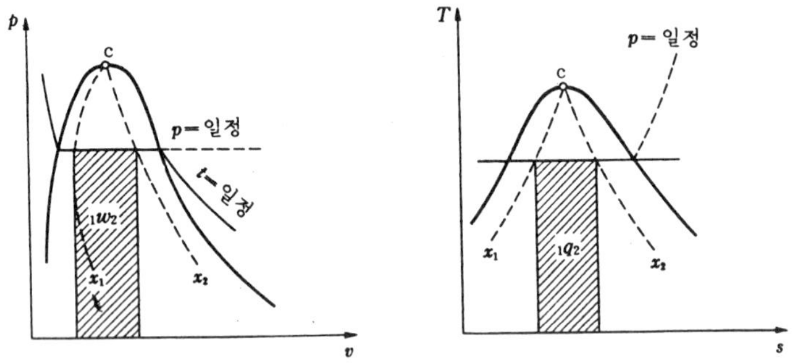

그림 6·12 증기의 등온변화

다음과 같이 구할 수 있다.

$$q = (u_{x2} - u_{x1}) + p \cdot (v_{x2} - v_{x1}) \tag{6·62}$$

$$= h_{x2} - h_{x1} = \{h_2' + x_2 \cdot (h_2'' - h_2')\} - \{h_1' + x_1 \cdot (h_1'' - h_1')\}$$

$$= (x_2 - x_1) \cdot (h_1'' - h_1') = (x_2 - x_1) \cdot r \tag{6·63}$$

또는, 식 (6·7) 및 식 (6·57)로부터

$$q = T(s_{x2} - s_{x1}) = T \cdot [\{s_2' + x_2(s_2''s_2')\} - \{s_1' + x_1(s_1'' - s_1')\}]$$

$$= T \cdot \{(x_2 - x_1)(s_1'' - s_1')\} \qquad (6 \cdot 64)$$

등온과정에서는

$$h_1'' = h_2'', \quad h_1' = h_2', \quad h_1'' - h_1' = h_2'' - h_2' = r$$

$$s_1'' = s_2'', \quad s_1' = s_2'$$

등온변화 중 습증기 1kg이 행하는 절대일 w와 공업일 w_t는 다음과 같다.

$$w = \int_1^2 pdv = p \cdot (v_{x2} - v_{x1})$$

$$= p \cdot \{[v_2' + x_2(v_2'' - v_2')] - [v_1' + x_1(v_1'' - v_1')]\}$$

$$= p \cdot \{(x_2 - x_1) \cdot (v'' - v')\} \qquad (6 \cdot 65)$$

등온과정에서는

$$v_1'' = v_2'', \quad v_1' = v_2', \quad dp = 0$$

$$w_t = -\int_1^2 vdp = 0 \qquad (6 \cdot 66)$$

예제 6.12

압력이 0.3MPa인 포화수(x_1=0) 1kg이 등온가열에 의하여 건도 x_2=0.85의 습증기가 되었다. 가열량 q 와 절대일(체적 변화일) w 를 구하라.

풀이

포화 수증기표에서

p=0.3MPa일 때 : h_1'=561.47kJ/kg, h_1''=2725.3kJ/kg

$$h_1'' - h_1' = r = 2163.8\text{kJ/kg}$$

$$v_1' = 0.001073\text{m}^3/\text{kg},\quad v_1'' = 0.6058\text{m}^3/\text{kg}$$

$$s_1' = 1.6718\text{kJ/kg}\cdot\text{K},\quad s_1'' = 6.9919\text{kJ/kg}\cdot\text{K}$$

등온 가열량(습증기 구역에서) q : 식 (6・63)을 이용하여

$$q = (x_2 - x_1)\cdot(h_1'' - h_1') = (x_2 - x_1)\cdot r$$

$$= (0.85 - 0)\cdot 2163.8 = 1839.23\text{kJ/kg}$$

또는, 식 (6・64)로부터

$$q = 406.7 \cdot \{(0.85-0)(6.9919-1.6718)\} = 1839.13\text{kJ/kg}$$

이 때 T는 p=0.3MPa의 포화온도 T_s이므로, 포화 증기표에서

$$T = T_s(p\text{=0.3MPa})\text{=133.55℃+273.15=406.7K}$$

절대일 w : 식 (6 · 65)를 이용하여

$$w = p \cdot \{(v_1'' - v_1') \cdot (x_2 - x_1)\}$$

$$=300\text{kN/m}^2 \cdot \{(0.6058-0.001073)\text{m}^3\text{/kg} \cdot (0.85-0)\}$$

$$=154.21\text{kJ/kg}$$

예제 6. 13

0.3MPa, 250℃의 과열증기를 등온가열하면서 0.1MPa의 증기로 팽창시키려 한다. 가열량, 절대일(팽창일) 및 공업일을 구하라.

풀이

과열 증기표에서

p_1=0.3MPa, t=250℃ : v_1=0.7964m3/kg, u_1=2728.7kJ/kg

h_1=2967.6kJ/kg, s_1=7.5166kJ/kg · K

p_2=0.1MPa, t=250℃ : v_2=2.4060m3/kg, u_2=2733.7kJ/kg

h_2=2974.3kJ/kg, s_2=8.0333kJ/kg · K

가열량 q : 식 (6 · 57)을 이용하여

$$q = T(s_2 - s_1) = (250 + 273.15) \cdot (8.0333 - 7.5166) = 270.3\text{kJ/kg}$$

절대일 w : 식 (6 · 58)을 이용하여

$$w = \int_1^2 p dv = q - (u_2 - u_1) = 270.3 - (2733.7 - 2728.7) = 265.3\text{kJ/kg}$$

또는, 식 (6 · 59)로부터

$$w = T(s_2 - s_1) - \{(h_2 - p_2 v_2) - (h_1 - p_1 v_1)\}$$

$$= 270.3 - \{(2974.3 - 100 \cdot 2.406) - (2967.6 - 300 \cdot 0.7964\}$$

$$= 265.28\text{kJ/kg}$$

공업일 w_t : 식 (6·60)을 이용하여

$$w_t = -\int_1^2 v dp = q - (h_2 - h_1)$$

$$= 270.3 - (2974.3 - 2967.6) = 263.6\text{kJ/kg}$$

6.5.4 단열변화

단열변화(dq=0)란 열전달이 없는 상태변화로서, 노즐이나 터빈 또는 압축기를 통과할 때 작업유체가 겪는 변화이다. 특히 단열변화가 가역적으로 일어나면 열역학 제2법칙($dq = Tds$)에 의해 ds=0이 되므로, 가열단열 변화를 등엔트로피 변화라 부르기도 한다. 등엔트로피 변화(ds=0, s=const.)는 그림 6·13의 $T-s$ 선도에서 보는 바와 같이 수직방향으로의 변화이다.

이 그림에 의하면 과열증기가 가역단열 팽창(1→3)을 할 경우, 팽창과 함께 과열증기의 온도가 s=const.하에서 점차 감소한다. 건포화 증기상태(2)에 도달한 후에도 팽창이 계속되면 응축이 일어나면서 습증기의 온도와 건도가 함께 감소한다. 반면에 압축액체를 가역단열 팽창(4→6)시키면 포화액체 상태(5)를 지난 후에는 오히려 증발이 일어나면서 습증기의 건도가 증가한다.

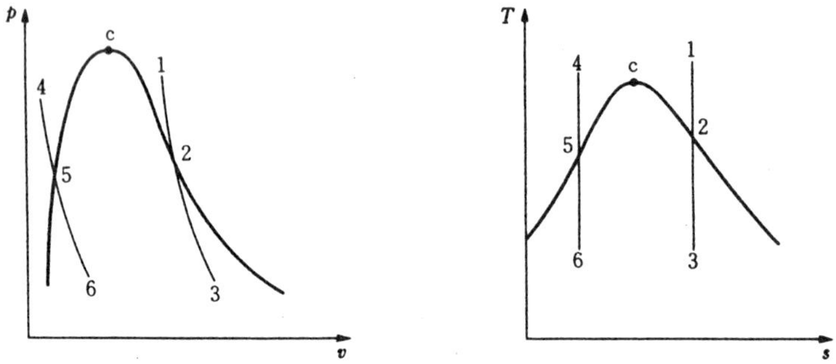

그림 6·13 증기의 단열변화

단열변화를 하는 계가 외부에 행하는 일을 구하기 위하여, 이 계에 열역학 제1법칙 ($dq= du+pdv= dh-vdp$)을 적용하면

$$q=(u_2-u_1)+\int_1^2 pdv=(h_2-h_1)-\int_1^2 vdp=0 \qquad (6\cdot 67)$$

과 같으므로, 증기가 행하는 절대일 w 와 공업일 w_t 는 각각 다음의 식에서 구할 수 있다.

$$w=\int_1^2 pdv= u_1-u_2=(h_1-p_1v_1)-(h_2-p_2v_2) \qquad (6\cdot 68)$$

$$w_t=-\int_1^2 vdp=h_1-h_2 \qquad (6\cdot 69)$$

과열증기의 압력이 매우 높지 않거나 또는 건도가 0.75 이상인 습증기인 경우, 절대인 w 와 공업일 w_t 는 근사적으로 이들 증기를 pv^k=const.의 관계가 성립하는 완전가스로 취급하여 구하기도 한다. 이 때 단열지수로서 과열증기는 k=1.35, 그리고 습증기는 k=1.135를 취한다.

습증기의 구역에서 상태 1에서 2로 가역단열 변화(=등엔트로피 변화)를 한 습증기의 건도는 식 (6・25)에 따라

$$s_1 = s_{x1} = s_1' + x_1(s_1'' - s_1') = s_1' + \frac{x_1 \cdot r_1}{T_{s1}} \qquad (6 \cdot 70)$$

$$s_2 = s_{x2} = s_2' + x_2(s_2'' - s_2') = s_2' + \frac{x_2 \cdot r_2}{T_{s2}} \qquad (6 \cdot 71)$$

와 같이 구한 습증기의 비엔트로피를 $s_1=s_2$로 놓을 때 다음과 같이 구할 수 있다.

$$x_2 = \frac{s_1 - s_2'}{s_2'' - s_2'} = \frac{(s_1 - s_2') \cdot T_{s2}}{r_2} \qquad (6 \cdot 72)$$

이 때 필요한 s_1', s_1'', T_{s1} 및 s_2', s_2'', T_{s2}등의 값은 포화 증기표를 이용하여 각각 압력 p_1, p_2에서 찾는다.

예제 6. 14

8MPa, 500℃의 과열증기 1kg을 0.1MPa까지 가역단열 팽창시킬 때, 팽창 후의 건도, 외부에 행한 절대일 w 및 공업일 w_t 를 구하라.

풀이

과열 증기표에서

p_1=8MPa, t_1=500℃: v_1=0.04175m3/kg, h_1=3398.3kJ/kg

s_1=6.7240kJ/kg · K, u_1=3064.3kJ/kg

포화 증기표에서

p_2=0.1MPa : 포화온도 t_{s2}=99.63℃→ T_{s2}=372.78K

v_2'=0.0010432m^3/kg, v_2''=1.6940m^3/kg,

s_2'=1.3026kJ/kg · K, s_2''=7.3594kJ/kg · K

h_2'=417.46kJ/kg, h_2''=2675.5kJ/kg, r_2=2258kJ/kg

u_2'=417.36kJ/kg, u_2''=2506.1kJ/kg

팽창 후의 건도 x_2 : 식 (6 · 72)를 이용하여

$$x_2 = \frac{s_1 - s_2{}'}{s_2{}'' - s_2{}'} = \left(\frac{(s_1 - s_2{}') \cdot T_{s2}}{r_2} \right)$$

$$= \frac{6.7240 - 1.3026}{7.3594 - 1.3026} = \frac{(6.7240 - 1.3026) \cdot 372.78}{2258} = 0.8951$$

가열단열 팽창을 할 때 w와 w_t : 식 (6 · 68) 및 식 (6 · 69)를 이용하여

팽창 후 $h_2 = h_2{}' + x_2 \cdot (h_2{}'' - h_2{}')$

$$= 417.46 + 0.8951 \cdot (2675.5 - 417.46) = 2438.6\text{kJ/kg}$$

$$v_2 = v_2{}' + x_2 \cdot (v_2{}'' - v_2{}')$$

$$= 0.0010432 + 0.8951 \cdot (1.6940 - 0.0010432) = 1.5164\text{m}^3\text{/kg}$$

$$u_2 = u_2{}' + x_2 \cdot (u_2{}'' - u_2{}')$$

$$= 417.36 + 0.8951 \cdot (2506.1 - 417.36) = 2287.0\text{kJ/kg}$$

$$w = \int_1^2 p\,dv = u_1 - u_2 = 3064.3 - 2287.0 = 777.3\text{kJ/kg}$$

$$= (h_1 - p_1 v_1) - (h_2 - p_2 v_2)$$

$$= (3398.3 - 8000 \cdot 0.04175) - (2438.6 - 100 \cdot 1.5164) = 777.34\text{kJ/kg}$$

$$w_t = -\int_1^2 v\,dp = h_1 - h_2 = 3398.3 - 2438.6 = 959.7\text{kJ/kg}$$

위의 예제에서 보는 바와 같이 절대일 w 는 $u_1 - u_2$ 또는 $(h_1 - p_1 v_1) - (h_2 - p_2 v_2)$로부터 구할 수 있다. 그러나 대부분의 증기표에서는 수증기에 대한 경우에 만 비 내부 에너지 u 의 값이 주어져 있으므로, 수증기가 아닌 다른 작업 유체의 경우 w는 식 (6·68)의 맨 우변의 관계를 이용하여 구한다.

6.5.5 교축변화

교축변화는 그림 6·14와 같이 작업유체가 관로나 급격히 좁아지는 곳을 흐를 때 나타나며, 증기 압축 냉동기관이나 기체 액화 장치, 증기의 건도 측정 장치 등에서 작업유체가 교축밸브나 오리피스를 지날 때 볼 수 있다.

증기가 노즐과 같이 유로 같이 유로 단면적(flow cross section)이 서서히 좁아지는 곳을 흐르면 증기의 압력이 강화되면서 유속이 증가한다. 그러나 유로 단면적이 급격하게 좁아지는 교축밸브에서는 속도의 증가 없이 감소된 압력 에너지가 마찰과 난류에 의하여 엔트로피로 변환된다. 이로 인해 교축밸브에서는 비가역 압력 강하(팽창) 현상과 함께 유용 에너지의 손실(loss of available energy)이 나타난다.

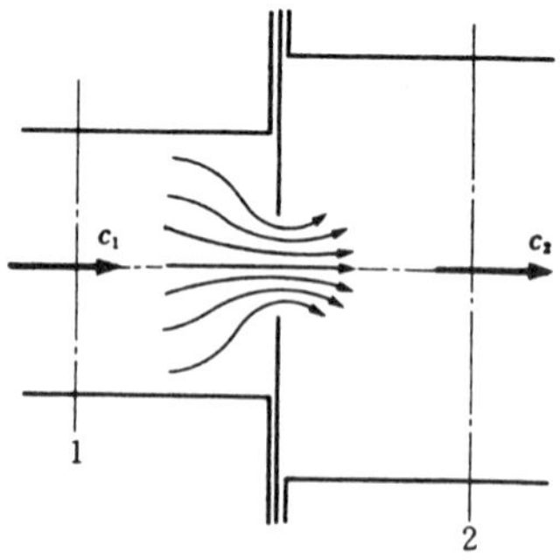

그림 6·14 교축현상

교축변화를 해석하기 위하여 우선 유동계에 대한 열역학 제1법칙의 일반식을 보면,

$$q+h_1+\frac{c_1^2}{2}+g\cdot z_1=h_2+\frac{c_2^2}{2}+g\cdot z_2+w$$

교축밸브에서는 $q=0$, $w=0$, $\Delta c=0$, $\Delta z=0$이므로

$$h_1=h_2 \tag{6·73}$$

가 되어 교축변화를 하는 계는 등엔탈피(h=const.) 상태로 비가역 팽창을 한다.

습증기를 교축시키면 증기가 등엔탈피 팽창을 하므로 그림 6·15의 $h-s$ 선도에서 보는 바와 같이 압력과 온도가 낮아지면서(완전가스는 압력강하에 따른 온도변화가 없지만) 습증기의 건도 x가 증가한다. 교축현상을 이용하면 습증기의 건도를 측정할 수 있는데, 이를 위한 장치를 **교축 열량계**라고 한다.

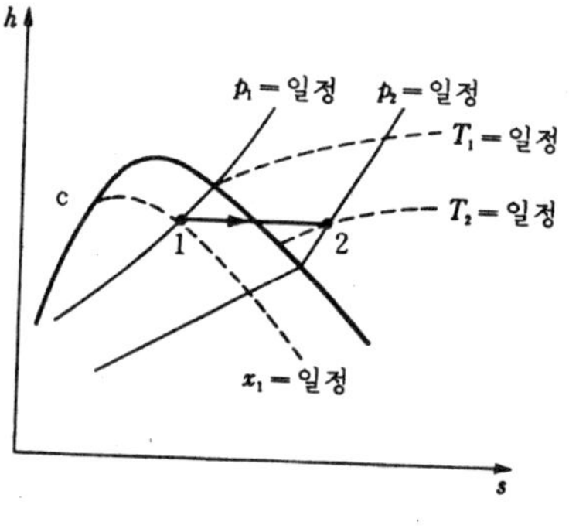

그림 6·15 증기의 교축변화

여기에서는 그림 6·15와 같이 교축에 의하여 습증기를 과열증기 상태까지 팽창시킨 후, 과열증기의 온도 T_2와 압력 p_2를 측정하여 비엔탈피 $h_2 = h(p_2, T_2)$를 구한다.

교축 전후의 상태를 각각 h_1, h_2라 하면, 등엔트로피 변화를 하는 교축과정에서는

$$h_1 = h_1' + x_1 \cdot (h_1'' - h_1') = h_1' + x_1 \cdot r_1 = h_2 \qquad (6 \cdot 74)$$

와 같으므로, 교축 전 습증기의 건도 x_1을 다음과 같이 구할 수 있다.

$$x_1 = \frac{h_2 - h_1'}{r_1} \qquad (6 \cdot 75)$$

여기서 h_1'와 $r_1 (= h_1'' - h_1')$은 교축 전의 압력 p_1에서의 값이다.

예제 6. 15

압력이 1MPa인 습증기의 건도를 측정하려고 교축밸브를 통하여 습증기를 팽창시킨 후 출구상태를 측정하였더니, 압력이 0.1MPa이며 온도가 120℃이었다. 습증기의 건도와 교축과정을 통한 비엔트로피의 증가를 구하라.

풀이

교축밸브를 통한 팽창과정이 등엔트로피 과정이므로, 교축 후의 비엔트로피 h_2를

알면 교축 전 습증기의 건도 x_1을 구할 수 있다.

포화 증기표에서

$$p_1 = 1\text{MPa} : \ h_1' = 762.81\text{kJ/kg}, \ h_1'' = 2778.1\text{kJ/kg}$$

$$r_1 = h_1'' - h_1' = 2015.3\text{kJ/kg}$$

$$s_1' = 2.1387\text{kJ/kg} \cdot \text{K}, \ s_1'' = 6.5865\text{kJ/kg} \cdot \text{K}$$

과열 증기표에서

$$p_2 = 0.1\text{MPa}, \ t_2 = 120℃, \ h_2 = 2716.6\text{kJ/kg}, \ s_2 = 7.4668\text{kJ/kg} \cdot \text{K}$$

습증기의 건도 x_1 : 식 (6・75)를 이용하여

$$x_1 = \frac{h_2 - h_1'}{r_1} = \frac{2716.6 - 762.81}{2015.3} = 0.97$$

교축과정 동안의 비엔트로피 증가 Δs :

$$s_1 = s_1' + x \cdot (s_1'' - s_1')$$

$$= 2.1387 + 0.97 \cdot (6.5865 - 2.1387) = 6.4531\text{kJ/kg} \cdot \text{K}$$

$$\Delta s = s_2 - s_1 = 7.4668 - 6.4531 = 1.0137\text{kJ/kh} \cdot \text{K}$$

연 습 문 제

1. 증기와 가스는 어떻게 다른가?

2. 포화증기, 건포화 증기, 습증기 및 과열증기를 설명하라.

3. 압력 3MPa, 건도 80%인 수증기의 v, h, u 및 s를 구하라.

답 v= 0.0536m^3/kg, h =2444.98kJ/kg,
u=2284.22kJ/kg, s=5.4787kJ/kg · K

4. 다음과 같은 증기의 상태가 습증기이면 건도를, 그리고 과열증기이면 온도 또는 압력을 구하라.

① p=0.5MPa, v=0.2m^3/kg

② t=250℃, h=2960.7kJ/kg

③ p=1.0Mpa, v=0.245m^3/kg

④ t=300℃, s=4.2596kJ/kg · K

답 ① 습증기, x=0.5321 ② 과열증기, p=0.5MPa
③ 과열증기, t=274.2 ℃ ④ 습증기, x=1.4105

5. 일정한 압력 1.75MPa하에서 포화수를 모두 건포화 증기로 증발시킬 경우, 단위 질량당 소요열량과 외부에 대해 한 일을 구하라.

답 q=1917.9kJ/kg, w=196.75kJ/kg

6. 체적이 0.4m^3인 탱크 속에 250℃의 증기가 5kg 들어 있다. 이 증기의 상태가 습증기이면 건도를, 그리고 과열증기이면 압력과 과열도를 구하라.

답 과열증기 : p=2.696Mpa, 과열도 $t-t_s$=22.1℃

7. 열교환에서 20℃의 물 100kg을 40℃로 가열하기 위하여 100℃의 건포화 증기를 사용하였다. 직접가열(혼합)과 간접가열 모든 경우에 대하여 사용한 증기의 양을 구하라. 물의 등압비열은 C_p=4.187kJ/kg이며, 증발열은 2257kJ/kg이다.

답 건포화 증기량 m''=3.71kg

8. 보일러 압력이 0.2MPa일 때 온도 20℃의 물 100kg을 과열도가 20℃인 과열증기로 만드는 데 필요한 열량을 구하라. 그리고 이 때 연료로 저위발열량 H_L이 42.0MJ/kg인 중유를 사용하면, 필요한 중유는 몇 kg인가? 단, 보일러 효율은 100%로 본다.

답 Q=266.4MJ, m_f=6.343kg

9. 가열에 의하여 온도 250℃, 체적 0.04m^{3}의 증기 1kg이 등온 팽창하여 0.4m^{3}로 되었다. 이 증기에 공급된 열량을 구하라.

답 Q=539.21kJ

10. 밀폐용기 내에 절대압력 1.4Mpa, 건도 0.95인 습증기가 2kg 들어 있다. 이 용기를 냉각하여 내부 압력이 800kPa가 될 때 건도 및 이 동안의 방열량을 구하라.

답 x=0.5549, Q=-1508.2kJ

11. 2MPa, 400℃의 과열증기 1.5kg을 0.1MPa까지 등엔트로피 팽창시킬 때 팽창 후의 건도와 비체적, 그리고 이 동안 증기가 행한 팽창일과 공업일을 구하라.

답 x_2=0.9616, v_2=1.6290m^{3}kg

W=779.03kJ, W_t =988.28kJ

12. 관내에 흐르고 있는 압력 500kPa의 습증기를 교축 열량계에 주입하였더니 압력은 100kPa, 온도는 110℃가 되었다. 처음의 습증기의 건도를 구하라.

답 x_1=0.9751

참 고 문 헌

(1) 工業熱力學, 徐正閏, 請文閣, 1989.

(2) 工業熱力學, 金東鎭 외 2인, 文運堂, 1990.

(3) 基礎工業熱力學, 徐正潤 & 崔炳輪, 喜重堂,1986.

(4) 機械熱力學, 徐延一 & 趙珍鎬, 東明社, 1982.

(5) Technische Waermelehre, F.W.Winter, Verl. Girardet, Essen, 1972.

(6) Thermodynamik, H.D. Baehr, Springer-Verl, 1981.

(7) Introduction to Thermodynamics Classcal and Statistical, R.E. Sonntag, John Wiley & sons, 1982.

(8) Thermodynamics for Engineers, J. S. Doolittle, F. J. hale, John Wiley & Sons, 1984.

제7장 증기동력 사이클

이 장에서는 주로 증기 동력 사이클의 이상 사이클들에 대해서 살펴보기로 한다. 즉, 기본 사이클인 랭킨 사이클과 열효율의 향상을 위하여 랭킨 사이클을 개선하여 만든 재열 사이클, 재생 사이클, 재열-재생 사이클 등을 고찰한다. 그리고 끝으로 해석상 이상 사이클과 다른 점을 이해하기 위하여 간단한 형태의 실제 사이클이 다루어질 것이다.

7.0 증기 원동소

화석연료 또는 핵연료와 같은 에너지원으로부터 동력을 얻는 기계 설비를 열원동소(heat power plant)라 하며, 열원동소는 다시 작업유체가 증기 또는 가스인가에 따라 **증기 원동소**(steam power plant)와 가스 원동소(gas power plant)로 구분된다.

증기 원동소에서는 보일러에서 생성된 고온·고압의 증기가 증기터빈에서 팽창하여 기계적 일 에너지인 동력으로 변환되며, 이 때 동력이 다시 직결된 발전기를 통해 전력으로 변환하여 방출되는 증기 원동소를 화력 발전소라고 한다.

증기 원동소에서는 그림 7·1과 같은 일련의 에너지 변환이 일어나므로, 기본적인 주요 구성요소로 그림 7·2의 (a)에서 보는 바와 같이 보일러, 증기터빈, 복수기, 급수펌프 등을 들 수 있다. 통상의 증기 원동소(석유, 중유 등의 화석연료를 사용하는)에서는 먼저 연료의 화학 에너지가 보일러의 연소실에서 연소에 의하여 열에너지로 변환하여 연소가스로 전달된다. 연소가스가 증기 발생기 및 과열기의 전열면과 접촉할 때 생성된 고온· 고압의 증기는 증기터빈에서 팽창하여 증기에 저장된 열에너지의 일부를 열에너지, 즉 동력으로 변환시킨다.

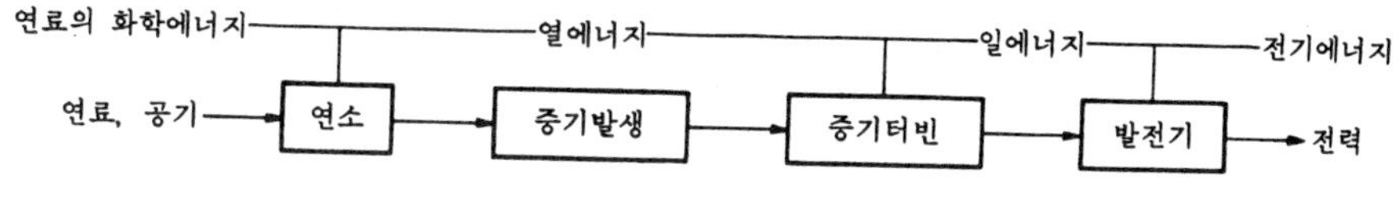

그림 7·1 증기 원동소에서의 에너지 변환과정

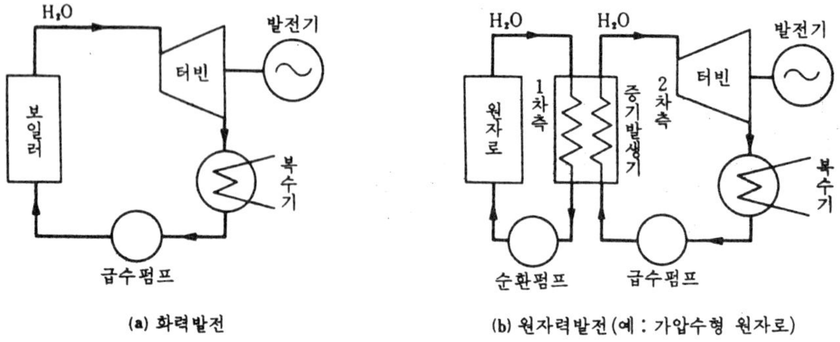

그림 7·2 증기원동소의 기본 계통도

팽창하여 온도와 압력이 감소된 저온·저압의 증기는 복수기를 지나면서 동력으로 변환되지 못한 나머지 열에너지를 복수기의 냉각기에 버리고 응축된다. 응축된 복수는 급수펌프로 보일러의 압력까지 가압되어 다시 보일러로 급수되며, 이것으로 증기 원동소의 한 증기동력 사이클이 완료된다.

한편, **원자력발전**에서는 1차 사이클의 냉각재(H_2O, Na, He, CO_2)가 방사능을 갖게 되므로, 터빈으로 보내는 수증기를 일종의 열교환기인 증기 발생기를 사용하여 2차 또는 3차 사이클에서 생성하도록 한다. 예를 들어, 그림 7·2의 (b)에서 보는 것과 같은 가압수형 원자로는 원자로 내에서 비등이 일어나지 않도록 1차 사이클의 냉각재(물)를 가압한 상태에서 핵분열에 의해 발생한 열로 고온·고압수를 만든다. 그리고 이것을 증기 발생기로 보내어 2차 사이클의 물과 열교환을 시켜서 생성된 수증기를 터빈으로 보낸다.

7.1 랭킨 사이클

랭킨 사이클은 Rankine과 Clausius에 의해 고안된 증기동력 사이클로서, 카르노 사이클을 이론적인 이상 사이클이라 할 때 랭킨 사이클은 증기 원동소의 실제적인 이상 사이클의 기본 사이클이다. 그림 7·3과 그림 7·4는 각각 랭킨 사이클의 계통도와 $p-v$, $T-s$ 및 $h-s$ 선도를 나타낸 것이다.

랭킨 사이클을 구성하는 부분과정들은 다음과 같다.

1→2 : 터빈에서 고온·고압의 과열증기를 복수기 압력(p_2)까지 가역단열 팽창(등엔트로피 팽창, s=const.) 시키는 과정

2→3 : 복수기에서 팽창을 끝낸 저온·저압의 증기를 포화수로 등온·등압 냉각하여 복수(p=const.) 시키는 과정

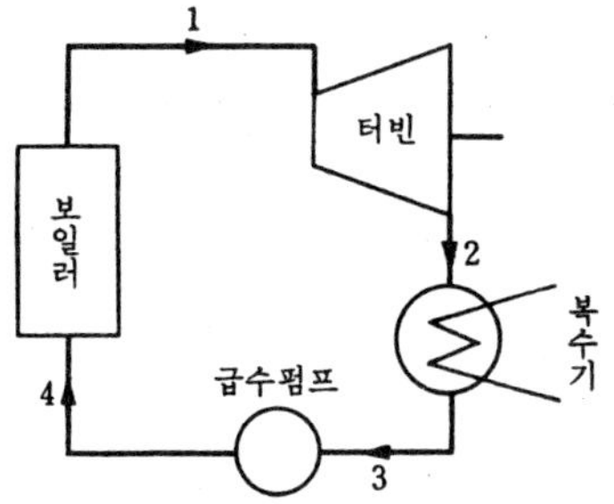

그림 7·3 랭킨 사이클의 계통도

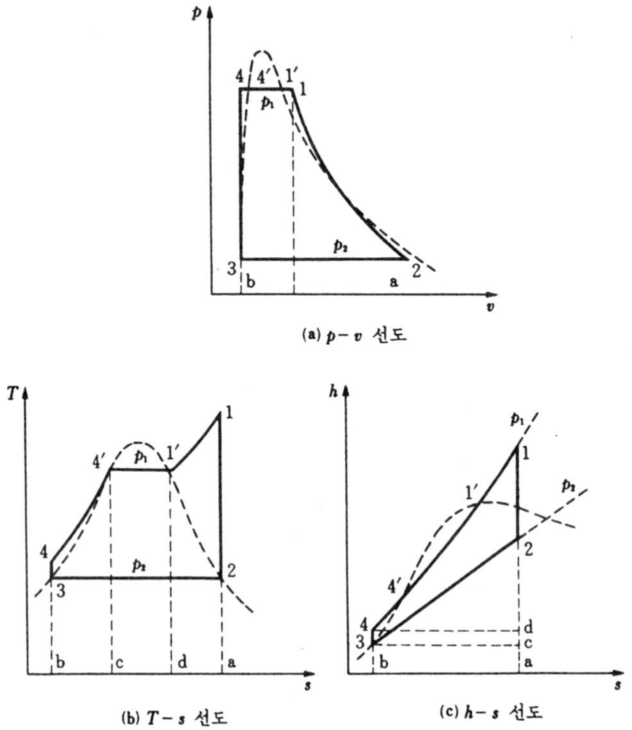

그림 7·4 랭킨 사이클의 각종 선도들

3→4 : 급수펌프로 포화수를 보일러 압력(p_1)까지 가역단열 압축하여 보일러로 급수 (등엔트로피 압축 s=const.) 시키는 과정

4→1 : 보일러에서 급수된 고압의 물을 고온의 과열증기로 등압가열(p=const.) 하는 과정

랭킨 사이클이 카르노 사이클에 비해 실제적인 이유는, 그림 7·4의 선도에서 보는 바와 같이 급수(4)가 포화수의 상태까지 가열되며(4→4′), 또한 건포화 증기 (1′)가 가열되는 과정(1′→1)이 카르노 사이클과 같이 등온이 아닌 등압 과정이기 때문이다. 만약, 이 과정이 등온이 되려면 압력을 강하시키면서 가열해야 하는데, 이것은 사실상 실현이 어렵다.

열효율(thermal efficiency)이란 열원동소에 공급된 열에너지가 얼마나 유용하게 이용되었는지, 즉 공급된 열에너지 Q_1 중 얼마나 목적 에너지인 동력 W로 변환되었는가에 대한 척도로서, 증기 원동소나 가스 원동소에서 성능 평가의 가장 중요한 기능이 되며 다음과 같이 정의한다.

$$\eta_{th} = \frac{\text{목적에너지}}{\text{공급에너지}} = \frac{W}{Q_1} = \frac{M \cdot w}{M \cdot q_1} = \frac{M \cdot (w_T - w_P)}{M \cdot q_1} = \frac{w}{q_1} \quad (7 \cdot 1)$$

따라서, 랭킨 사이클의 열효율도 식 (7·1)의 정의에 따라 구할 수 있다. 이 식에서 M 은 작업유체의 질량 유량을 말한다.

작업유체 1kg당 증기 발생을 위해 보일러에 공급한 열량을 q_1, 복수기에서의 방출열량을 q_2, 증기터빈에서 발생한 팽창일을 w_T, 보일러로 급수하기 위하여 펌프에서 소유한 펌프일을 w_P, 그리고 한 사이클당 발생한 유용일을 $w = w_T - w_P$ 라 할 때, 작업유체가 각 과정을 겪는 동안에 주고받는 에너지량들은 에너지 보존의 법칙에 따라 다음과 같으므로

$$\text{공급열량 :} \quad q_1 = h_1 - h_4 \quad (7 \cdot 2)$$

$$\text{방출열량 :} \quad q_2 = h_2 - h_3 \quad (7 \cdot 3)$$

터빈일 : $w_T = h_1 - h_2$ (7・4)

펌프일 : $w_P = h_4 - h_3 = v' \cdot (p_1 - p_2)$ (7・5)

랭킨 사이클의 열효율 η_R는 다음과 같이 구할 수 있다.

$$\eta_R = \frac{w}{q_1} = \frac{w_T - w_P}{q_1}$$

$$= \frac{(h_1 - h_2) - (h_4 - h_3)}{h_1 - h_4} = \frac{(h_1 - h_2) - w_P}{h_1 - h_4} \qquad (7 \cdot 6)$$

식 (7・5)에서 p_1과 p_2는 각각 보일러와 복수기의 압력으로 복수는 급수펌프에 의해 p_2에서 p_1으로 압축된다. 이 때 물의 비체적은 압력의 영향을 거의 받지 않으므로, 펌프일 w_P는 이 식의 맨 우변과 같이 근사적으로 복수기 압력하의 포화수 비체적 v'와 압력 변화의 곱으로 구하기도 한다.

포화수의 비체적 v'는 포화증기의 비체적 v''에 비해 매우 작다 ($v' \ll v''$). 따라서, 급수를 압축할 때 소요되는 펌프일 $w_P = \int v' dp$ 는 증기를 팽창할 때 얻게 되는 터빈일 $w_T = -\int w' dp$보다 상당히 작으므로, 많은 경우 급수 펌프일을 무시하기도 한다. 이 경우 압축 후의 상태 h_4는 근사적으로 복수기를 나올 때의 포화수 상태 h_3과 같다고 볼 수 있으므로, 식 (7・6)의 열효율 η_R 는 근사적으로 다음과 같이 표현 할 수도 있다.

$$\eta_R = \frac{h_1 - h_2}{h_1 - h_4} = \frac{h_1 - h_2}{h_1 - h_3} \tag{7·7}$$

식 (7·7)을 보면 랭킨 사이클의 열효율 η_R가 향상되기 위해서는 되도록이면 h_1이 크고 h_2는 작아야 한다. 그런데 엔탈피가 온도와 압력의 함수이므로, 즉 $h = f(t, p)$이므로 h_1을 증대하기 위해서는 증기터빈으로 들어가는 증기의 온도 t_1과 압력 p_1을 높게 하고, h_2를 작게 하려면 터빈을 나오는 배기의 압력, 즉 복수기의 압력 p_2를 낮추어야 한다. 이것은 t_1, p_1, p_2를 각각 초온, 초압 및 배압이라 부를 때 랭킨 사이클의 열효율 η_R를 향상시키려면 가능한 한 증기의 초온과 초압을 높이면서 배압을 낮추어야 함을 의미한다.

그림 7·5의 (a)는 증기의 초온과 초압이 증가할 때 열효율이 향상되는 것을 보여주고 있다. 초온의 증가는 추가의 공급 열량, 즉 q_1의 증가를 의미한다. 그런데 추가로 공급한 q_1이 모두 유용한 일로 변환될 수 없으므로, 이 때에는 복수기의 냉각수에 무익하게 버려지는 방출 열량 q_2도 따라서 증가하게 된다. 이것은 에너지의 낭비를 의미하므로 에너지의 효율적 이용이라는 측면에서 방출 열량의 일부를 사이클 내로 회수해 주어야 하는 문제가 나타난다. 또한 열효율 향상을 위하여 초온을 높이려 할 때에는 재료의 내열성(통상적인 증기 원동소에서의 가열한계는 535℃정도)도 고려해야 한다.

그림 7·5의 (a)는 그 밖에도 일정 초온에서 초압을 증가시킬 때 열효율이 증가하지만 그 증가율이 점점 감소하며, 또한 낮은 초온하에서 초압의 증가는 오히려 열효율이 감소되는 것을 보여 주고 있다. 이것은 초압이 높을수록 배기의 건도가 감소하므로 터빈 내의 수분증가가 마찰 손실과 터빈날개(turbine blade)의 부식 등을 초래하여 열효율 감소의 원인이 된다.

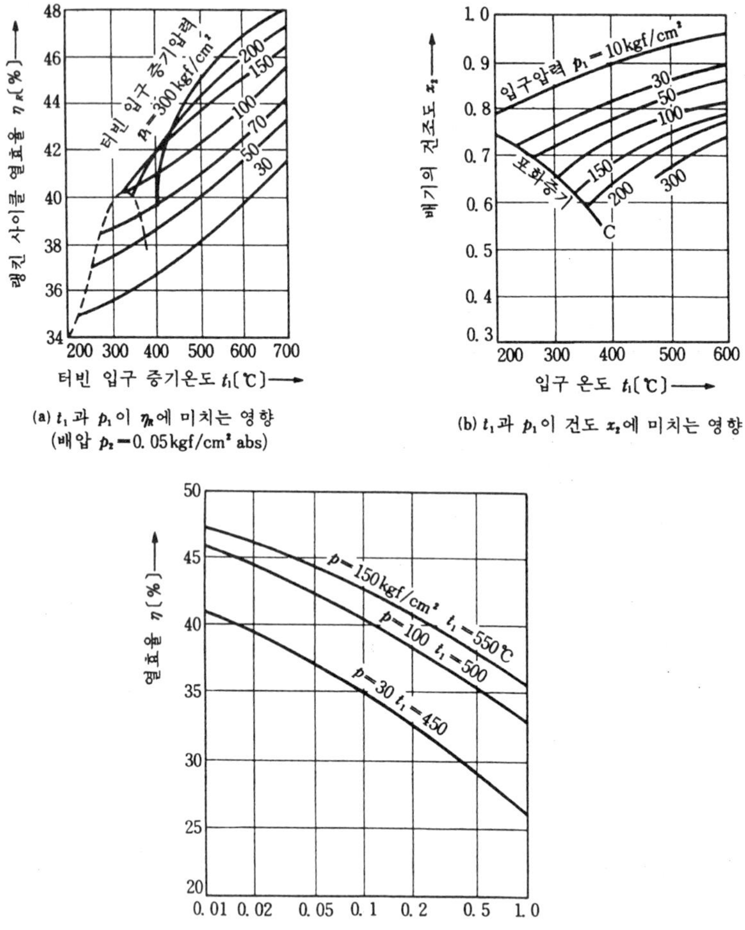

(a) t_1과 p_1이 η_R에 미치는 영향 (배압 p_2=0.05kgf/cm² abs)

(b) t_1과 p_1이 건도 x_2에 미치는 영향

(c) 배압 p_2가 η_R에 미치는 영향

그림 7·5 증기의 초온과 초압 및 배압이 랭킨 사이클의 열효율에 미치는 영향

그림 7·5의 (b)는 증기의 초온이 감소하거나 초압이 증가할 때 배기의 건도(quality) x_2가 감소되는 것을 보여 주고 있다. 이것은 앞에서 언급한 바와 같이 배기 내의 수분 증가로 인해 초래되는 터빈의 부식 및 마찰손실의 증가를 의미하므로, 초압을 결정할 때는 이런 문제를 방지하기 위하여 팽창 후 배기의 건도가 x_2=0.85(습도:1- x_2=0.15) 이상이 되도록 한다. 여기서 열효율 향상을 위한 초압 상승은 건도 x_2에 제한을 받음을 알 수 있다.

그림 7·5의 (c)는 증기의 배압, 즉 복수기의 압력이 감소 될 경우 랭킨 사이클의 열효율 η_R가 증가하는 것을 보여 주고 있다. 이것은 배압을 낮출수록 일정한 공급열량 q_1하에서 방출 열량 q_2가 감소하고, 또 q_2의 감소분만큼 유용일 w가 증가하기 때문이다. 그러나 이 때는 건도 x_2도 감소되므로 배압을 낮추는 데에는 한계가 있다.

한편, 복수기의 냉각수에 방출하는 총열량 은

$$Q_2 = M \cdot (h_2 - h_3) = M_w \cdot C_{pw} \cdot \ (t_{2w} - t_{1w})$$

와 같이 되므로, 배압을 강하시킬 때는 복수기로 들어오는 냉각수의 온도 t_{1w}와 냉각수의 유량 M_w도 고려해야 한다. 여기서 h_2, h_3는 각각 복수기 입구· 출구에서의 작업유체의 비엔탈피이며, C_{pw}와 t_{2w}는 냉각수의 비열과 출구의 온도이다. 대용량의 증기 원동소에서는 배압을 보통 p_2=0.05kgf/cm^{2}abs로 하는 것이 표준으로 되어 있다.

이상과 같이 랭킨 사이클에서 증기의 초온과 초압을 높이고 배압을 낮추어 줄 때 사이클의 열효율이 향상되지만, 다른 한편으로 재료의 내열성에 의한 가열한계, 방출열량 q_2의 증가 및 배기의 건도 x_2가 감소하게 되는 문제가 나타난다. 이로 인해 실제의 대용량 증기 원동소에서는 랭킨 사이클의 이런 점들을 보강해주는 개선 사이클이 채용되고 있다.

예제 7.1

랭킨 사이클로 작동하는 증기 원동소에서 500℃, 5.0MPa의 증기가 증기터빈에 공급되고, 복수기의 압력이 5.0kPa라 할 때 다음 값을 구하라.

① 배기의 건도
② 열효율
③ 1kWh의 동력 발생을 위한 증기 소비율

풀이

<부록 8>의 과열 증기표에서: t_1=500℃, p_1=5.0mPa일 때

h_1=3433.8kJ/kg, s_1=6.9759kJ/kg · K

<부록 7>의 포화 증기표에서: p_2=5.0kPa일 때

s''=8.4025kJ/kg · K, s'=0.4718kJ/kg · K, $s''-s'$=7.9307kJ/kg · K

h''=2560.9kJ/kg, $h'=h_3$=136.5kJ/kg, $h''-h'$=2424.4kJ/kg

$s_2=s_1$=6.9759kJ/kg · K

$s'=0.4718<s_2<s''=8.4025$

따라서 $h_2=h(p_2$=5.0kPa, $s_2=s_1$=6.9759kJ/kg · K) ; 습증기 상태

① 배기의 건도 x_2 : 식 (7·6)을 이용하여

$$x_2 = \frac{s_2 - s'}{s'' - s'} = \frac{6.9759 - 0.4718}{7.9307} = 0.8201 = 82\%$$

② 열효율: 식 (7·6)을 이용하여

$$\eta_R = \frac{(h_1 - h_2) - (h_4 - h_3)}{h_1 - h_4} = \frac{(h_1 - h_2) - w_p}{h_1 - h_4}$$

$$= \frac{(3433.8 - 2124.8) - 5.02}{3433.8 - 141.52} = 0.396 = 39.6\%\text{kJ/kg}$$

$$h_4 = w_p + h_3 = 5.02 + 136.5 = 141.52\text{kJ/kg}$$

w_P는 식 (7·5)로부터

$= w_P = h_4 - h_3 = v_3 \cdot (p_1 - p_2)0.001005\text{m}^3/\text{kg} \cdot (5000-5)\text{kN/m}^2$

$=5.02\text{kJ/kg}$

여기서 $v_3 = v'(p_2=5.0\text{kPa}) = 0.001005\text{m}^3/\text{kg}$

③ W=1kWh=3600kJ의 동력발생을 위한 증기소비율을 M 이라 할 때

$W = M \cdot w$로부터 증기 소비율은 $W = M/w$이므로

$w = w_T - w_P = (h_1 - h_2) - w_P = (3433.8-2124.8)-5.02 = 1303.98\text{kJ/kg}$

$M = 3600/1303.98 = 2.761\text{kg/kWh}$

7.2 재생 사이클

랭킨 사이클에서 증기의 초온을 높이는 것은 열효율을 향상시키는 데 효과가 있다. 그러나 이 때는 복수기의 냉각수에 아주 무익하게 버려지는 방열량이 증가한다. 따라서, 방열량 Q_2의 일부를 사이클 내로 회수 할 수 있는 개선 사이클이 필요하다. 이를 위해 **재생 사이클**(regenerative cycle)이 사용된다. 재생 사이클이란 추기(抽氣) 급수 가열(bleed steam feedwater feating)을 행하여 방열량 Q_2를 감소함으로써 사이클의 열효율을 높일 수 있는 랭킨 사이클의 개선 사이클이다. 이 사이클에서는 그림 7·6 또는 그림 7·7과 같이 증기를 모두 복수기로 보내지 않고 터빈에서 팽창 도중에 증기의 일부를 추기하여 급수를 예열하는 데 사용한다.

랭킨 사이클과 비교할 때 재생 사이클에서는 유용일 w가 약간 감소하지만, 방열량이 감소하고 또 추기의 증발 잠열만큼 보일러에서 실제로 증기 발생을 위해 외부로부터 공급해야 하는 열량 Q_1도 감소되기 때문에 열효율이 향상된다.

재생 사이클에서 사용되는 **급수 가열기**로는 혼합형과 표면 접촉형이 있으며 그림 7·6과 그림 7·7에 각각 이 두 형의 급수 가열기를 갖는 2단 추기의 재생 사이클에 대한 계통도와 이들 사이클에서의 상태변화 과정이 $T-s$선도에 표시되어 있다.

이 중 그림 7·6에 의하면, 보일러에서 발생된 고온·고압의 증기 M kg이 터빈에서 등 엔트로피 팽창을 하는 도중에 상태 7가 10에서 각각 M_1, M_2kg 만큼 추가되어 각기 고압 급수 가열기 H_1과 저압 급수 가열기 H_2로 들어간다. 그곳에서 추기는 급수펌프에 의하여 4와 6의 상태로 가압된 급수와 혼합하여 각각 5와 8의 포화수 상태로 가열하고 자신은 복수된다. $T-s$선도에서 면적 1-13-d-f-2는 추기에 의한 방열량의 감소, 면적 7-9-11-12-12-2-7은 유용일의 감소, 또 면적 8-6-5-4-a-c-8은 공급열의 감소를 나타낸 것이다.

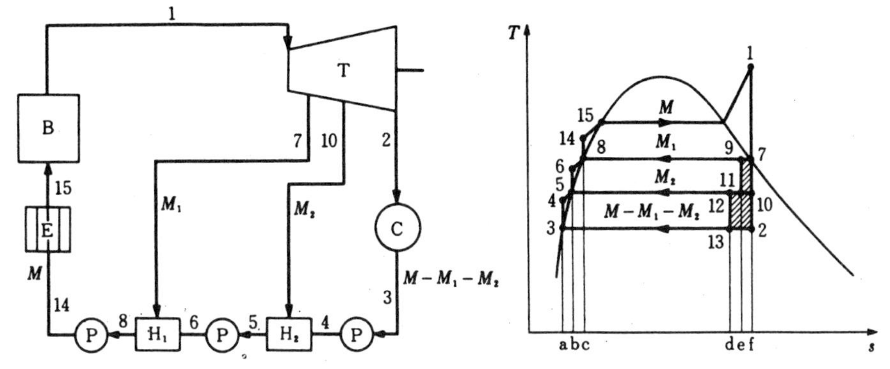

그림 7·6 혼합형 급수 가열기를 갖는 2단 재생 사이클의 계통도와 $T-s$선도

여기서 구간 7-9와 11-12는 추기에 의한 작업 증기열의 감소($-dq_{p,T}$)를 편의상 증기의 비엔트로피 감소($-ds$)에 비례하여 표시한 것이다. 이는 p, T가 일정한 습증기 구역에서는 $dQ_{p,T}=M_n \cdot dq_{p,T}=M_n \cdot dh_{p,T}=M_n \cdot T \cdot ds$라는 열역학적 관계식을 따르기 때문이다. 여기에서 $dq_{p,T}$ 와 M_n 은 각각 추기의 단위 질량 당 증발 잠열 및 추기 질량이다.

면적 7-9-e-f-7과 11-12-d-e-11은 각각 상태 7과 10에서 추기 될 때 추기와 함께 급수 가열기로 나가는 열량을 표시한 것이며, 이것은 각각 고압 급수 가열기 H_1과 저압 급수 H_2에서 급수가 전달받는 열량을 표시한 면적 8-6-b-c-8 및 5-4-a-b-5와 같다. 따라서, 실제로 보일러에서 1kg의 증기 발생을 위해 외부로부터 공급되는 열량 q_1은 절탄기가 없는 경우 $T-s$ 선도상의 면적 14-15-1-f-c-14와 같다.

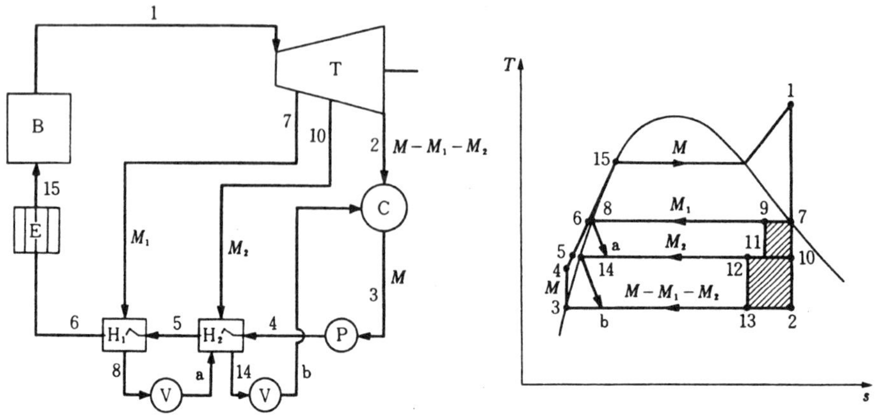

(B : 보일러, C : 복수기, E : 절탄기, H_1 : 고압급수 가열기
H_2 : 저압급수 가열기, P : 펌프, T : 터빈, V : 교축밸브)

그림 7·7 표면 접촉형 급수 가열기를 갖는 2단 재생 사이클의 계통도와 $T-s$선도

그림 7·6 및 그림 7·7과 같이 2단 추기를 행하는 재생 사이클의 열효율을 구하면 다음과 같다.

$$\eta_{Reg} = \frac{(h_1 - h_2) - \{m_1 \cdot (h_7 - h_2) + m_2 \cdot (h_{10} - h_2)\} - w_P}{h_1 - h_{15}} \qquad (7 \cdot 8)$$

여기서 { } 안은 추기에 의한 터빈 일의 감소량이므로, n 단의 추기를 행하는 재생 사이클의 열효율은 다음과 같이 표현된다.

$$\eta_{Reg} = \frac{(h_1 - h_2) - \left\{ \sum_{k=1}^{n} m_k \cdot (h_n - h_2) \right\} - w_P}{h_1 - h_e} \qquad (7 \cdot 9)$$

윗 식들에서 m_1, m_2, m_k 는 추기량 비, h_n은 추기점의 비엔탈피, 그리고 h_{15}, h_e는 보일러로 들어갈 때의 비엔탈피, 즉 급수의 최종 비엔탈피이다.

추기량 비 m_1, m_2 는 각각 고압 급수 가열기 및 저압 급수 가열기와 관계하여 총 작업 증기 질량 M 에 대한 추기 질량 M_1, M_2의 비로 다음과 같이 정의한다.

$$m_1 = \frac{M_1}{M}, \quad m_2 = \frac{M_2}{M} \qquad (7 \cdot 10)$$

만약, { }로 표시된 추기에 의한 터빈 일의 감소와 펌프 일 w_P 를 생략 할 경우, 식 (7・9)의 열효율은 근사적으로 다음과 같이 표현된다.

$$\eta_{Reg} = \frac{h_1 - h_2}{h_1 - h_e} \qquad (7 \cdot 11)$$

급수 가열기에는 두 유체간의 접촉방법에 따라 그림 7・6 과 그림 7・7 에서 보는 바와 같이 혼합형인 개방형 급수 가열기(open feedwater heater)와 표면 접촉형인 밀폐형 급수 가열기(closed feedwater heater)가 있는데, 이들에 대한 추기량 비는 각 급수 가열기에 대한 에너지 수지를 세울 때 다음과 같이 구할수 있다.

(1) 혼합형 급수 가열기를 갖는 재생 사이클

$$m_1 = \frac{h_8 - h_6}{h_7 - h_6}, \quad m_2 \frac{(1 - m_1) \cdot (h_5 - h_4)}{h_{10} - h_4} \qquad (7 \cdot 12)$$

(2) 표면 접촉형 급수 가열기를 갖는 재생 사이클

$$m_1 = \frac{h_6 - h_5}{h_7 - h_8}, \quad m_2 = \frac{(h_5 - h_4) - m_1 \cdot (h_8 - h_{14})}{h_{10} - h_{14}} \quad (7 \cdot 13)$$

식 (7·13)을 구할 때는 급수 가열기의 전열효율(傳熱效率)이 100%라고 가정하여 각 급수 가열기를 떠나는 추기 응축수와 예열 된 압축수의 온도가 $T_6 = T_8$, $T_5 = T_{14}$ 라하고, 이 때의 비엔탈피를 근사적으로 다음과 같이 구하였다.

$$h_6 = h'(T_6), \quad h_8 = h'(T_8) \rightarrow h_6 = h_8$$

$$h_5 = h'(T_5), \quad h_{14} = h'(T_{14}) \rightarrow h_5 = h_{14} \quad (7 \cdot 14)$$

그리고 급수 가열기를 나오는 추기 응축수는 그림 7·7 에서 보는 바와 같이, 각각 교축밸브(throttle valve)를 지나면서 등엔탈피 팽창($h_8 = h_a$, $h_{14} = h_b$)을 한 후 바로 아래 저압단의 응축수와 합쳐지는 점을 고려하였다.

예제 7.2

그림 7·8과 같이 표면 접촉형(H_1)과 혼합형(H_2) 급수 가열기를 갖는 2단의 재생 사이클 증기 원동소가 있다. 500℃, 7MPa의 과열증기가 터빈에 공급되는 5.0 kPa의 복수기 압력까지 팽창을 하는 도중, 압력이 5MPa 및 1MPa가 될 때 각 증기의 일부를 추기하여 급수 가열기로 보낸다. 다음을 구하라. 단, 펌프 일은 생략한다.

① 열효율 η_{Reg}

② 증기유량이 M=5kg/s일 때의 출력과 추기량

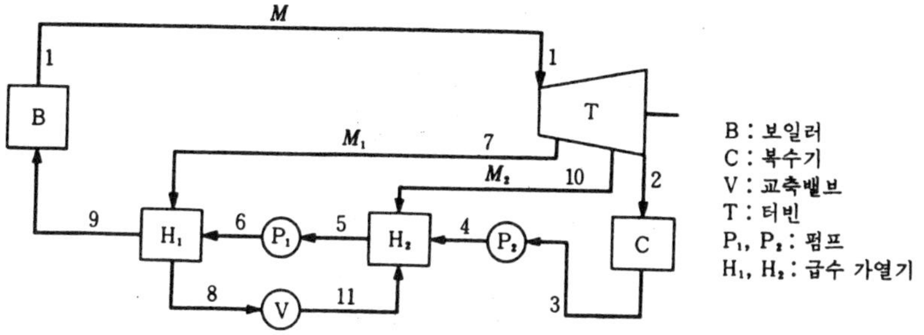

그림 7·8 표면 접촉형과 혼합형 급수 가열기를 갖는 2단 재생 사이클의 계통도

풀이

① 열효율 : 식 (7·9)를 참고하여

$$\eta_{Reg} = \frac{(h_1 - h_2) - m_1 \cdot (h_7 - h_2) + m_2 \cdot (h_{10} - h_2) - w_P}{h_1 - h_9}$$

과열 증기표 또는 $T-s$ 선도에서

$h_1 = h(t_1 = 500℃,\ p_1 = 7\text{MPa}) = 3410.3\text{kJ/kg}$

$s_1 = s(t_1 = 500℃,\ p_1 = 7\text{MPa}) = 6.7975\text{kJ/kg} \cdot \text{K}$

$s_7 = s_1 = 6.7975 > s''(p_7 = 5\text{MPa}) = 5.9734\text{kJ/kg}\cdot\text{K}$; 과열 증기 상태

$h_7 = h(p_7 = 5\text{MPa},\ s_7 = 6.7975\text{kJ/kg}\cdot\text{K}) = 3301.48\text{kJ/kg}$

h_7은 내삽법을 이용하여 과열 증기표에서 구한다.

	$s=6.6459$	$h=3195.7$
$p_7=5\text{MPa}$,	$s_7=6.7975\text{kJ/kg}\cdot\text{K}$	$h_7=3305.08\text{kJ/kg}$
	$s=6.9759$	$h=3433.8$

$$h_7 = 3195.7 + (3433.8 - 3195.7)\cdot\frac{(6.7975-6.6459)}{(6.9759-6.6459)} = 3305.08$$

$s_{10} = s_1 = 6.7975 > s''(p_{10} = 1\text{MPa}) = 6.5865\text{kJ/kg}\cdot\text{K}$; 과열증기 상태

$h_{10} = h(p_{10} = 1\text{Mpa},\ s_{10} = 6.7975\text{kJ/kg}\cdot\text{K}) = 2878.0\text{kJ/kg}$

h_{10}은 과열 증기표에서 내삽법을 이용하여 구한다.

	$s=6.7914$	$h=2874.9$
$p_{10}=1\text{MPa}$,	$s_{10}=6.7975\text{kJ/kg}\cdot\text{K}$	$h_{10}=2878.0\text{kJ/kg}$
	$s=6.9247$	$h=2942.6$

<부록 7>의 포화 증기표 또는 증기선도에서 , p_2=5.0kPa일 때

s'=0.4718kJ/kg · K, s''=8.4025kJ/kg · K, $s''-s'$=7.9307kJ/kg · K

$h'=h_3=h_4$=136.5kJ/kg, h''=2560.9kJ/kg

$h_2=h(p_2$=5.0kPa, $s_2=s_1=6.7975<s_5''$=8.4025kJ/kg · K);습증기 상

태

$=h'+x_2\cdot(h''-h')$=136.5+0.7976 · 2424.4=2070.2kJ/kg

$$\text{건도 } x_2=\frac{s_2-s'}{s''-s'}=\frac{6.7975-0.4718}{7.9307}=0.7976$$

$h_9=h_8=h'(p_8=p_7$=5MPa$)=h_{11}$=1154.23kJ/kg

$h_6=h_5=h'(p_5=p_{10}$=1MPa)=762.81kJ/kg

추기량 비 $m_1=\dfrac{M_1}{M}$, $m_2=\dfrac{M_2}{M}$: 각 급수가열기에 대한 에너지 수지로부터

[표면 접촉형 급수가열기 H_1]

에너지 수지 :

$$h_7\cdot M_1+h_6\cdot M=h_8\cdot h_1+h_9\cdot M$$

$$h_7\cdot m_1+h_6=h_8\cdot m_1+h_9$$

$$m_1=\frac{h_9-h_6}{h_7-h_8}=\frac{1154.23-762.81}{3305.08-1154.23}=0.182$$

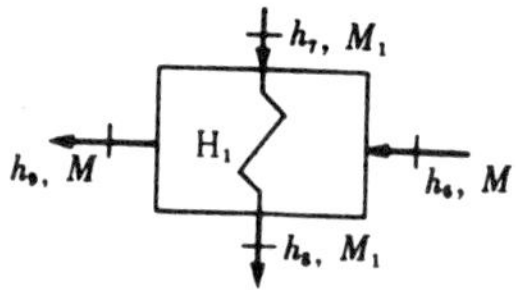

그림 7·9 표면 접촉형 급수 가열기

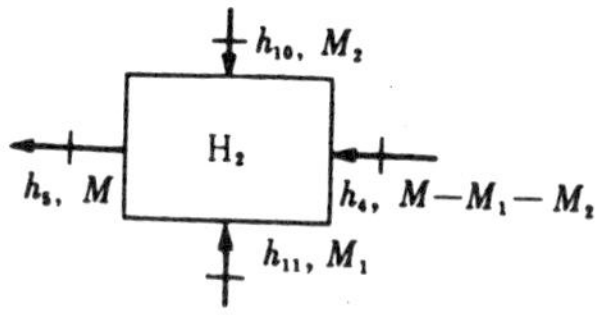

그림 7·10 혼합형 급수 가열기

[혼합형 급수 가열기 H_2]

에너지 수지 : $h_{10} \cdot m_2 + h_4 \cdot (1 - m_1 - m_2) + h_{11} \cdot m_1 = h_5$

$$m_2 = \frac{(h_5 - h_4) - m_1 \cdot (h_{11} - h_4)}{h_{10} - h_4}$$

$$= \frac{762.8 - 136.5 - 0.182 \cdot (1154.2 - 136.50)}{2878.0 - 136.5}$$

$$= 0.1609$$

이로써 재생 사이클의 열효율 η_{Reg}는

$$\eta_{Reg}=\frac{(3410.3-2070.2)-\{0.182\cdot(3305.1-2070.2)+0.161\cdot(2878.0-2070.2)\}}{3410.3-1154.23}$$

② 증기유량이 M=5kg/s일 때의 출력 W와 추기량 M_1과 M_2

$$W=\eta_{Reg}\cdot Q_1=\eta_{Reg}\cdot M\cdot(h_1-h_9)$$

$$=0.4367\cdot 5\cdot(3410.3-1154.23)=4926.13\text{kW}$$

$$M_1=m_1\cdot M=0.182\cdot 5=0.91\text{kg/s}$$

$$M_2=m_2\cdot M=0.1609\cdot 5=0.8045\text{kg/s}$$

7.3 재열 사이클

랭킨 사이클에서 열효율을 향상시키는 수단으로 증기의 초온과 초압을 높이고 배압을 낮추어야 함을 보았다. 그러나 앞에 설명한 바와 같이 초압을 높이거나 배압을 낮추려 할 때는 터빈을 나오는 배기의 건도 x_2가 감소한다. 즉, 습도(1-x_2)가 증가되므로 마찰 손실과 터빈 익 재료의 부식을 초래하여 오히려 열효율을 떨어뜨리기도 한다. 이러한 문제를 해결하기 위하여 그림 7·11과 같은 재열 사이클(reheat cycle)을 채용한다. 이 사이클에서는 랭킨 사이클과 같이 증기를 한번에 복수기의 압력까지 팽창시키지 않고, 터빈에서 팽창 도중의 증기를 다시 모두 끌어내어 보일러에서 재 가열(6→7)시킨

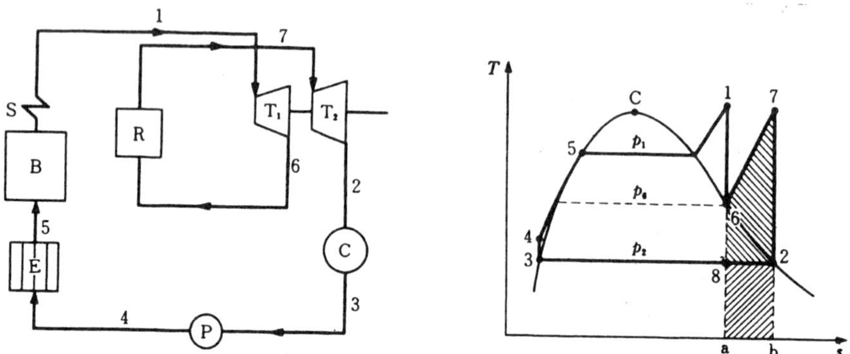

(B : 보일러, C : 복수기, E : 절탄기, P : 급수펌프
R : 재열기, S : 과열기, T_1 : 고압터빈, T_2 : 저압터빈)

그림 7·11 재열 사이클의 계통도와 $T-s$선도

후 팽창을 속행시킨다.

재열 사이클이란 팽창 중의 증기를 재 가열함으로써 배기의 건도와 평균 가열 온도(=초온 증가의 효과)를 증가시켜 열효율 향상을 도모하는 랭킨 사이클의 개선 사이클이다.

그러나 터빈으로 들어가는 증기의 초온과 초압이 낮거나 재열 온도가 낮으면 재가열을 위해 추가로 공급한 열량에 비해 얻게 되는 유용일 w가 적어서 열효율이 오히려 저하될 수 있다. 따라서, 재열 사이클을 이용하여 열효율을 향상시키려면 적어도 터빈으로 들어가는 증기의 초온과 초압이 t_1=510℃, p_1=9MPa이상이 되도록 한다. 실제로 대용량 증기 원동소에서는 초 임계압의 다단 재열 사이클을 채용한다. 그러나 이 때는 재 가열에 따르는 장치의 복잡함 외에 저압에서의 재 가열과 팽창에 의하여 증기의 비체적이 급격히 증가하여 증기 배관과 증기 터빈 저압단의 설비가 과대해진다. 이것은 소출력의 증기 원동소에서 재열 사이클을 사용하는 것이 오히려 경제적으로 불리해질

수도 있음을 의미한다.

재열 사이클의 열효율은 식 (7 · 1)의 정의로부터 다음과 같이 구한다.

$$\eta_{RH} = \frac{w_T - w_P}{q_1} = \frac{(h_1 - h_6 + h_7 - h_2) - (h_4 - h_3)}{(h_1 - h_4) + (h_7 - h_8)}$$

$$= \frac{h_1 - h_2 + q_{RH} - w_P}{h_1 - h_4 + q_{RH}} \qquad (7 \cdot 15)$$

여기서 재열량 $q_{RH} = h_7 - h_6$, 펌프일 $w_P = h_4 - h_3$

예제 7.3

초온과 초압이 300℃, 2.5MPa인 증기를 증기터빈에서 팽창시키는 도중, 압력이 400kPa가 될 때 증기를 모두 재열기로 보내어 300℃로 재열하여 다시 배압 5.0kPa까지 팽창을 계속한다. 증기 원동소나 이와 같이 재열 사이클로 작동 될 때 열효율을 구하라. 또, 재열하지 않은 랭킨 사이클의 열효율을 비교하라. 이 때 펌프 일은 무시해도 좋다 (그림 7 · 8 참조).

풀이

재열 사이클의 열효율 η_{RH}는 식 (7 · 15)를 이용하여

$$\eta_{RH} = \frac{(h_1 - h_6) + (h_7 - h_2)}{(h_1 - h_4) + (h_7 - h_6)}$$

<부록 8>의 과열 증기표에서

$h_1 = h(t_1 = 300℃,\ p_1 = 2.5\text{MPa}) = 3008.8\text{kJ/kg}$: $s_1 = 6.6438\text{kJ/kg}\cdot\text{K}$
$h_7 = h(t_7 = 300℃,\ p_7 = 400\text{kPa}) = 3066.8\text{kJ/kg}$: $s_7 = 7.5662\text{kJ/kg}\cdot\text{K}$

<부록 7>의 포화 증기표에서 $p_6 = 400\text{kPa}$일 때

$s' = 1.7766\text{kJ/kg}\cdot\text{K}$, $s'' = 6.8959\text{kJ/kg}\cdot\text{K}$, $s'' - s' = 5.1193\text{kJ/kg}\cdot\text{K}$
$h' = 604.74\text{kJ/kg}$, $h'' = 2738.6\text{kJ/kg}$, $h'' - h' = 2133.8\text{kJ/kg}$
$s_6 = s_1 = 6.6438 < s''(p_6 = 400\text{kPa}) = 6.8959\text{kJ/kg}\cdot\text{K}$; 습증기 상태

이것은 6의 상태를 결정하기 위하여 건도가 필요함을 의미한다.

$$x_6 = \frac{s_6 - s'}{s'' - s'} = \frac{6.6438 - 1.7766}{5.1193} = 0.9508$$

$$h_6 = h' + x_6 \cdot (h'' - h') = 604.75 + 0.9508 \cdot 2133.8 = 2633.56\text{kJ/kg}$$

$p_2 = 5.0\text{kPa}$일 때

$s_2 = s_7 = 7.5662 < s''(p_2 = 5.0\text{kPa}) = 8.4025\text{kJ/kg}\cdot\text{K}$; 습증기 상태

$s' = 0.4718\text{kJ/kg}\cdot\text{K}$, $s'' = 8.4025\text{kJ/kg}\cdot\text{K}$, $s'' - s' = 7.9307\text{kJ/kg}\cdot\text{K}$

$h' = 136.5\text{kJ/kg}$, $h'' = 2560.9\text{kJ/kg}$, $h'' - h' = 2424.4\text{kJ/kg}$

$$x_2 = \frac{s_2 - s'}{s'' - s'} = \frac{7.5662 - 0.4718}{7.9307} = 0.8945$$

$h_2 = h' + x_2 \cdot (h'' - h') = 136.5 + 0.8945 \cdot 2424.4 = 2305.13\text{kJ/kg}$

$h_3 = h_4 = h' = 136.5\text{kJ/kg}$(펌프일을 무시할 때)

$s_8 = s_1 = 6.6438 < s''(p_2 = 400\text{kPa}) = 8.4025\text{kJ/kg}\cdot\text{K}$; 습증기 상태

$$x_8 = \frac{6.6438 - 0.4718}{7.9307} = 0.7782$$

$x_8 = h' + x_8 \cdot (h'' - h') = 136.5 + 0.7782 \cdot 2424.4 = 2023.2\text{kJ/kg}$

재열 사이클의 열효율은

$$\eta_{RH} = \frac{(3008.8 - 2633.56) + (3066.8 - 2305.13)}{(3008.8 - 136.5) + (3066.8 - 2633.56)}$$

$= 0.3439 = 34.39\%$

랭킨 사이클의 열효율은 식 (7・2)를 이용하여

$$\eta_R = \frac{h_1 - h_8}{h_1 - h_4} = \frac{3008.8 - 2025.4}{3008.8 - 137.82} = 0.3425 = 34.25\%$$

랭킨 사이클과 비교할 때 열효율의 증가는 미소하다. 이것은 상당히 높은 초온과 초압 이외에는 재열 사이클의 주목적이 열효율 증가보다는 배기의 건도증가에 있음을 알 수 있다.

7.4 재열-재생 사이클

재열-재생 사이클(reheating-regenerative cycle)은 열효율 향상을 위하여 증기의 초온과 초압을 높이고 배압을 낮추려 할 때 나타나는 재료의 내열성에 의한 가열 한계, 방열량 q_2의 증가, 배기의 건도 x_2의 감소 등의 문제들을 해결하기 위하여 그림 7·9와 같이 증기 사이클 내에 각각의 장점을 고려하여 재열과 재생 과정을 조합시킨 사이클이다. 보통 화력 발전소와 같은 대 출력의 증기 원동소에서는 재열-재생 사이클을 채용하며, 흔히 1-2단의 재열 과정과 4-7단의 추기 재생 과정을 조합시킨다.

그림 7·12는 1단 재열과 1단 재생 과정을 갖는 재열-재생 사이클의 계통도와 $T-s$ 선도를 보여 주고 있다.

$T-s$ 선도를 보면, 재생과정을 통하여 면적 2-A-C-D-2에 상당하는 추기(抽氣)의 잠열로, 급수 가열기에서 급수를 6→7로 예열 시킨다. 이로 인해 비록 빗금친 면적 2-A-B-E-2만큼 유용 일이 감소하나 면적 B-C-D-E-B만큼의 방열량과 면적 6-7-G-F-6만큼 공급열량이 감소하게 된다. 또, 재열 과정을 통하여 면적 4-H-D-E-4에 해당하는 방열량은 증가하나 평균 가열온도가 올라가고 배기의 건도가 E→4로 증가하여, 결과적으로 재열-재생 사이클을 이용하면 열효율의 향상과 함께 터빈 내의 마찰손실과 부식요인의 감소로 터빈의 기계적 손실도 감소시킬 수 있다.

그림 7·12와 같은 혼합형의 급수 가열기를 갖는 1단 재열-1단 추기의 재열-재생 사이클의 열효율 η_{RHG}는 다음과 같다.

$$\eta_{RHG} = \frac{w}{q_1} = \frac{w_{T1} + w_{T2} - w_P}{q_B + q_{RH}}$$

$$= \frac{(h_1 - h_2) + (h_3 - h_4) - m_1 \cdot (h_3 - h_4) - w_P}{(h_1 - h_9) + (h_3 - h_2) - m_1 \cdot (h_3 - h_2)} \quad (7 \cdot 16)$$

여기서 w_{T1}과 w_{T2}는 고압터빈 HP 및 저압터빈 LP에서의 팽창일이며, q_B와 q_{RH}는 각각 보일러 본체와 재열기에서의 공급 열량들로 절탄기 E에서의 급수 예열 과정(8→9)까지 고려하면 다음과 같다. 그러나 절탄기가 없다면 가열은 점 8에서 시작한다.

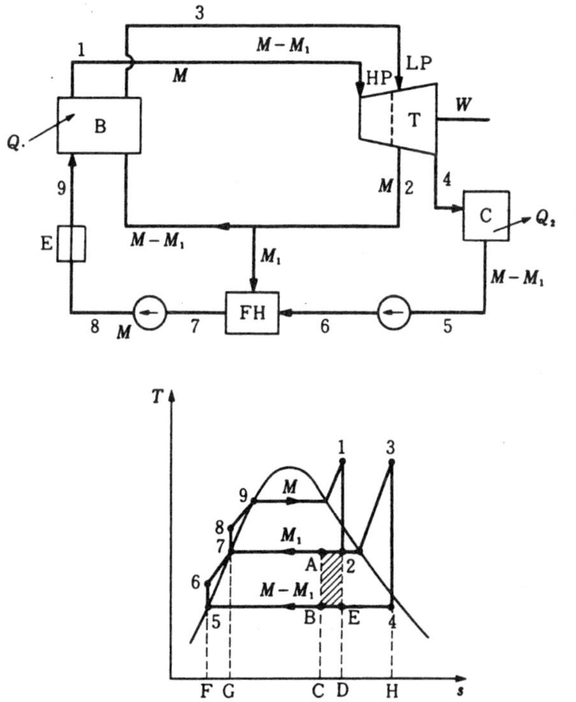

그림 7·12 1단 재열 및 1단 재생 (혼합형)의 재열-재생 사이클

공급열량: $q_1 = q_B + q_{RH} = (h_1 - h_9) + (1 - m_1) \cdot (h_3 - h_2)$

방열량: $q_2 = (1 - m_1) \cdot (h_4 - h_5)$

터빈일: $w_T = w_{T1} + w_{T2} = (h_1 - h_2) + (1 - m_1) \cdot (h_3 - h_4)$

급수 펌프일: $w_P = w_{P1} + w_{P2} = (1 - m_1) \cdot (h_6 - h_5) + (h_8 - h_7)$

추기량비 m_1은 급수가열기에 대해 에너지수지를 세울 때 다음과 같이 구할 수 있다.

$$m_1 = \frac{h_7 - h_6}{h_2 - h_6} \qquad (7 \cdot 17)$$

재열 - 재생 사이클이 다단으로 이루어진 경우라도 열효율에 대한 열역학적 고찰은 1단의 재열-재생 사이클과 같다. 다만, 추기에 의한 작업 유량의 변화를 고려하여 재열 및 재생 두 사이클에 대한 것을 그대로 조합하여 생각하면 된다.

예제 7.4

400℃, 4MPa의 증기를 터빈에서 팽창시키는 동안 1단 재열, 1단 추기하는 재열-재생 사이클이 있다. 등엔트로피 팽창 도중 압력이 3MPa가 될 때 증기는 모두 고압터빈을 나와 그 중 일부는 혼합형 급수 가열기로 가서 급수 가열에 사용되고, 나머지는 재열기에서 400℃까지 재열 된 후 저압터빈에서 5.0kPa의 복수기 압력까지 팽창을 계속한다. 증기가 M =5kg/s씩 터빈 에 공급될 때 사이클의 열효율 및 추기질량 M_1을 구하라.

이 때 펌프일을 무시하며 절단기는 생략한다(그림 7 · 13 참조).

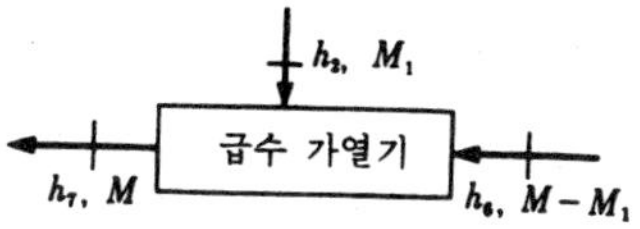

그림 7 · 13 급수 가열기

풀이

재열-재생 사이클의 열효율 η_{RHG}는 식 (7 · 16)을 사용하여;

$$\eta_{RHG}=\frac{w_{T1}+w_{T2}}{q_B+q_{RH}}=\frac{(h_1-h_2)+(h_3-h_4)-m_1\cdot(h_3-h_4)}{(h_1-h_8)+(h_3-h_2)-m_1\cdot(h_3-h_2)}$$

<부록 8>의 과열 증기표에서

$h_1=h(t_1=400℃,\ p_1=4\text{MPa})=3213.6\text{kJ/kg},\ \ s_1=6.7690\text{kJ/kg}\cdot\text{K}$

$h_2=h(p_2=3\text{MPa}),\ \ s_2=s_1=6.7690\text{kJ/kg}\cdot\text{K})=3131.1\text{kJ/kg}$

여기서 h_2는 내삽법을 이용하여

s=6.7045 h=3091.6

p_2=3MPa, s_2=6.7690kJ/kg h_2=3131.1kJ/kg

s=6.9212 h=3230.9

h_2=3091.6+(3230.9−3091.6) · $\dfrac{(6.7690-6.7045)}{(6.9212-6.7045)}$=3133.1

h_3= h(t_3=400℃, p_3= p_2=3MPa)=3230.9Kj/kg,

s_3=6.9212kJ/kg · K

<부록 7>의 포화 증기표에서, p_4=5.0kPa일 때

s_4= s_3=6.9212< s''(p_4=5.0kPa)=8.4025kJ/kg · K; 습증기 상태

s'=0.4718kJ/kg · K, s''=8.4025kJ/kg · K, $s''-s'$=7.9307kJ/kg · K

h'=137.82kJ/kg, h''=2560.9kJ/kg, $h''-h'$=2424.4kJ/kg

$$x_4=\frac{s_4-s'}{s''-s'}=\frac{6.9212-0.4718}{7.9307}=0.8132$$

$h_4=h'+x_4\cdot(h''-h')$=136.51+0.8132 · 2424.4=2108.0kJ/kg

h_8= h_7= h'(p_7= p_2=3MPa)=1008.42kJ/kg(펌프일을 무시할 때)

h_6= h_5= h'(p_5= p_4=5kPa)=136.5kJ/kg(펌프일을 무시할 때)

추기량비 $m_1=M_1/M$; 혼합형 급수 가열기에 대한 에너지 수지에서

$$M_1 \cdot h_2 + (M - M_1)h_6 = M \cdot h_7$$

$$m_1 \cdot h_2 + (1 - m_1)h_6 = h_7$$

$$m_1 = \frac{h_7 - h_6}{h_2 - h_6} = \frac{1008.42 - 136.5}{3133.1 - 136.5} = 0.291$$

재열-재생 사이클의 열효율 η_{RHG} 는

$$\eta_{RHG} = \frac{(3213.6 - 3132.30) + (3230.9 - 2108.0) - 0.291 \cdot (3230.9 - 2108.0)}{(3213.6 - 1008.42) + (3230.9 - 2132.3) - 0.291 \cdot (3230.9 - 3132.3)}$$

$$= 0.3857 = 38.6\%$$

추기질량 : $M_1 = m_1 \cdot M = 0.291 \cdot 5 = 1.455\text{kg/s}$

7.5 실제 사이클

지금까지 증기 원동소의 이상 사이클에 대해서 고찰하였다. 그러나 증기 원동소의 실제 사이클은 마찰, 난류, 열이동 등에 의한 손실로 인하여 이상 사이클로 작동한다고 생각할 때보다 열효율이 낮다.

증기 원동소에서의 손실로는 마찰과 주위로의 열이동에 의한 배관손실, 터빈과 펌프에서의 마찰과 난류에 의한 유동손실, 보일러에서의 마찰손실, 그리고 복수기에서 과냉각에 의한 열손실 등을 들 수 있는데, 이 중에서 터빈과 펌프에서의 손실은 특히 중요하다. 그림 7·14는 터빈과 펌프에서의 손실만 보여 주고 있는데, 여기서 나타나는 마찰과 난류현상은 작업유체의 엔트로피를 증가시켜 그림의 $T-s$ 선도에서 보는 바와 같이 팽창과 압축과정을 비가역 과정이 되게 한다. 이것은 터빈과 펌프의 등엔트로피 효율이 저하되는 원인이 되어 사이클 전체의 열효율을 감소시킨다.

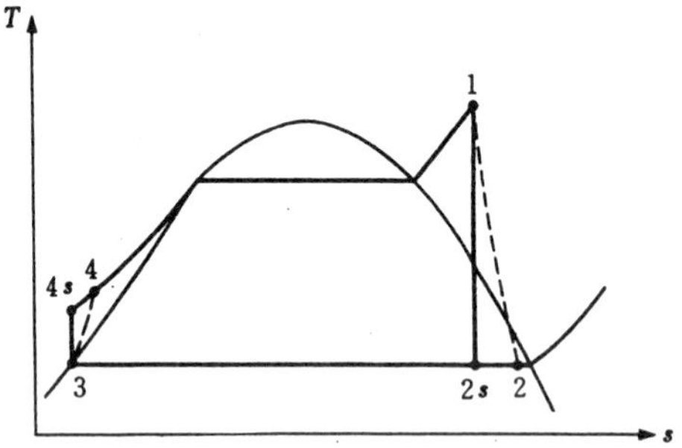

그림 7·14 랭킨 사이클의 실제 사이클에 대한 $T-s$ 선도

등엔트로피 효율은 터빈과 펌프에서의 이상과정을 가역단열(등엔트로피) 과정이라 할 때, 단위 질량 당 증기가 가역단열 과정에서 하는 이상일 w_s와 비가역 과정에서 하는 이상일 w_a의 비로 정의한다. 이에 따라 터빈의 등엔트로피 효율은 다음과 같이 정의한다.

$$\eta_{Ts} = \frac{\text{실제 팽창일}}{\text{등엔트로피 팽창일}} = \frac{w_{Ta}}{w_{Ts}} = \frac{h_1 - h_2}{h_1 - h_{2s}} \qquad (7 \cdot 18)$$

그리고 펌프에서는 실제일이 이상일보다 크므로, 실제일을 분모로 하여 펌프의 등엔트로피 효율을 다음과 같이 정의한다.

$$\eta_{Ps} = \frac{\text{등엔트로피 압축일}}{\text{실제 압축일}} = \frac{w_{Ts}}{w_{Ta}} = \frac{h_{4s} - h_3}{h_4 - h_3} \qquad (7 \cdot 19)$$

윗식에서 h_{2s}와 h_{4s}는 각각 그림 7·14의 $T-s$ 선도에 표시한 바와 같이 이론상 작업유체가 등엔트로피 팽창 또는 압축을 한다고 할 때 출구에서의 비엔탈피이며, h_2와 h_4는 실제 상태변화 후의 비엔탈피이다.

실제 사이클의 열효율 η_a도 식 (7·6)을 이용하여 구할 수 있다. 다만, 이 때 w_T와 w_P는 실제일을 의미하므로 η_a를 식 (7·6), (7·18) 및 식 (7·19)로부터 다음과 같이 표현할 수 있다.

$$\eta_a = \frac{w_{Ta} - w_{Pa}}{q_1} = \frac{(h_1 - h_2) - (h_4 - h_3)}{h_1 - h_4}$$

$$= \frac{\eta_{Ts} \cdot \ w_{Ts} - \dfrac{w_{Ps}}{\eta_{Ps}}}{q_1}$$

$$= \frac{\eta_{Ts} \cdot (h_1 - h_{2s}) - \dfrac{(h_{4s} - h_{2s})}{\eta_{Ps}}}{h_1 - h_4} \qquad (7 \cdot 20)$$

예제 7.5

증기 원동소가 그림 7·15와 같은 상태로 작동되는 사이클로 구성되어 있다. 증기 사이클의 열효율 및 터빈을 떠나는 배기의 실제온도와 건도(습증기일 경우)를 구하라. 이때 보일러와 복수기의 손실은 무시한다. 이 사이클의 $T-s$ 선도는 그림 7·14와 같다.

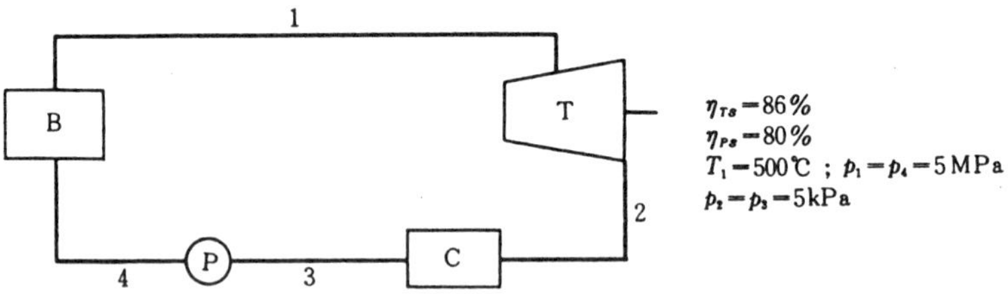

그림 7·15 증기 원동소 사이클의 계통도

풀이

실제 사이클의 열효율 η_a는 식 (7·20)으로부터,

$$\eta_a=\frac{w_{Ta}-w_{Pa}}{q_1}=\frac{(h_1-h_2)-(h_4-h_3)}{h_1-h_4}$$

$$=\frac{\eta_{Ts}\cdot(h_1-h_{2s})-(h_{4s}-h_{2s})/\eta_{Ps}}{h_1-h_4}$$

과열 증기표에서: t_1=500℃, p_1=5MPa일 때

$$h_1=3433.8\text{kJ/kg},\quad s_1=6.9759\text{kJ/kg}\cdot\text{K}$$

포화 증기표에서: p_2=5kPa일 때

$$v'=0.001\text{m}^3/\text{kg}$$

$$s'=0.4718,\quad s''=8.4025\text{kJ/kg}\cdot\text{K}$$

$$h'=136.5,\quad h''=2560.9\text{kJ/kg}$$

$$h_3\cong h'(p_3=p_2=5\text{kPa})=136.5\text{kJ/kg}$$

[이상 사이클에서]
배기의 비엔트로피: $s_{2s}=s_1=6.9759<s''=8.4025$라 함은 배기가 습증기 상태임을 의미
등엔트로피 팽창 후 배기의 온도 t_{2s}:

$$t_{2s}=t_s(p_2=5\text{kPa})=32.56℃$$

건도 x_{2s}는 식 (6·7)로부터

$$s_{2s}=s'+x_{2s}\cdot(s''-s')=0.4718+x_{2s}\cdot(8.4025-0.4718)=6.9759$$

$$x_{2s} = \frac{s_{2s} - s'}{s'' - s'} = \frac{6.9759 - 0.4718}{8.4025 - 0.4718} = 0.8201$$

배기의 비엔탈피 h_{2s}는

$$h_{2s} = h' + x_{2s} \cdot (h'' - h') = 136.5 + 0.8201 \cdot (2560.9 - 136.5) = 2124.75$$

단위 질량당 등엔트로피 팽창일 w_{Ts}는

$$w_{Ts} = h_{4s} - h_3 = v'(p_1 - p_2) = 3433.8 - 2124.75 = 1309.05\text{kJ/kg}$$

등엔트로피 압축일 w_{Ps}는

$$w_{Ps} = h_{4s} - h_3 = v'(p_1 - p_2) = 0.001(5000 - 5) = 4.995\text{kJ/kg}$$

[실제 사이클에서]

실제 팽창일 w_{Ta}

$$w_{Ta} = h_1 - h_2 = \eta_{Ts} \cdot w_{Ts} = \eta_{Tc} \cdot (h_1 - h_{2s})$$
$$= 0.86 \cdot 1309.05 = 1125.78 = 1208.02\text{kJ/kg}$$

배기의 실제 비엔탈피 h_2

$$h_2 = {}_1 - w_{Ta} = 3433.8 - 1125.78 = 2308.02\text{kJ/kg}$$

여기서 h_2=2308.02< h''(p_2=5kPa)=2560.9;습증기 상태

따라서, 배기의 건도 x_2는

$$h_2 = h' + x_2 \cdot (h'' - h') = 2308.02\text{kJ/kg}$$

$$x_2 = \frac{h_2 - h'}{h'' - h_1'} = \frac{2308.02 - 136.5}{2560.9 - 136.5} = 0.8960$$

배기의 온도 t_2

$$t_2 = t_s(p_2 = 5\text{kPa}) = 32.56℃$$

실제 사이클의 압축일 w_{Pa}와 압축 후 작업유체의 실제 비엔탈피 h_4

$$w_{Pa} = \frac{w_{Ps}}{\eta_{Ps}} = \frac{4.995}{0.8} = 6.2438\text{kJ/kg} = h_4 - h_3$$

$$h_4 = w_{Pa} + h_3 = 6.2438 + 136.5 = 142.74$$

실제 사이클의 열효율 η_a

$$\eta_a = \frac{0.86 \cdot (3433.8 - 2121.75) - 4.995/0.8}{3433.8 - 142.74} = 0.3402 = 34.02\%$$

같은 압력과 온도로 작동하는 예제 7·1의 이상 사이클과 비교할 때 열효율이 많이 감소되었음을 볼 수 있다.

연 습 문 제

1. 증기 원동소에서 랭킨 사이클의 열효율을 개선시키기 위한 기본원리를 설명하고, 아울러 이 때 나타날 수 있는 문제들과 그 대책에 대하여 설명하라.

답 생략

2. 랭킨 사이클로 작동하는 증기 원동소에서 초압 2.5MPa, 초온 400℃ 및 배압 5kPa라 할 때, 배기의 건도와 사이클의 열효율을 구하라.

답 x=0.8257, η_R=35.48%

3. 랭킨 사이클에서 복수기의 압력이 5kPa이고, 팽창 후의 건도가 82.5%이며, 터빈에서 공급되는 증기가 건포화 증기상태라 할 때, 초압과 사이클의 열효율을 구하라.

답 p_1=0.285MPa, η_R=22.65%

4. 10MPa의 건포화 증기가 터빈에서 배압 3.5kPa로 가역단열 팽창되는 랭킨 사이클의 이론 열효율 η_R를 구하라. 이 때 펌프일은 무시한다. 또, 이와 같이 온도범위에서 작동하는 카르노 사이클의 열효율 η_c와 비교하라.

답 η_R=40.1%, η_c=48.7%

5. 랭킨 사이클로 작동하는 증기 원동소에서 초압과 초온이 각각 2Mpa, 300℃이며, 배압이 3.5kPa라 할 때 배기의 건도와 사이클의 열효율을 구하라. 이 때 펌프일은 무시한다.

답 x_2=0.7838, η_R=34.4%

6. 문제 5와 같은 2.0MPa, 300℃의 증기가 터빈에서 팽창하던 중 건포화 증기가 되는 압력에서 300℃로 재가열되는 재열 사이클이 있다. 배압이 3.5kPa라 할 때, 재열될 때 증기의 압력 p_6, 배기의 건도 x_6 및 사이클의 열효율 η_{RH}를 구하라. 사이클의 계통도는 그림 7·11을 참조하라.

답 p_6=0.59MPa, x_2=0.86, η_{RH}=34.9%

7. 10MPa, 500℃의 증기가 터빈에서 등엔트로피 팽창을 하던 중 건포화 증기상태가 될 때 보일러로 보내어 500℃로 재열되는 사이클이 있다. 복수기의 압력이 3.5kPa라 할 때 이 재열 사이클의 이론 열효율 η_{RH}를 구하라. 이 때 펌프일은 무시한다.

답 η_{RH}=44%

8. 1단의 재생 사이클 증기 원동소가 있다. 2.0MPa, 300℃의 증기가 터빈에 공급되어 3.5kPa의 배압까지 팽창하던 중 건포화 증기가 되는 압력에서 증기의 일부를 추기하여 급수 가열기로 보낸다. 급수 가열기가 혼합형(OFH)이라 할 때 다음을 구하라.

① 추기량비 m

② 작업유체 1kg당 추기로 인해 절약되는 공급열량 Δq_1과 유용일의 감소량 Δw

③ 사이클의 열효율 $\eta_{Reg.OFH}$

답 m=0.2103, Δq_1=439.2kJ/kg

Δw=154.0kJ/kg, $\eta_{Reg.OFH}$=35.9%

9. 문제 8에서 급수 가열기가 표면 접촉형(CFH)이라 할 때 다음을 구하라.

① 추기량비 m

② 추기로 인해 절약되는 공급열량 Δq_1과 유용일의 감소량 Δw를 구한 후, 결과를 혼합형의 급수 가열기를 갖는 재생 사이클과 비교하여 설명하라.

③ 사이클의 열효율 $\eta_{Reg.CFH}$

답 m=0.2663, Δq_1=408.01kJ/kg

Δw=195.1kJ/kg, $\eta_{Reg.CFH}$=17%

10. 터빈효율(η_{Ts}) 85%, 초압 2Mpa, 초온 300℃, 배압이 3.5kPa인 증기 사이클의 열효율과 배기의 건도 x_2를 구하고, 이상 사이클인 문제 5의 랭킨 사이클과 비교하라.

답 η_a=29.2%, x_2=0.8455

참 고 문 헌

(1) 工業熱力學, 徐正閏, 請文閣, 1989.

(2) 工業熱力學, 金東鎭 외 2人, 文運堂, 1990.

(3) 基礎工業熱力學, 徐正潤 & 崔炳輪, 喜重堂,1986.

(4) 機械熱力學, 徐延一 & 趙珍鎬, 東明社, 1982.

(5) 熱氣工學, 徐正潤 외 2人, 請文閣, 1989.

(6) Technische Verfahrenstechnik, R. Dolezal, Teubner Studienskripten, 1983.

(7) Engineering Thermodynamics, G. Boxer, The Macmillan press, 1978.

(8) Introduction to Thermodynamics Classcal and Statistical, R.E. Sonntag, John Wiley & Sons, 1982.

(9) Technische Waermelehre, F.W. Winter, Verl. Girardet, Essen, 1972.

(10) Thermodynamik, H.D. Baehr, Springer-Verl., 1981.

제8장 압축성 유체의 유동

이 장에서는 압축성 유체가 노즐(nozzle) 및 통로(blade passage) 내를 유동할 때 유체유동을 1차원 흐름으로 가정하여, 통로 내의 유동유체의 각 상태를 열역학적으로 해석해 보기로 한다.

8.1 정체 상태량

유동유체 과정이 등엔트로피 과정인 경우, 통로 각 지점의 등엔트로피 **정체 상태량**(isentropic stagnation state)은 일정하다. 따라서, 유동유체의 등엔트로피 정체 상태량을 도입하는 것은 유동유체에 관한 문제해석을 간단하게 한다.

등엔트로피 정체 상태량이란 흐르는 유체가 가역 단열적인 과정으로 정지했을 때의 상태량을 말한다. 즉, 정상상태의 정상 유동과정에서 검사체적에서의 열전달 및 일이 없고 위치 에너지를 무시할 수 있는 경우 열역학 제1법칙은

$$h+\frac{v^2}{2}=c \qquad (8 \cdot 1)$$

와 같이 표현된다.

속도가 v인 유체가 가역 단열적으로 정지할 때에 대하여 식 (8 · 1)을 다시 표현하면

$$h+\frac{v^2}{2}=h_0 \qquad (8 \cdot 2)$$

와 같이 되고, 식 (8 · 2)의 우변의 하첨자 0은 정체상태를 의미한다. 때로는 등엔트로피 정체 상태량을 전상태량(total property)이라고도 한다.

8.2 유체의 노즐내 운동

노즐은 유체의 운동 에너지를 단열적으로 증가시키는 장치로서 이 과정 동안 유체의 압력은 감소하게 된다. 이 과정에 대한 지배 방정식은

연속 방정식 : $\dot{m}_i = \dot{m}_e = \rho_i \cdot A_i \cdot \mathrm{v_i} \cdot \mathrm{A_e} \cdot \mathrm{v_e}$ (8 · 3)

열역학 제1법칙 : $h_i + \dfrac{\mathrm{v}_{i^2}}{2} + z_i \cdot g = h_e + \dfrac{\mathrm{v}_{e^2}}{2} + z_2 \cdot g$ (8 · 4)

열역학 제2법칙 : $S_i \le S_e$ (8 · 5)

와 일반성질 관계식 및 상태 방정식

$$T \cdot ds = dh - vdp \qquad (8 \cdot 6)$$

$$h = f(T, p) \qquad (8 \cdot 7)$$

등이 된다.

가역 단열 과정에서는 식 (8 · 6)으로부터

$$h_e - h_i = \int_i^e vdp \qquad (8 \cdot 8)$$

이며, 비압축성 유체인 경우 식 (8 · 8)은

$$h_e - h_i = v(p_e - p_i) \qquad (8 \cdot 9)$$

가 된다. 따라서, 비압축성 유체가 가역 단열적인 유동을 할 때 식 (8·4)는

$$v(p_e - p_i) + \frac{\mathrm{v}_e^2 - \mathrm{v}_i^2}{2} + (z_e - z_i)g = 0 \qquad (8 \cdot 10)$$

과 같이 베르누이(bernoulli)방정식으로 표현된다.

8.3 이상기체의 노즐내 가역단열 1차원 정상유동

그림 8·1과 같은 유로관을 통하여 유체가 가열 단열적으로 유동할 때, 유로관의 단면변화에 따라 유체의 유동속도가 증가(노즐유동)하는지 혹은 감소(디퓨저 운동)하게 되는지를 결정짓는 문제에 대하여 먼저 살펴보기로 한다.

그림에 점선으로 표시된 검사체적에 대하여 열역학에 관련된 관계식을 적용하면, 우선 열역학 제1법칙

$$dh - \mathrm{v} \cdot d\,\mathrm{v} = 0 \qquad (8 \cdot 11)$$

과 일반성질 관계식

$$Tds = dh - v \cdot dp = 0 \tag{8·12}$$

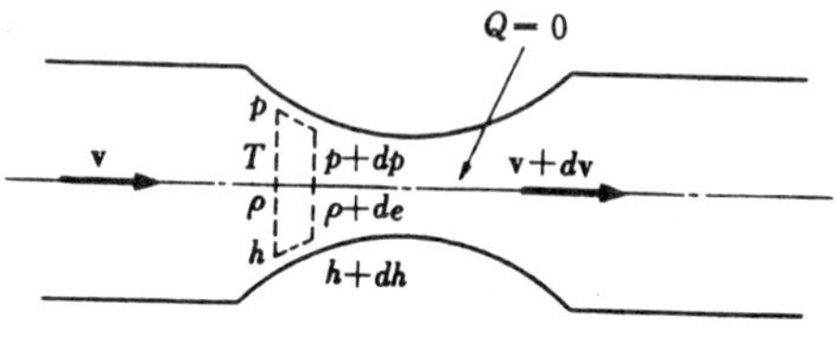

그림 8·1 이상기체 1차원 유동

에서 식 (8·13)을 얻을 수 있다.

$$dh = - \mathrm{v} \cdot d\mathrm{v} = 0 \tag{8·13}$$

따라서, $d\mathrm{v}$는 다음과 같다.

$$d\mathrm{v} = -dp/\rho\,\mathrm{v} \tag{8·14}$$

또한, 연속 방정식은

$$\rho A \mathrm{v} = \mathrm{const.}$$

$$\frac{d\rho}{\rho} + \frac{dA}{A} + \frac{dv}{v} = 0 \tag{8·15}$$

$$\frac{dA}{A} = -\frac{d\rho}{\rho} - \frac{dv}{v} \qquad (8 \cdot 16)$$

와 같이 표현되므로, 식 (8 · 16)과 식 (8 · 14)를 연립시키면

$$\frac{dA}{A} = \frac{d\rho}{\rho} + \frac{dp}{\rho v^2} \qquad (8 \cdot 17)$$

와 같은 관계식을 얻을 수 있다. 식 (8 · 17)은

$$\frac{dA}{A} = \frac{dp}{\rho \ \mathrm{v}^2} 1 - \frac{\mathrm{v}^2}{(\mathrm{dp}/\mathrm{d}\rho)} \qquad (8 \cdot 18)$$

와 같이 표현되며, 식 (8 · 18)의 우변의 ($dp/d\rho$)는 가역단열 과정에서

$$(dp/d\rho)_{s=c} = a^2 (a: 음속)$$

이므로, 식 (8 · 17)은

$$\frac{dA}{A} = \frac{dp}{\rho \ \mathrm{v}^2}\left(1 - \frac{\mathrm{v}^2}{a^2}\right) = \frac{dp}{\rho \ \mathrm{v}^2}(1 - M^2) \qquad (8 \cdot 19)$$

과 같이 표현된다. 여기서, M은 마하수(Mach number)이다.

식 (8・19)는 노즐 또는 디퓨저(diffuser)에 대한 적정한 형상의 결정에 매우 유용한 식이다. 즉, 관 내를 흐르는 유체가 아음속($M<1$) 유체인 경우 식 (8・19)의 우변 $(1-M^2)/\rho\ v^2$은 양의 값이므로, 관로가 수축해 가는 과정 $dA<0$이 되기 때문에 $dp<0$이어야 한다. 즉, 노즐 유동을 하게 된다. 관노가 확대되는 경우는 $dA>0$이므로 $dp>0$이어야 하며, 디퓨저 유동이 된다.

또한, 초음속 유동인 경우는 식 (8・19)의 우변의 $(1 \cdot M^2)/\rho\ v^2$값이 음이므로 관로가 수축해 가는 유로관에서 $dp>0$이고, 따라서 디퓨저 유동이 된다. 그러나 관로가 확대되는 경우는 $dp<0$이 되므로 노즐유동을 하게 된다.

식 (8・19)에서 보면, 유체의 속도가 음속이 될 수 있는 곳은 $dA=0$(즉, 노즐 유로관에서 최소 단면적을 갖는 위치, 노즐목이라고도 함)인 지점임을 알 수 있다.

다음은 이상기체가 노즐 내를 등엔트로피 유동을 할 때, 유동유체의 등엔트로피 정체 상태량과 마하수간의 관계식에 관하여 살펴보기로 한다.

식 (8・2)를 완전가스에 대하여 다시 표현하면

$$v^2 = 2(h_0 - h) = 2C_p \cdot (T_0 - T) \qquad (8 \cdot 20)$$

와 같이 되고, 완전가스에서의 음속 a는

$$a^2 = kRT \qquad (8 \cdot 21)$$

이므로, 식 (8・20)과 식 (8・21)로부터 식 (8・22)를 얻는다.

$$v^2 = \frac{2a^2}{k-1}\left(\frac{T_0}{T} - 1\right) \qquad (8 \cdot 22)$$

따라서, 식 (8・22)를 $\frac{T_0}{T}$에 대하여 정리하면 다음과 같이 된다.

$$\frac{T_0}{T}=\frac{k-1}{2}\cdot\frac{v^2}{a^2}+1=1+\frac{(k-1)}{2}M^2 \qquad (8\cdot 23)$$

또한, 완전가스의 등엔트로피 과정에 관한 식으로부터 다음을 얻을 수 있다.

$$\frac{p_0}{p}=\left[1+\frac{(k-1)}{2}M^2\right]^{\frac{k}{k-1}} \qquad (8\cdot 24)$$

노즐목에서의 가스속도가 M=1에 도달될 때, 노즐목에서의 가스 상태량(* 표시로 표시)과 등엔트로피 정체 상태량간의 관계는 식 (8・23) 및 식 (8・24)로부터 다음 식과 같이 표현된다.

$$\frac{T^*}{T_0}=\left(\frac{2}{k+1}\right) \qquad (8\cdot 25)$$

$$\frac{p^*}{p_0}=\left(\frac{2}{k+1}\right)^{\frac{k}{k-1}} \qquad (8\cdot 26)$$

노즐 목에서의 가스 속도가 M=1인 상태에 도달했을 때 노즐 목에서의 상태를 임계상태라고 한다.

예제 8.1

온도 및 속도가 160℃, 10m/s인 공기가 노즐을 통하여 가역 단열적인 팽창을 하여 출구로 80℃ 상태로 나간다. 출구의 공기 속도는 몇 m/s인가?

풀이

열역학 제1법칙에서 전단열 및 일이 없으므로

$$h_1 + \frac{v_1{}^2}{2} = h_2 + \frac{v_2{}^2}{2}$$

이 성립된다. 따라서, 출구 공기의 속도는

$$v_2 = \sqrt{2(h_1 - h_2) + \quad v_1{}^2}$$

과 같다. 공기를 완전가스로 취급하면,

$$h_1 - h_2 = C_p(T_1 - T_2)$$

이다. 따라서

$$v^2 = \sqrt{2 \cdot C_p \cdot (T_1 - T_2) + \ v_1{}^2}$$

$$=\sqrt{2\times 1004.3\ \text{J/kg}\cdot\text{K}+100\text{J/kg}}=401\text{m/s}$$

8.4 등엔트로피 노즐내 유동가스의 질량유량

등엔트로피 노즐유동을 하는 가스의 유량 $\dot{m}$은 다음과 같다.

$$\dot{m}=\rho\cdot A\cdot\ v=\rho\cdot A\cdot M\cdot a$$

$$=\frac{p}{RT}A\cdot M\cdot\sqrt{k\cdot R\cdot T}=A\cdot\sqrt{\frac{k}{R}}\frac{p}{\sqrt{T}}\cdot M \qquad (8\cdot 27)$$

식 (8 · 27)에 식 (8 · 23) 및 식 (8 · 24)를 조합하면, 유량 은

$$\dot{m}=A\cdot\sqrt{\frac{k}{R}}\frac{p_0}{\sqrt{T_0}}\cdot M\cdot\left(1+\frac{k-1}{2}M^2\right)^{-\frac{(k+1)}{2(k-1)}} \qquad (8\cdot 28)$$

과 같이 표현할 수 있다.

M=1인 위치에서의 유량을 m^*라 하고, 단면을 A^*라고 하면

$$m^*=A^*\cdot\sqrt{\frac{k}{R}}\frac{p_0}{\sqrt{T_0}}\cdot\left(\frac{k+1}{2}\right)^{-\frac{(k+1)}{2(k-1)}} \qquad (8\cdot 29)$$

이다.

연속 방정식으로부터 $m^* = \dfrac{\cdot}{M}$ 이 성립되므로, 식 (8・28)과 (8・29)에서

$$\frac{A}{A^*} = \frac{1}{M}\left[\left(\frac{2}{k+1}\right)\left(1+\frac{k-1}{2}M^2\right)\right]^{k+1/2(k-1)} \qquad (8 \cdot 30)$$

과 같이 표현된다.

식 (8・30)에서 $d\left(\dfrac{A}{A^*}\right)/dm = 0$이 만족되는 M값을 찾으면 M=1임을 알 수 있다. 즉, 식 (8・30)에서 M=1일 때 A/A^*가 최소가 되며, $A/A^* = 1$이 됨을 알 수 있다. 따라서, A^*는 노즐 유로관의 최소 단면적, 즉 노즐목의 단면적임을 알 수 있다.

예제 8.2

공기가 노즐 내를 가역 단열적으로 유동하고 있다. 노즐목에서의 M=1인 상태에 도달된 노즐내 임의위치에서 공기의 온도 및 속도는 150℃, 100m/s이다. 이 위치에서의 단면과 노즐목의 단면에서의 단면적비 A/A^*를 구하라.

풀이

공기의 k=1.4, R=286.8kJ/kg・K이므로

$$a = \sqrt{1.4 \times 286.8 \times 423} = 412.2\text{m/s}$$

따라서, 마하수는 $M=\dfrac{100}{412.2}=0.243$

그러므로 단면비는 식 (8・30)으로부터

$$\frac{A}{A^*}=2.47$$

예제 8.3

예제 8・1에서 노즐목에서의 공기온도 및 공기속도를 구하라.

풀이

우선 속도가 100m/s인 지점에서의 등엔트로피 정체온도 T_0를 구하면

$$T_0=T\times\left(1+\frac{k-1}{2}M^2\right)$$
$$=423\times\left\{1+\frac{1.4-1}{2}\times(0.243)^2\right\}=428\mathrm{K}$$

따라서, 노블목에서의 온도 T^*는

$$T^*=428\times\frac{2}{1.4+1}=356.7\mathrm{K}$$

그러므로 노즐목에서의 공기속도 v^*는 다음과 같다.

$$v^* = a = \sqrt{1.4 \times 286.8 \times 356.7}$$

$$= 378 \text{m/s}$$

연 습 문 제

1. 어떤 가스가 노즐을 통하여 분출되는 속도가 290m/s이었다. 노즐 입출구 간의 열낙차는 몇 kcal/kg인가?

답 10kcal/kg

2. 10ata, 300℃의 증기가 1ata까지 노즐을 통하여 팽창해서 분출될 때 분출되는 증기 속도는 얼마인가?

답 359m/s

3. 축소 확대노즐의 노즐목 상태가 임계상태에 도달되었다. 노즐목에서의 공기온도는 2000℃이다. 마하수가 0.6인 위치에서의 공기속도는 몇 m/s인가?

답 606.5m/s

4. 문제 3에서 노즐을 통하여 흐르는 공기의 유량이 0.8kg/s이다. 노즐목의 단면적이 $20cm^2$이라면, M=0.6인 위치에서의 공기압력 및 밀도는 얼마인가?

답 p=405kPa, ρ=0.56kg/m^3

5. 온도와 압력이 각각 100℃, 3ata인 공기가 탱크 내에 있다. 가스를 축소노즐을 통하여 분출시키고자 한다. 노즐출구에서의 최대 분출속도는 몇 m/s인가?

답 353m/s

6. 문제 5에서 노즐출구의 단면적이 $25cm^2$라면 출구에서의 최대유량은 몇 kg/s인가?

답 1.53kg/s

7. 온도가 120℃인 공기가 노즐을 통하여 가역 단열적으로 충분히 팽창하여 노즐출구로 분출된다. 노즐입구와 출구간의 압력비 p_e/p_i가 0.4이라면, 출구에서의 공기 속도는 몇 m/s인가?

답 276.5m/s

참 고 문 헌

(1) Thermodynamics, 2ndEd., J.P. Holman, McGraw-Hill Book company.

(2) Fundamentals of Classical Thermodynamics, 2nd., ed., Gordon J. Van Wylen and Richard E. Sonntag, New York Wiley.

(3) 新制 工業熱力學, 李昌植 · 韓英出, 文運堂.

제9장 냉동 및 냉동사이클

이 장에서는 앞에서 다룬 열역학적 사이클의 여러 응용분야 중에서 냉동에 대하여 다루기로 한다. 일반적인 냉동은 우리 주위에서 자주 접하는 부분이며, 온도를 낮추는 것이라고 말할 수 있다. 그런데 열역학 제2법칙에 의하면 열은 스스로 저온으로 이동할 수 없다고 하였으므로, 저온을 얻고자 하면 계에 기계적인 일 또는 에너지를 가해야만 열을 저온계에서 고온계로 이동시킬 수 있게 된다. 다시 말하면, 동력 사이클은 고열원에서 작동유체로 열을 전달하여, 저열원에 열을 방출함으로써 일을 발생시키는 것인 데 반하여, 이 과정을 역으로 하면 냉동 사이클로 작동하게 된다.

외부 에너지를 받아서 저온을 만드는 장치를 냉동기라 하고 냉동기는 열역학적 사이클로서 해석이 가능하다. 이러한 에너지 변환과정에는 작동유체가 필요하고, 냉동기에서는 냉매라고 부른다. 따라서, 본 장에서는 작동유체인 냉매에 대하여 알아보고, 이상 냉동 사이클인 역 카르노 사이클과 증기 압축 냉동 사이클, 흡수 냉동 사이클, 공기표준 냉동 사이클에 대한 열역학적 해석과 각 사이클에 대한 냉동 성능에 대하여 다루기로 한다.

9.1 냉동 및 냉동법

냉동(refrigeration)이란 물체나 계로부터 열을 흡수하여 주위의 온도보다 낮게 하는 것을 말하며, 우리 주위에서도 쉽게 접할 수 있다. 예를 들면, 얼음이 녹으면서 주위의 열을 흡수하는 경우나 드라이 아이스가 승화하면서 주위의 온도를 떨어뜨리는 경우 등이다. 그러나 이러한 현상은 그 물질이 없어지면 목적을 달성할 수 없게 된다. 따라서, 물체나 한정된 장소를 주위보다 온도를 낮추기 위해서는 자체의 열을 방출할 뿐만 아니라 주위로부터 유입되는 열까지도 고온인 주위로 방출해야 한다.

열역학 제2법칙에 의하면 "열은 스스로 저온계에서 고온계로 이동할 수 없다."고 하였으므로, 저온을 얻고자 하는 계에 기계적인 일 또는 에너지를 가해야만 열을 저온계에서 고온계로 이동시킬 수 있다.

외부에서 일 (w_c)을 받아, 저열원(T_2)에서 열(q_L)을 흡수하여 고열원(T_1)으로 배열(q_H)하는, 즉 역 방향으로 작동하는 역 열기관 사이클(R)을 그림 9·1에 나타내었다.

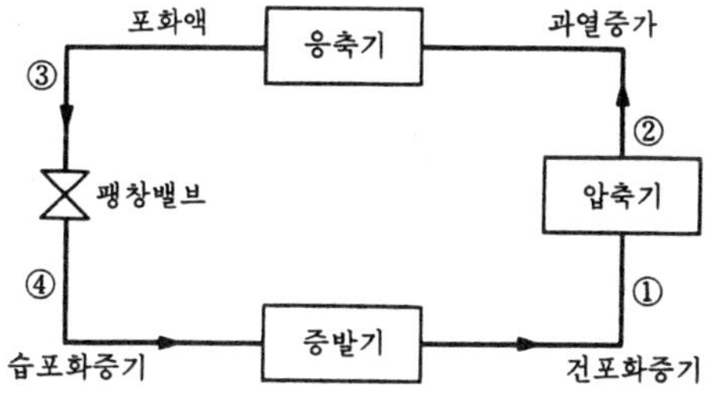

그림 9·1 역 열기관 사이클

그림에서 역 열기관 R에 의해 저열원으로 온도를 낮출 수 있으며, 이것을 **냉동기**(refrigerator) 혹은 열펌프(heat pump)라고 한다. 즉, 냉동기는 저온계로부터 고온계로 열을 이동시켜 저열원의 온도를 낮추기 위해 사용하는 장치이고, 그와는 반대로 열펌프는 저열원의 열을 흡수하여 고열원을 가열하기 위해 사용하는 장치로서 난방장치 등에 응용되고 있다.

계에서 저온을 얻을 수 있는 방법으로는 자연 냉동법과 기계 냉동법으로 분류할 수 있으며, 이 중에서 자연 냉동법은 물질의 융해열 · 승화열 · 증발열을 이용하여 계 내에서의 자연현상에 의한 흡열 작용을 이용하는 냉동방법이고, 기계 냉동법은 냉매의 종류 및 사이클의 작동원리에 따라 증기 냉동 사이클 · 흡수 냉동 사이클 · 공기 냉동 사이클 등으로 분류된다. 냉매가 액화 · 증발을 반복하는 냉동 사이클을 증기 냉동 사이클이라 하고, 기체상태에서 압축 · 팽창만을 반복하는 냉동 사이클을 공기 냉동 사이클이라고 한다.

9.2 냉매

9.2.1 냉매의 종류

모든 열기관 사이클에는 그 목적을 달성하기 위한 매개체가 필요하며, 그것을 작동유체라고 한다. 냉동 사이클에 있어서는 작동유체를 **냉매**(refrigerant)라고 하며, 저온계에서 열을 흡수하고 고온계로 방출하는 역할을 한다. 냉동기의 냉매로 사용되기 위해서는 다음과 같은 물리적 · 화학적 조건을 만족해야 한다.

[물리적 성질]
(1) 증발열이 클 것
(2) 증기의 비체적이 작을 것
(3) 응축압력이 높을 것
(4) 증발압력이 높을 것
(5) 임계온도가 높을 것
(6) 증기의 비열이 클 것
(7) 액체의 비열이 작을 것

[화학적 성질]
(1) 안정성이 있을 것
(2) 부식성이 없을 것
(3) 무해 무독일 것
(4) 불연소성일 것
(5) 폭발의 위험이 없을 것
(6) 점성이 작을 것

이상과 같은 조건을 완벽하게 갖춘 냉매는 없으며, 현재 냉동기에 많이 사용되는 냉매의 주요특성을 비교하여 나타내면 표 9·1에서 보는 바와 같고, 냉매의 주요 열역학적 특성을 나타내면 표9·2와 같다. 또한, 냉매의 선정에 있어서 가장 중요하게 고려해야 할 사항은 사용자가 원하는 냉동 온도와 냉동기로 사용할 냉동 장치의 형식이다.

증기압축 냉동 사이클의 개발 초기에는 작동유체로서 암모니아와 아황산가스가 중요한 냉매 역할을 하였고, 요즈음은 할로겐화 탄화수소 계열인 프레온이나 제네트론이 사용되고 있으나, 오존층의 파괴로 인한 환경 공해로 말미암아 곧 새로운 물질로 대체될 예정이다.

프레온계(Freon系) 냉매는 할로카본 계열을 의미하며, 명칭은 머리글자 R를 쓰고, R 뒤의 번호는 다음과 같은 의미를 갖는다. 1의 자리 숫자는 냉매 분자 중의 불소(F) 원자수를 나타낸 것이고, 10의 자리 숫자는 냉매 분자 중의 수소(H) 원자수에 1을 더한 것이고, 100의 자리 숫자는 냉매 분자 중의 탄소(C) 원자수로부터 1을 뺀 것을 나타내고 있다. 단, 이 숫자는 0이 되면 생략한다. 주요 냉매의 종류를 열거하면 다음과 같다.

1) 무기 화합물

암모니아(ammonia, NH_3), 탄산가스, 물(H_2O) 등이 있으며, 초기 냉매의 대부분을 차지하였다. 이 중 암모니아는 독성이 강하나 냉매로서는 우수하여 현재에도 공업용으로 널리 사용되고 있다.

2) 탄화수소

메탄(CH_4), 에탄(C_2H_6), 프로판(C_3H_8), 등이 있으며, 안전성이 문제이거나 값이 저렴하여 석유화학 공업에 사용된다.

3) 할로카본(Halocarbon)

Halogen 원소(CI, F, Br, I)를 하나 또는 그 이상 포함하는 탄화수소로서, 염화메틸(CH_3CI), 염화메틸렌(CH_2CI_2), R-12(CCI_2), R-13($CCIF_3$), R-22($CHCIF_2$), R-113(CCI_2FCCIF_2), R-114($CCIF_2CCIF_2$)등이 있으며, 특히 R-12, R-113, R-114는 비교적 물에 잘 용해되지 않는다.

4) 공비 혼합물(azeotropes)

2개의 물질로 되어 있는 공비 혼합물은 증류에 의해 2성분으로 분리 될 수 없는 것이다. 공비 혼합물은 2개의 물질 중 어느 한 물질의 특성과는 다른 특성을 갖는 하나의 물질로서 증발하고 응결하는 냉매이며 R-502가 있다.

9.2.2 냉동능력 및 성적계수

냉동 사이클(refrigeration cycle)은 냉매가 냉동기 내를 순환하면서 열역학적인 과정을 반복하는 것을 말하며, 냉동 사이클의 냉동 능력을 나타내는 데에는 1시간에 냉동기가 저온계에서 열을 흡수할 수 있는 열량(kJ/h)으로 나타내고 있다. 냉매의 **냉동 효과**(cooling effect)는 냉매 1kg이 흡수할 수 있는 열량(kJ/kg)으로 나타내며, 또한 냉매의 건포화 증기가 단위 체적당 흡수할 수 있는 열량(kJ/m^2)을 체적 냉동 효과로 나타낸다.

또한, 냉동기의 냉동 능력을 표현하는 방법으로 **냉동톤**(tonof refrigeration, RT)이 있다. 1냉동톤은 0℃의 물 1톤을 24시간 동안에 0℃의 얼음으로 냉동시키는 데 흡수해야 할 열량(kJ/day)으로 표시되며, 얼음 1kg의 융해열은 333.69kJ/kg이므로 1냉동톤의 열량은 다음과 같이 나타낸다.

$$1\text{냉동톤} = \frac{333.69 \times 1000}{24} \fallingdotseq 13900\text{kJ/h} \tag{9・1}$$

즉, 1냉동톤은 1시간 동안에 13900kJ의 열량을 흡수할 수 있는 능력이다.

저온체의 열원에서 흡수하는 열량을 흡입 열량 q_L이라 하고, 고온체의 열원에서 방출하는 열량을 방출 열량 q_H라 하면, 열역학 제2법칙에 의하여 냉동기가 저온계에서 q_L의 열량을 흡수하여 고온계로 q_H의 열량을 방출하기 위해서는 압축기 일 w_c가 필요하며, 이와 같은 관계를 식으로 나타내면 다음과 같다.

$$q_H = q_L + w_c \tag{9・2}$$

여기서 q_H : 방출열량, q_L : 흡입열량(냉동효과), w_c ; 압축기의 일이다.

냉동기의 성능을 나타내는 데 있어서 성적계수(ceofficient performance)를 다음과 같이 정의하여 사용한다.

$$\varepsilon_r = \frac{(\text{냉동효과})}{(\text{압축기 일})} = \frac{q_L}{w_c} \tag{9・3}$$

역열기관 R가 열펌프로서 작동될 때의 성적계수는 다음과 같다.

$$\varepsilon_h = \frac{(\text{고열원에 공급열량})}{(\text{압축기 일})} = \frac{q_H}{w_c} \qquad (9 \cdot 4)$$

9.3 이상 냉동 사이클

열기관의 이상 사이클인 카르노 사이클(Carnot cycle)을 역방향으로 하면 냉동기의 이상 사이클이 된다.

그림 9·2는 역카르노 사이클의 $p-v$ 및 $T-s$ 선도이다.

그림에서 보는 바와 같이 역 카르노 사이클을 $T-s$ 선도에 표시하면 그림 9·2의 (b)와 같이 사각형이 된다.

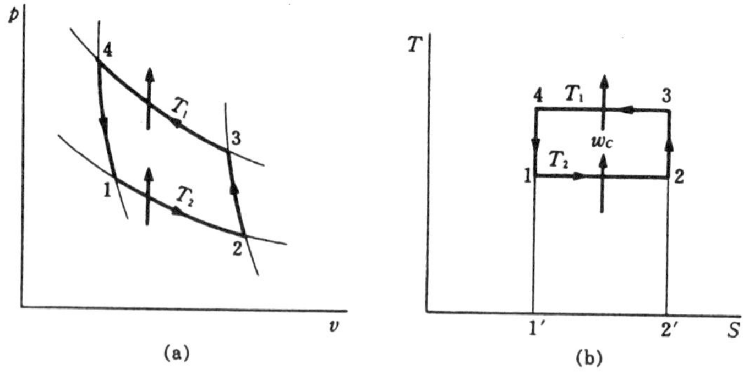

그림 9·2 역 카르노 사이클

과정 1→2: 등온팽창 과정으로 q_L의 열을 흡수한다.

과정 2→3: 단열압축 과정으로 동작유체의 온도가 T_1으로 상승한다.

과정 3→4: 등온압축 과정으로 q_H를 방출한다.

과정 4→1: 단열팽창 과정으로 동작유체의 온도가 T_2로 된다.

지금 한 사이클당 저열원에서 흡수한 열량을 q_L, 고열원에 방출할 열량을 q_H, 이때의 소요일을 w_c라 하면

q_L=면적 1-2-2-1-1= $T_2(s_2-s_1)$

q_H=면적 4-1-2-3-4= $T_1(s_2-s_1)$

$$\varepsilon_r = \frac{q_L}{w_c} = \frac{q_L}{(q_h - q_L)}$$

$$= \frac{T_2(s_2-s_1)}{T_1(s_2-s_1) - T(s_2-s_1)} = \frac{T_2}{T_1 - T_2} \qquad (9 \cdot 5)$$

$$\varepsilon_h = \frac{q_H}{w_c} = \frac{q_H}{q_H - q_L}$$

$$= \frac{T_1(s_2-s_1)}{T_1(s_2-s_1) - T_2(s_2-s_1)} = \frac{T_1}{T_1 - T_2} \qquad (9 \cdot 6)$$

따라서, 냉동기와 열펌프의 성적계수는 작동유체와는 구관하며, 두 열원의 절대온도에만 관계된다.

예제 9.1

어떤 이상 냉동기가 고열원의 온도 40℃, 저열원의 온도 -10℃ 사이에서 작동한다면 성적계수는 얼마인가?

풀이

이상 냉동 사이클은 역카르노 사이클이므로 식 (9・5)에서

$$\varepsilon_r = \frac{q_2}{w_c} = \frac{T_2}{T_1 - T_2} = \frac{(-10+273)}{(40+273)-(-10+273)} = 5.26$$

9.4 증기압축 냉동 사이클

9.4.1 기본 사이클

증기압축 냉동 사이클의 기본 원리는 사이클 내의 작동유체인 냉매가 액체 상태일 때, 압력을 낮추게 되면 냉매는 증발이 되고, 이 때 증발되는 과정에서 흡수되는 증발열

을 이용하여 저온을 얻는 사이클이다.

이상적인 증기압축 냉동 사이클의 구성은 그림 9·3과 같다.

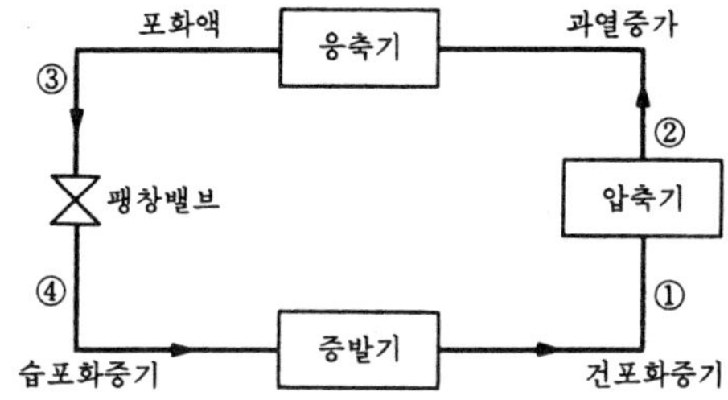

그림 9·3 증기압축 냉동 사이클의 구성

그림에서 보는 바와 같이 증기압축 냉동 사이클은 압축기·응축기·팽창밸브·증발기로 구성되며, 각각의 열역학적 상태량에 대한 증기압축 냉동 사이클의 선도는 그림 9·4와 같다.

증기압축 냉동 사이클의 이상적인 사이클은 그림 9·4의 1-2-3-4-1 로 구성된다. 우선 1에서 저온 저압의 건포화 증기가 압축기로 들어가서 가역 단열 압축 과정을 거치면 냉매의 압력이 2까지 증가하게 되어 과열증기가 된다. 압축기에서 나온 과열증기가 2-3의 응축 과정을 거치면서 액화되어 방출 열량 q_H 를 방출하고, 작동유체인 냉매는 포화액체가 되어 응축기에서 나온다. 이와 같은 포화액체 상태인 냉매는 팽창밸브에서 교축과정인 3-4 과정을 거치면서 증발기로 들어가고, 증발기에서는 4-1 과정을 거치면서 냉매가 증발되어 건포화 증기가 되며, 이 때 외부로부터 증발열을 흡수하게 되어 냉동 효과를 내는 것이다.

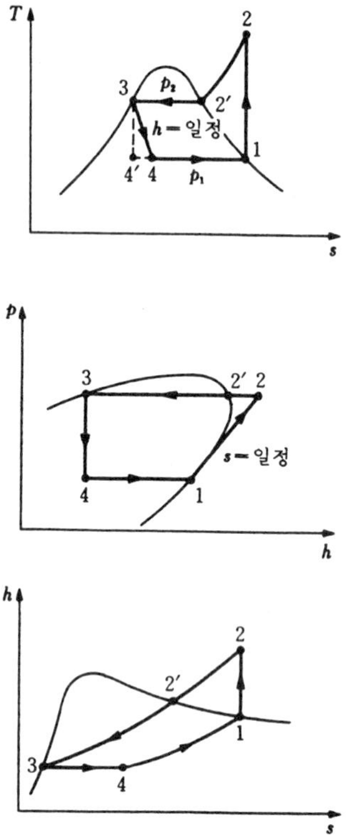

그림 9·4 증기압축 냉동 사이클의 $T-s$선도, $p-h$선도, $h-s$선도

증기압축 냉동 사이클에서 냉매 1kg당 흡입열량(냉동효과), 방출열량, 압축일, 성적계수 등은 다음과 같다.

1-2과정 : 가역단열 압축과정, 포화증기→과열증기

$$\text{압축일} \;\cdots\cdots\; w_c = h_2 - h_1 \tag{9·7}$$

2-3과정 : 정압과정, 과열증기→포화액체

방출열량 .... $q_H = h_2 - h_1$ (9・8)

3-4과정 : 교축과정, 포화액체→습포화 증기

$h_3 = h_4$

4-1과정 : 정압과정, 습포화 증기→건포화 증기

흡입열량 ...... $q_L = h_1 - h_4 = h_1 - h_3$ (9・9)

냉동기의 성적계수...... $\varepsilon_r = \dfrac{\text{흡입열량}}{\text{압축일}} = \dfrac{h_1 - h_4}{h_2 - h_1}$ (9・10)

예제 9.2

프레온 가스를 냉매로 사용하는 증기 압축 냉동 사이클에서 압축기 출구의 엔탈피가 500kJ/kg, 증발기 입구의 엔탈피가 100kJ/kg, 증발기 출구의 엔탈피가 400kJ/kg이다. 이와 같은 경우 다음을 구하라.

① 흡입열량(냉동효과)
② 방출열량
③ 압축일
④ 성적계수

풀이

그림 9·4를 참고하여 문제를 정리하면,

$$h_1=400\text{kJ/kg},\ h_2=500\text{kJ/kg},\ h_3=h_4=100\text{kJ/kg}$$

그러므로

① 흡입열량....... $q_L=h_1-h_4=400-100=300\text{kJ/kg}$

② 방출열량........ $q_L=h_2-h_3=500-100=400\text{kJ/kg}$

③ 압축일kJ/kg..... $w_c=h_2-h_1=500-400=100\text{kJ/kg}$

④ 성적계수......... $\varepsilon_r=\dfrac{\text{흡입열량}}{\text{압축일}}=\dfrac{h_1-h_4}{h_2-h_1}=\dfrac{300}{100}=3$

9.4.2 다단압축 냉동 사이클

증기압축 냉동 사이클의 압축비가 증가하게 되면 압축기 출구의 냉매 온도가 올라가게 되고 과열도가 증가하여 체적효율이 저하되며, 압축기의 일이 증가하여 성적계수가 감소하게 된다. 그러므로 냉매인 포화증기의 압축과정을 2단 압축과정으로 나누게 되면, 우선 저압 압축기로 중간 압력까지 압축하고, 중간냉각기로 냉각시킨 후에 다시 응축압력까지 고압 압축기로 압축을 시키는 사이클을 다단압축 냉동 사이클이라 한다. 이와 같은 냉매를 2단 압축을 하게 되면 냉매의 과열도를 낮추는 것도 가능하고 냉동효과를 증가시키며, 압축 실린더의 과열을 방지하고 또한 압축기의 소요동력을 절약할 수가 있다.

그림 9·5는 2단 압축 냉동 사이클의 구성과 $T-s$ 선도를 나타낸 것이다.

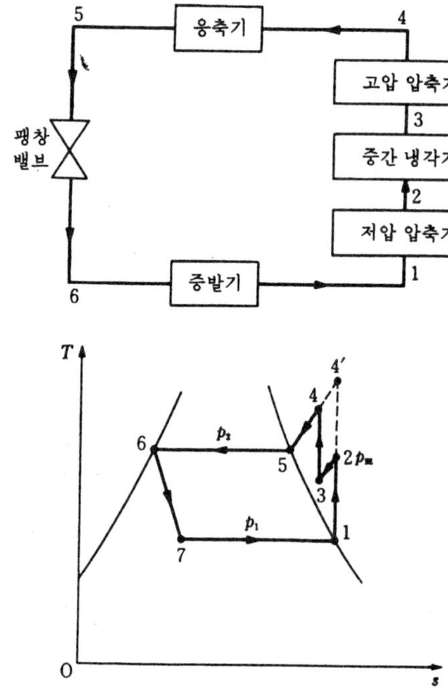

그림 9·5 2단 압축 냉동 사이클의 구성 및 $T-s$ 선도

이 선도에서 보는 바와 같이 2단 압축기를 사용하면 압축기 출구의 온도 및 과열도가 4′→4로 감소하는 것을 알 수 있다.

다단압축 냉동 사이클에서 냉매 1kg당 흡입열량(냉동효과), 방출열량, 압축일, 성적계수 등은 다음과 같다.

1) 흡입열량(냉동효과)....... $q_L = h_1 - h_7 = h_1 - h_6$ (9·11)

2) 방출열량....................... $q_H = h_4 - h_6$ (9·12)

3) 압축일.......................... $w_c = (h_2 - h_1) + (h_4 - h_3)$ (9·13)

4) 성적계수..................... $\varepsilon_r = \dfrac{q_L}{w_c} = \dfrac{(h_1 - h_6)}{(h_2 - h_1) + (h_4 - h_3)}$ (9·14)

또한, 중간 압력 p_m은 일반적으로 다음 식에 의해 결정할 수 있다.

$$p_m = \sqrt{p_1 \cdot p_2} \quad (9 \cdot 15)$$

9.4.3 다효압축 냉동 사이클

다효압축 냉동 사이클은 다효압축기라고 불리는 저압용과 고압용인 2개의 압축기를 1대로 조립한 압축기를 사용하여, 1개의 실린더에 압력이 다른 각각의 증기를 흡입시켜 동시에 압축하도록 해서 1대의 압축기로 2단 압축기의 효과를 얻고자 한 냉동 사이클이다.

그림 9·6은 다효압축 냉동 사이클의 구성도와 $T-s$ 선도를 나타낸다. 그림에서 보는 바와 같이 응축기로 응축된 냉매는 1차 팽창밸브에서 팽창하고, 다효 분리기에서 포와액과 포화증기가 분리된다. 이 때 고압의 포화증기는 다효 압축기로 들어가게 되며, 포화액체는 다시 2차 팽창밸브에서 팽창하고 증발기에서 증발된 후에 저압의 포화증기는 다효 압축기로 들어가게 된다.

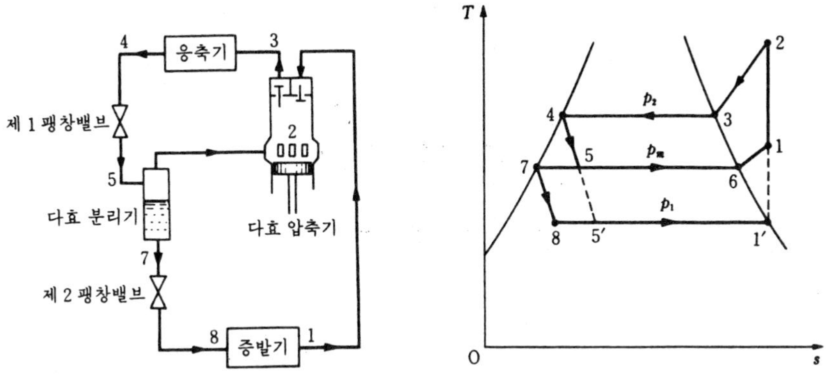

그림 9·6 다효압축 냉동 사이클의 구성 및 $T-s$ 선도

이와 같은 다효압축 냉동 사이클을 사용하게 되면 냉동 효과와 관계 있는 증발기에서 증발하는 냉매의 양은 1kg당 x kg만큼 감소하지만, 증발기에 들어오는 냉매의 건도가 작게 되어 냉동 효과가 증대된다. 다효압축 냉동 사이클은 증발온도와 응축온도와의 차이가 큰 냉매에서 유리하며 냉동 효과가 증가한다.

다효압축 냉동 사이클의 냉매 1kg당 흡입열량(냉동효과), 방출열량, 압축일, 성적계수는 다음과 같다.

1) 흡입열량(냉동효과)....... $q_L = h_2 - h_4 = h_2 - h_5 = h_2 - \{(1-x)h_6 - xh_8\}$ (9·16)

2) 방출열량............. $q_H = h_2 - h_4 = h_2 - h_5 = h_2 - \{(1-x)h_6 + xh_8\}$ (9·17)

3) 압축일.............. $w_c L = q_H - q_L = (h_2 - xh_8) - (1-x)h_1$ (9·18)

4) 냉동기의 성적계수............. $\varepsilon_r = \dfrac{q_L}{w_c} = \dfrac{(1-x)(h_1 - h_7)}{(h_2 - xh_8) - (1-x)h_1}$ (9·19)

9.5 흡수 냉동 사이클

흡수 냉동 사이클은 증발기에서 나온 증기 냉매를 용액으로 흡수하고 증기 발생기에서 열을 가하여 증기를 얻는 것이 증기 압축 냉동 사이클과 다른 점이다. 흡수제를 물로 하고 냉매를 암모니아로 할 경우에 저압의 암모니아 증기가 물에 흡수되고, 그 혼합 액체를 압축하므로 압축에 필요한 압축기의 일이 아주 적어진다.

그림 9·7는 흡수 냉동 사이클의 구성을 나타내는데, 그림에서와 같이 발생기에서 농후한 암모니아 용액이 가열 될 때 냉매인 암모니아만 증발하여 고온 고압의 과열증기가 되어 응축기로 가서 액화되고, 팽창밸브를 지나 증발기에서 암모니아가 증발하면서 냉동 효과를 나타낸다. 또한, 이 저압의 암모니아 증기는 흡수기에서 물이 흡수되어진다.

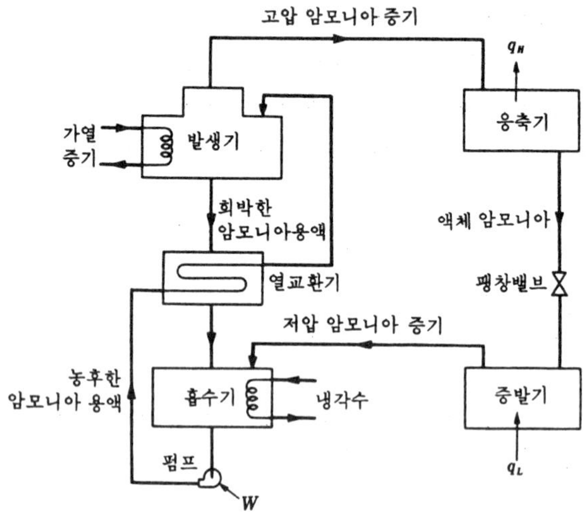

그림 9·7 흡수냉동 사이클의 구성

9.6 공기표준 냉동 사이클

공기표준 냉동 사이클은 냉매를 공기로 사용하는 경우이며, 기본적으로는 브레이턴 사이클의 역사이클이다. 공기와 같은 기체를 액화시키는 장치나 항공기 객실의 냉방과 같은 특별한 경우에 주로 사용되는 냉동 사이클이다.

그림 9·8은 공기표준 냉동 사이클의 구성 및 $T-s$ 선도를 나타낸다. 그림에서 보면, 공기는 압축기에 의하여 1-2 과정에서 압축된 후 열 교환기에 의하여 방출열량이 주위로 방출되어 압축공기의 온도가 주위의 온도까지 냉각된다. 팽창기에서 팽창이 일어나면서 압축 공기의 압력이 주위의 압력까지 강하가 일어나므로, 냉매인 공기는 3-4 과정을 통하여 단열 팽창이 일어나므로 온도가 떨어진다. 다음에 저온의 공기는 저온 열 교환기에서 주위에서의 온도 차이에 의하여 주위의 열을 흡수하여 냉동을 하게 되는 것이다. 이 때 사이클에 의한 냉동 효과 4-1-b-a-4로 표시되며, 사이클에 대한 압축기에 의한 일은 1-2-3-4-1로 된다.

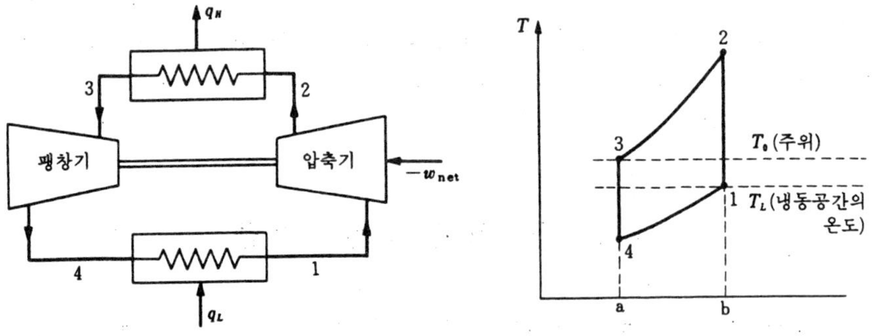

그림 9·8 공기표준 냉동 사이클의 구성 및 $T-s$ 선도

이 때 사이클의 각 과정에서 압력과 온도와의 관계는 다음과 같이 나타나게 된다.

$$\frac{T_2}{T_1}=\left(\frac{p_2}{p_1}\right)^{\frac{(k-1)}{k}}=\left(\frac{p_3}{p_4}\right)^{\frac{(k-1)}{k}}=\frac{T_3}{T_4}=\frac{T_2-T_3}{T_1-T_4}$$

공기표준 냉동 사이클의 냉매 1kg당 흡입열량(냉동효과), 방출열량, 압축일, 성적계수는 다음과 같다.

1) 흡입열량(냉동효과)....... $q_L=C_p(T_1-T_4)$ (9·20)

2) 방출열량.......................... $q_H=C_p(T_2-T_3)$ (9·21)

3) 압축일............................. $w_c=q_H-q_L$

$$=C_p\{(T_2-T_3)-(T_1-T_4)\} \quad (9\cdot 22)$$

4) 냉동기의 성적계수....... $\varepsilon_r=\frac{q_L}{w_c}=\frac{q_L}{q_H-q_L}$

$$=\frac{(T_1-T_4)}{(T_2-T_3)-(T_1-T_4)}$$

$$=\frac{1}{\left(\frac{p_2}{p_1}\right)^{\frac{(k-1)}{k}}-1} \quad (9\cdot 23)$$

또한, 공기표준 냉동 사이클은 개방 사이클로서 항공기의 냉방 장치에 응용되고 있으며, 그 구성은 그림 9·9와 같다. 이 경우에서 팽창기에서 팽창되어 냉각된 신선한 공기는 바로 비행기 내의 객실로 분출되어 냉방 효과를 가져온다.

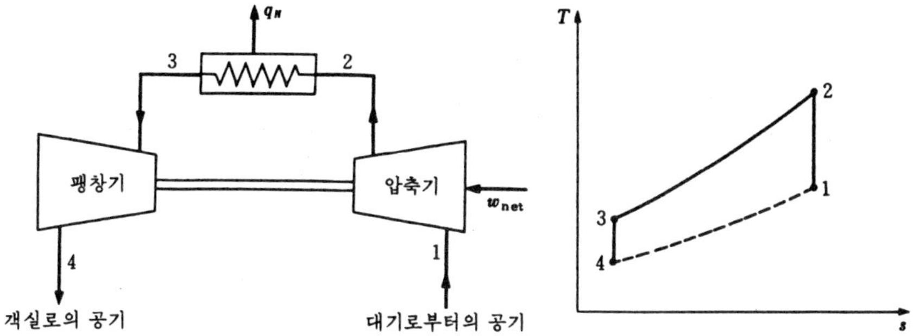

그림 9·9 항공기 냉방에 사용되는 공기표준 냉동 사이클

예제 9.3

공기표준 냉동 사이클에서 공기가 0.1MPa, -15℃로 압축기에 유입되어 1MPa로 압축되며, 40℃로 터빈에 유입된다. 이 때 다음을 구하라.

단, 공기의 C_p=1.227kJ/kg · K, k=1.4이다.

① 압축기의 일
② 터빈의 일
③ 냉동효과
④ 방출열량
⑤ 성적계수

풀 이

문제의 조건에 의하여 그림 9·8을 참조하면

$$p_3 = p_2 = 1\text{MPa},\quad p_1 = p_4 = 0.1\text{MPa},\quad T_3 = 313\text{K},\quad T_1 = 258\text{K}$$

$$T_2 = T_1\left(\frac{p_2}{p_1}\right)^{\frac{(k-1)}{k}} = 258\left(\frac{1}{0.1}\right)^{\frac{0.4}{1.4}} = 498\text{K}$$

$$T_4 = T_3\left(\frac{p_4}{p_3}\right)^{\frac{(k-1)}{k}} = 313\left(\frac{1}{0.1}\right)^{\frac{0.4}{1.4}} = 162\text{K}$$

① 압축기의 일 : $w_c = h_2 - h_1 = c_p(T_2 - T_1)$=1.227(498-258)=294kJ/kg

② 터빈의 일 : $-w_c = h_4 - h_3 = c_p(T_4 - T_3)$=1.227(162-313)=-185kJ/kg

③ 냉동효과 : $q_L = h_1 - h_4 = c_p(T_1 - T_4)$=1.227(258-162)=118kJ/kg

④ 방출열량 : $-q_L = h_3 - h_2 = c_p(T_3 - T_2)$=1.227(313-498)=-227kJ/kg

⑤ 성적계수 : $\varepsilon_r \frac{q_L}{w_{\neq t}} = \frac{q_L}{w_c - w_t} = \frac{118}{294 - 185} = 1.08$

연 습 문 제

1. 성능계수가 3 인 냉동기가 0℃의 물 1톤을 냉동하기 위하여 공급해야 할 동력은 얼마인가?

답 31kWh

2. 이상 냉동기에서 냉매의 응축 온도가 50℃이고, 증발 온도가 -30℃인 냉동기의 성적계수를 구하라.

답 3.03

3. 응축온도 30℃, 증발온도 -5℃의 사이에서 작동하는 이상 냉동기의 냉동능력은 1 냉동톤이다. 소요 동력을 구하라.

답 0.5kW

4. 어떤 냉동기에서 0℃의 물로 0℃의 얼음 5톤을 만드는데 100kWh의 동력이 필요하다. 이 냉동기의 성적계수는 얼마인가? 단, 물의 응고열은 80kcal/kg이고, 얼음의 평균비열은 0.5이다.

답 4.65

5. 암모니아 압축 냉동장치가 응축온도 30℃, 증발기 온도 15℃, 과냉각 온도 5℃이다. 이 때의

① 암모니아 1kg당의 냉동효과,

② 성적계수를 구하라(부록의 암모니아 증기표 이용).

답 ① 1189.22kJ/kg, ② 5.15

6. 압축기 온도 30℃, 증발기 온도 -30℃인 암모니아를 냉매로 하는 1단 압축 냉동기의 성적계수를 구하라.

답 3.13

7. 프레온 R-12가 냉매이고, 증발온도 -15℃, 응축온도 45℃로 하는 냉동 사이클에서
   ① 응축기 출구에서 15℃의 과 냉각을 할 경우,
   ② 압축기 입구에서 15℃의 과열을 할 경우,
   ③ 압축기 출구에서 포화증기가 되도록 압축을 할 경우에 대하여 성적계수의 변화를 구하라.

답 ① 4.02, ② 3.38, ③ 3.16

8. 2단압축 냉동 사이클에서 저압측의 압력이 1 ata, 고압측의 송출압력이 20 ata일 때, 가장 이상적인 중간 압력은 얼마인가?

답 4.47ata

9. CO_2 를 냉매로 하는 다효 압축 냉동 사이클이 응축온도 20℃, 증발온도 -20℃로 작동할 경우 성적계수를 구하라.

답 4.19

10. 공기표준 냉동 사이클이 10kWh의 일을 해서 고온계에 20kcal/s의 열을 방출한다면 저온계에서 냉동효과로 흡수하는 열량은 얼마인가?

답 17.61kcal/h

11. 압력 1ata와 5ata 사이에 작동하는 공기표준 냉동기에서 주위온도가 30℃이고, 냉동실 온도가 -15℃일 때

① 공기 1kg당의 냉동효과
② 공기 1kg당의 방열량
③ 성적계수
④ 압축기 소비일량을 구하라.

답 ① 16kcal/kg, ② 25.4kcal/kg, ③ 1.7, ④ 9.4kcal/kg

12. 공기표준 냉동기에서 압축기의 입구 온도 -5℃, 출구 온도 105℃, 팽창기 입구 온도 10℃, 출구 온도 -70℃라 할 때

① 공기 1kg당의 냉각효과,
② 공기 1kg당의 방열량,
③ 성적계수를 구하라.
단, 공기의 C_p=1.227kJ/kg · K로 한다.

답 ① 79.75kJ/kg, ② 116.56kJ/kg, ③ 2.166

참 고 문 헌

(1) Handbook of Thermodynamic Table and Charts, Kuzman Raznjevic, HemispherePublishing Corporation, 1976.

(2) Fundamental of Classical Thermodynamics, Van Wylen and Sonntag, third edition, 1985

(3) Applications of Thermodynamics, Bernard D. Wood, second edition, Addison Wesley, 1982.

(4) 冷凍 및 空氣調和, 張泰鉉外 2人, 보성각, 1993

(5) 工業熱力學, 金東鎭外 2人, 문운당, 1992

(6) 最新 工業熱力學, 吳炳旭 구민사, 1990

(7) 最新 工業熱力學, 盧錫柱外 2人, 동명사, 1991

제10장 전 열

이 장에서는 열의 이동 현상에 대하여 살펴보기로 한다. 두 물체 사이 혹은 한 물체에서도 온도차가 있을 때에는 열적인 평형 상태에 있지 않으므로, 그 온도차에 의해 고온부에서 저 온부로 열이 이동한다. 열의 이동에 대한 방향은 열역학 제2 법칙에서 확인되었다.

이와 같이 열적인 평형 상태를 이루기 위한 열 에너지의 이동 현상을 전열이라고 한다. 이러한 전열에는 전도, 대류(열전달), 복사 등 세 가지 형태가 있다. 전열은 Fourier의 열전도에 관한 법칙, 대류 열전달에 대한 Newton의 냉각법칙과 복사 열전달에 대한 Stefan-Boltzmann의 법칙 등 물리적인 법칙이 기초를 이루고 있다. 전열 현상은 실제로 여러 가지의 열 설비, 공업 기기 등의 열 계산에 있어서 매우 중요한 역할을 하지만, 실용상의 많은 응용 예에서는 매우 복잡한 전열 기구를 수반하고 있다.

10.1 열전도

열전도(heat conduction)는 고체 혹은 정지하고 있는 유체의 내부에 온도차가 있을 경우에 발생하는 전열 현상으로서, 열은 온도가 높은 분자로부터 이것과 접하는 온도가 낮은 분자로 전달되기 때문에 일어나는 열의 이동 현상이다.

열전도에 의한 전열량을 1차원의 온도장에서 생각하면, 1822년 푸리에(Fourier)는 "재질이 균질이고 균일한 고체 내부의 정상 열전도에 대하여 전열량은 온도 구배와 열 유동 방향에 직각인 단면적에 비례한다"고 하였다. 이를 식으로 표시하면 다음과 같다.

$$\frac{dQ}{d\tau} = q = -kA\frac{dt}{dx} \qquad (10 \cdot 1)$$

여기서 Q는 전열량(W·h), τ는 시간(h), A는 전열면적(m^2), q는 단위 시간당의 전열량(W)이다. $-\frac{dt}{dx}$는 단위 길이당의 온도 변화, 즉 온도 구배(temperature gardient)이며, (-)부호는 벽의 두께 x의 (+)방향으로 열이 이동할 때 열의 유동 방향으로 온도가 강하함을 뜻한다. 즉, $(t_1 - t_2)$ 이다. 또한, 비례상수 k는 **열전도율**(thermal conductivity)로 물질 특유의 물성값이며, 열전도의 대소를 나타낸다. k의 값이 큰 물질일수록 열을 잘 전달하는 성질이 있다. k 의 단위는 다음과 같이 표시된다.

$$k = \frac{q}{A} \cdot \frac{dx}{dt}\left[\frac{\mathrm{W}}{\mathrm{m}^2}\,\frac{\mathrm{m}}{℃} = \mathrm{W/m℃}\right]$$

앞의 식 (10·1)은 열전도의 기본법칙인 푸리에의 법칙이라고 한다. 또한, 단위시간 단위 면적당의 전열량, 즉 $\frac{q}{A}$를 열유속(heat flux)이라고 한다. 그러면 단순화시킨 여러 경우에 푸리에의 법칙을 적용하여 보자.

10.1.1 평행 평면판

그림 10·1과 같이 양면이 행형하고 두께가 δ인 균질한 평면판 양쪽면의 온도 t_1, t_2($t_1 > t_2$)가 표면상에서 일정하게 유지될 때, 전열량 q(W)는 푸리에의 법칙에 의하여 다음과 같이 표시된다.

$$q = -kA\frac{dt}{dx}, \quad \therefore dt = -\frac{q}{kA}dx$$

적분하면

$$t = -\frac{q}{kA}x + C$$

C는 적분상수일 때 경계조건에서 $x=0$, $t=t_1$이므로,

$$C = t_1$$

$x=\delta$, $t=t_2$이므로

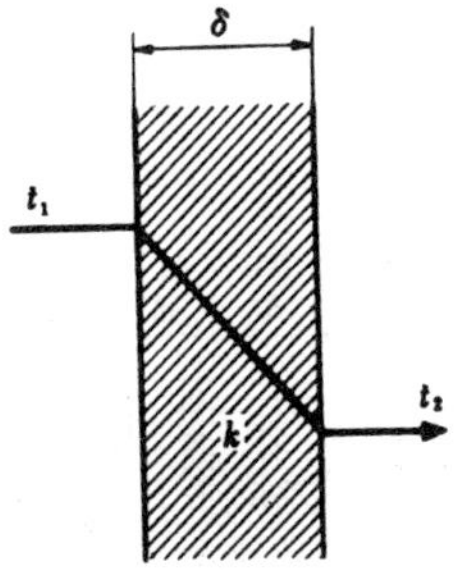

그림 10·1 평행 평면판

$$t_2 = -\frac{q}{kA}\delta + t_1$$

따라서

$$q = \frac{k}{\delta} A(t_1 - t_2)$$

이 식을 바꾸어 쓰면,

$$q = \frac{A(t_1 - t_2)}{\delta k} \qquad (10 \cdot 2)$$

가 된다. 여기서 δk(m^2℃/W)를 열전도 저항(heat conduction resistance)이라고 한다.

다음에는 서로 다른 종류의 균질인 평행 평면판을 열이 흐르는 경우를 생각하기로 한다.

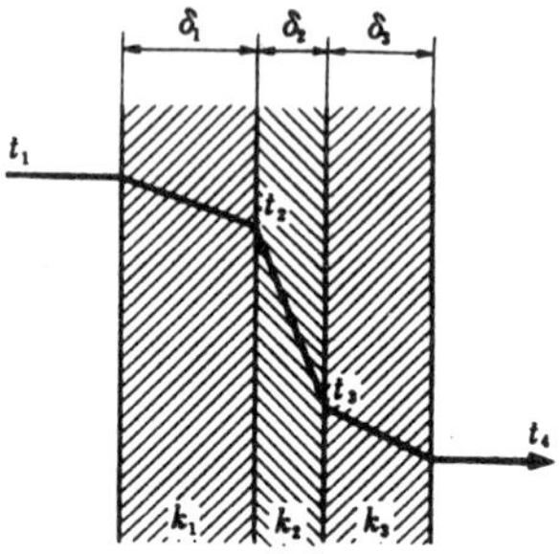

그림 10·2 3중 평행 평면판

그림 10·2와 같이 평판이 3중인 경우, 각 층의 두께를 δ_1, δ_2, δ_3열전도율을 k_1, k_2, k_3라 하고, 각 층의 결합면은 밀착되어 그 표면 온도는 동일하므로 3중 평면판의 외측온도로부터 순차적으로 t_1, t_2, t_3, t_4로 표시할 때, 각 층의 사이의 전열량은 같으므로

$$q=\frac{k_1}{\delta_1}A(t_1-t_2),\quad \therefore t_1-t_2=\frac{\delta_1}{k_1A}q$$

$$q=\frac{k_2}{\delta_2}A(t_2-t_3),\quad \therefore t_2-t_3=\frac{\delta_1}{k_1A}q$$

$$q=\frac{k_3}{\delta_3}A(t_3-t_4),\quad \therefore t_3-t_4=\frac{\delta_1}{k_1A}q$$

이므로, 3식을 더하면

$$q=\frac{A(t_1-t_4)}{\frac{\delta_1}{k_1}+\frac{\delta_2}{k_2}+\frac{\delta_3}{k_3}} \qquad (10 \cdot 3)$$

식 (10・3)을 n종류의 균질인 평행 평면판에 적용하면,

$$q=\frac{A(t_1-t_{n+1})}{\frac{\delta_1}{k_1}+\frac{\delta_2}{k_2}+\cdots+\frac{\delta_n}{k_n}}=\frac{A(t_1-t_{n+1})}{\sum_{i=1}^{n}\frac{\delta_1}{k_1}}(\mathrm{W}) \qquad (10 \cdot 4)$$

식 (10・4) 에서 전열량 q는 각 층이 결합 된 내부의 표면 온도와는 무관하며, 다층 평면판 양단의 온도차만 알면 계산할 수 있다.

예제 10. 1

유리의 면적이 12m², 두께가 1㎝이며, 열전도율은 0.8W/m℃이다. 어느 차가운 날, 유리의 바깥쪽 표면온도는 -1℃이며, 안쪽 표면온도는 3℃의 온도를 갖고 있다. 이 경우 유리를 통한 전열량을 구하라.

풀이

유리를 통한 열전달량은

$$q = \frac{k}{\delta} A(t_1 - t_2) = \frac{0.8 \times 12 \times (3+1)}{0.01} = 3840\text{W}$$

예제 10.2

두께 20㎝의 벽돌(k_1=1.3W/m℃)과 두께 10㎝의 절연체(k_2=0.5W/m℃)로 된 이중벽이 있다. 온도는 벽돌 쪽이 t_1=500℃, 플리스틱 절연체 쪽이 t_3=100℃이다. 이 벽의 단위 면적당 전열량과 접촉면의 온도 t_2를 구하라.

풀이

이중 벽을 통한 전열량은

$$\frac{q}{A} = \frac{(t_1 - t_3}{\frac{\delta_1}{k_1} + \frac{\delta_2}{k_2}} = \frac{(500-100)}{\frac{0.2}{1.3} + \frac{0.1}{0.5}} = 1130(\text{W/m}^2)$$

접촉면의 온도 t_2는

$$\frac{q}{A} = \frac{k_1}{\delta_1}(t_1 - t_2)$$

$$t_2 = t_1 - \frac{\delta_1}{k_1} \cdot \frac{q}{A} = 500 - \frac{0.2}{1.3} \times 1130 = 326℃$$

10.1.2 원관에서의 열전도

그림 10·3의 (a)와 같이 길이 l, 반지름 r_1, r_2인 중공 원관벽에서 내면 및 외면온도를 각각 t_1, $t_2(t_1 > t_2)$라 할 때, 열은 원관의 내측에서 외측으로 흐르게 된다. 또, 재료의 열전도율 k는 일정하다고 보고 그림과 같이 관 벽의 내부에 반지름 r, 미소두께 dr인 중공 원관을 이용하여, 원관에서 반지름 방향으로 흐르는 전열량 q는 식 (10·1)에서 dx를 dr로 대치하면 된다. 즉,

$$\frac{dQ}{d\tau} = q = -kA\frac{dt}{dr}$$

단면적 $A = 2\pi rl$이므로,

$$q = -k \cdot 2\pi rl \cdot \frac{dt}{dr}, \quad \therefore dt = -\frac{q}{2\pi lk} \cdot \frac{dr}{r}$$

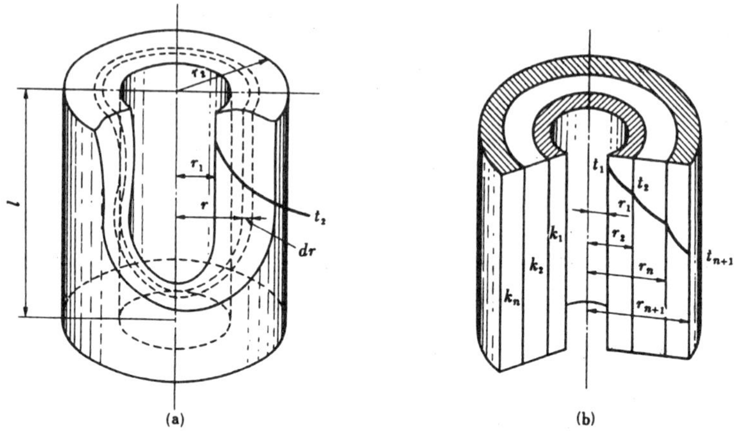

그림 10·3 원관에서의 열전달

이것을 적분하면

$$t = -\frac{q}{2\pi l \cdot k}\ln r + C$$

C는 적분상수일 때 경계조건에서 $r = r_1$, $t = t_1$이므로,

$$t_1 = \frac{q}{2\pi l \cdot k}\ln r_1 + C$$

$r = r_2$, $t = t_2$이므로

$$t_2 = -\frac{q}{2\pi l \cdot k} \ln r_2 + C$$

위의 두 식에서

$$t_1 - t_2 = \frac{q}{2\pi l \cdot k}(\ln r_2 - \ln r_1) = \frac{q}{2\pi l \cdot k} \ln \frac{r_2}{r_1}$$

$$q = \frac{2\pi l(t_1 - t_2)}{\frac{1}{k} \ln \frac{r_2}{r_1}} \qquad (10 \cdot 5)$$

식 (10 · 5)는 원관의 열전도식이 되며, 온도 분포는 대수곡선이 됨을 알 수 있다. 이때 분모 $\frac{1}{k}\ln\frac{r_2}{r_1}$가 원관에서의 열전도 저항에 해당한다.

다음에는 그림 10 · 3의 (b)와 같은 동심의 다층 원관일 때의 전열량을 생각해 보자.

지금 n층의 각 층 반지름을 r_1, r_2, …… r_{n+1}, 각 층의 열전도율을 k_1, k_2, …… k_n이라 할 때, 식 (10 · 5)에서 유도할 수 있다.

$$q = \frac{2\pi l(t_1 - t_2)}{\sum_{i=1}^{n} \frac{1}{k} \ln \frac{r_{i+1}}{r_i}} \qquad (10 \cdot 6)$$

예제 10.3

내측의 반지름이 r_1 = 50 mm, 온도 t_1= 300 ℃, 외측의 반지름 r_2 = 150 mm, 온도 t_2 = 30℃인 중공원관(k = 0.04W/m℃)이 있다. 길이가 1m일 때 전열량을 구하라. 또, 이 중공 원관 중간 지점의 온도를 구하라.

풀이

전열량 q는

$$q = \frac{2\pi l(t_1 - t_2)}{\frac{1}{k_1}\ln\frac{r_2}{r_1}} = \frac{(2\pi)(1)(300-30)}{\frac{1}{0.04}\ln\frac{0.15}{0.05}} = 61.7\text{W}$$

중간지점(r)의 온도 t는

$$t = t_1 - (t_1 - t_2)\frac{\ln\frac{r}{r_1}}{\ln\frac{r_2}{r_1}} = 300 - (300-30)\frac{\ln\frac{0.10}{0.015}}{\ln\frac{0.15}{0.05}} = 130℃$$

10.1.3 구에서의 열전달

그림 10·4와같이 반지름 r_1, r_2인 중공 구형의 경우, 중심에서 반지름 r_1인 지점에서의 온도는 t_1이고, r_2인 지점의 온도는 t_2라 할 때, $t_1 > t_2$이면 열은 구의 내측에서 외측을 향하여 반지름 방향으로만 흐른다고 가정하면, 반지름 r, $r+dr$로 이루어진 미소 구면을 통과하는 단위 시간당의 전달 열량은 $A=4\pi r^2$ 이므로,

$$q=-k\cdot 4\pi r^2\cdot \frac{dt}{dr}, \quad \therefore dt=-\frac{q}{4\pi\cdot k}\frac{dr}{r^2}$$

이것을 적분하면,

$$t=\frac{q}{4\pi\cdot k}\frac{1}{r}+C$$

C를 적분상수라 할 때, 경계 조건에서 다음과 같이 된다.

$$r=r_1,\ t=t_1\text{이므로},\ t_1=\frac{q}{4\pi\cdot k}\frac{1}{r_1}+C$$

$$r=r_2,\ t=t_2\text{이므로},\ t_2=\frac{q}{4\pi\cdot k}\frac{1}{r_2}+C$$

$$\therefore t_1-t_2=\frac{q}{4\pi\cdot k}\left[\frac{1}{r_1}-\frac{1}{r_2}\right]$$

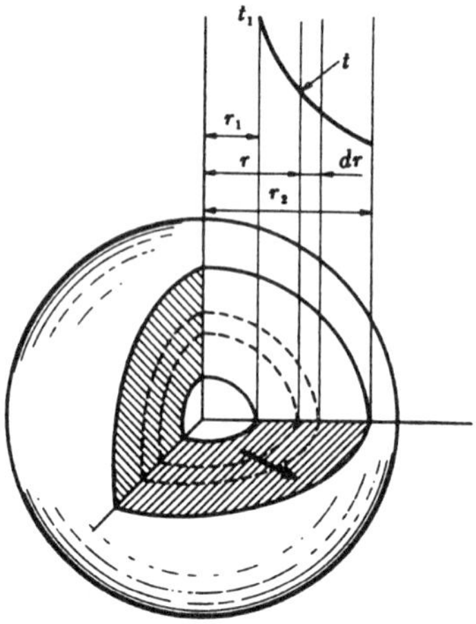

그림 10 · 4 구에서의 열전달

따라서

$$q = \frac{4\pi \cdot k(t_1 - t_2)}{\dfrac{1}{r_1} - \dfrac{1}{r_2}} \qquad (10 \cdot 7)$$

예제 10. 4

외측 반지름 150mm, 내측 반지름 50mm인 중공 구(k=0.04W/m℃)가 있다. 외벽 및 내벽의 온도를 각각 30 ℃, 300℃ 라고 할 때, 이 구에서의 전열량과 구의 중간 지점의 온도를 구하라.

풀이

전열량 q는

$$q=\frac{4\pi\cdot k(t_1-t_2)}{\frac{1}{r_1}-\frac{1}{r_2}}=\frac{(4\pi)(0.04)(300-30)}{\frac{1}{0.05}-\frac{1}{0.15}}=10.17\mathrm{W}$$

중간지점(r)의 온도 t

$$t=t_1-\frac{\frac{r_2}{r_1}-\frac{r_2}{r}}{\frac{r_2}{r_1}-1}(t_1-t_2)=300-\frac{\frac{0.15}{0.05}-\frac{0.15}{0.10}}{\frac{0.15}{0.05}-1}(300-30)=97.5℃$$

10.2 대류 열전달

용기에 물을 넣고 용기를 가열하면, 아랫부분의 물은 전열에 의해 온도가 상승하여 체적은 팽창하고 밀도는 작아진다. 밀도가 작은 물은 부력에 의하여 위로 상승하고, 그 자리에는 위의 밀도가 큰물이 하강하여 다시 가열된다. 이와 같은 유체의 유동을 대류라고 한다. 즉, **대류 열전달**(convective heat transfer)은 열에너지를 보유한 물질이 어떤 장소로 이동할 때 물질의 이동 이외에 열에너지의 이동을 일으키는 전열 현상이다. 예를 들면, 고온의 금속관이 온도가 다른 유체와 접촉하고 있을 때 유체에 유동이 생기면서 열이 이동하는 현상이다.

유체는 열을 받으면 밀도가 작아져서 부력이 생기기 때문에 상승 현상이 생겨 유체 스스로 대류 현상이 생긴다. 또, 고온의 금속판은 정지된 공기 중에 놓여 있는 것보다 송풍기 앞에 놓여 있을 때 더욱 빨리 냉각된다. 전자를 **자연 대류**(natural convection) 또는 자유 대류(free convection)라 하고, 후자와 같이 송풍기나 교반기 등의 장치로써 대류를 촉진시키는 것을 **강제 대류**(forced convection)라고 한다. 즉, 공기 유동 속도도 열전달에 영향을 미치고 있음을 알 수 있다. 또, 금속판을 공기 대신 물로 냉각한다면 열전달에도 차이가 있게 된다.

한편, 비등(boiling)이나 응축(condensing) 역시 대류 열전달에서 취급하게 된다. 일반적으로 열전달은 대류 열전달과 아울러 열복사가 동시에 일어나지만 대부분의 경우 열복사는 별도로 취급한다.

고체에 접촉하는 유체의 온도 분포는 그림 10・5와 같이 고체에 접해 있어 비교적 얇은 층에서 유체온도 t_a로부터 고체 표면 온도 t_w로 변하는 모양을 하고 있다. 이 층을 **온도 경계층**(thermal boundary)이라고 한다.

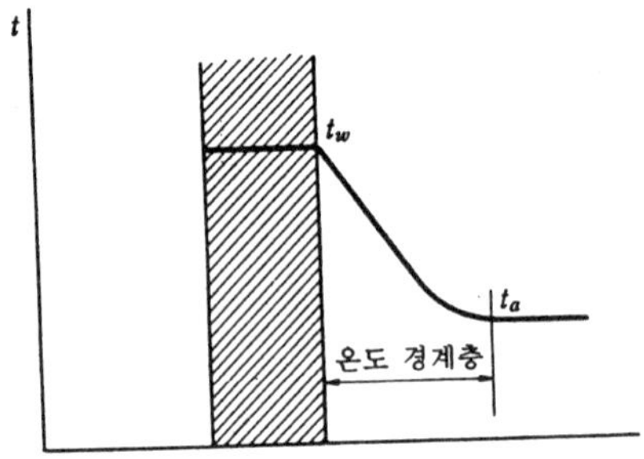

그림 10・5 온도 경계층

지금 고체면적이 A(m^2)일 때 고체와 유체간의 전열량 q는 일반적으로 뉴턴의 냉각

법칙(Newton's cooling law)이라 불리는 다음 식으로 나타낸다.

$$q = A\alpha(t_w - t_a) \qquad (10 \cdot 8)$$

여기서 α는 **열전달 계수**(coefficiency of heat transfer) 또는 열전달률이라고 하며, 단위는 W/m^2℃이다. 열전달 계수 α는 유체의 종류, 속도, 온도차, 유로의 형상, 흐름의 상태 등에 따라 달라진다. 따라서, α의 값은 k의 경우와 달라서 물질에 따라 결정되는 상수가 아니다. 이것이 대류 열전달의 해석을 복잡하게 하는 원인이 된다. 대류에 의한 열전달률 α는 이론적으로 또는 실험으로 구하고 있으나, 상사법칙을 써서 무차원으로 표시하는 경우가 많다.

강제대류 열전달이 어떠한 무차원 물리량과 관계가 있는지 생각해 보자.

열전달률 α에 영향을 미치는 주요한 물리량으로는, 전열물체의 대표 크기 l, 전열량에 관계하는 유체의 열전도율 k, 대류에 의한 에너지 수송에 관계하는 비열 C_p, 흐름에 관한 유체의 속도 v, 밀도 ρ, 점성계수 μ를 생각할 수 있다 (전열의 원리상, 온도는 모두 온도차로서 표시되고, α, k, C_p에 포함되어 있음). 이러한 물리량을 조합시켜 무차원 물리량을 얻기 위해 그것들을 x_1, x_2, ...승의 곱으로 생각하자.

$$\alpha^{x_1} \cdot l^{x_2} \cdot k^{x_3} \cdot C_p^{x_4} \cdot v^{x_5} \cdot \rho^{x_6} \cdot \mu^{x_7} \qquad (10 \cdot 9)$$

차원은 길이, 질량, 시간, 열량, 온도차의 단위를 각각 L, M, t, H, Θ로 하면,

$$\left[\frac{H}{L^2 t\Theta}\right]^{x_1} [L]^{x_2} \left[\frac{H}{Lt\Theta}\right]^{x_3} \left[\frac{H}{M\Theta}\right]^{x_4} \left[\frac{L}{t}\right]^{x_5} \left[\frac{M}{L^3}\right]^{x_6} \left[\frac{M}{Lt}\right]^{x_7}$$

여기서, H/t의 단위는 watt이다.

이 곱이 무차원이 되기 위해서는 기본단위의 지수가 모두 0이 되면 된다. 그러나 H와 Θ는 항상 (H/Θ)형으로 고려되어, 본질적으로 이것을 하나로 볼 수 있으므로 기본단위는 4개이며,

H/Θ의 지수 : $x_1+x_3+x_4=0$

L의 지수 : $-2x_1+x_2-x_3+x_5-3x_6-x_7=0$

M의 지수 : $-x_4+x_6+x_7=0$

t의 지수 : $-x_1-x_3-x_5-x_7=0$

미지수는 7개이고 식은 4개이므로, 독립된 지수는 3개이다.

지금 a, C_p, v에 주목하여, $x_2=x_1+x_5$, $x_3=-x_1-x_4$, $x_6=x_5$, $x_7=x_4-x_5$로 되며, 이 관계식을 식 (10・9)에 대입하여

$$\left[\frac{\alpha l}{k}\right]^{x1}\quad\left[\frac{C_p\mu}{k}\right]^{x4}\quad\left[\frac{\rho\, v l}{\mu}\right]^{x5}$$

즉, 열전달 현상은 [ ]내의 세 가지 무차원량으로 표시되고, 하나는 다른 2개의 함수로서 표현된다.

$$\frac{al}{k}=\frac{C_p\mu}{k}\,\frac{\rho vl}{\mu}$$

이러한 무차원량은 각각 Nusselt 수(Nu), Reynolds 수(Re), Prandtl 수(Pr)로 부르고,

$$Nu = \frac{\alpha l}{k}, \quad Re = \frac{\rho v l}{\mu}, \quad Pr = \frac{C_p \mu}{k} = \frac{v}{\alpha}$$

로 표시된다. 여기서 α는 온도 확산률이며, v는 동점성 계수이다. Nu 수는 열전달량과 순전도에 의한 전열량의 비에 관련된 양이고, Re 수는 흐름의 관성력(운동량)과 관련된 양이며, Pr수는 운동량 이동과 열이동 계수의 비에 관한 무차원수이다.

자연대류에서는 유속이 미지이므로 Re를 알기 위하여 온도차에 의한 부력과 점성력의 비를 취한 무차원수를 사용한다. 이것을 Grashof 수(Gr)라고 하면,

$$Gr = g\beta\Delta t \frac{l^3}{v^2}$$

여기서 g는 중력 가속도(m/s^2), β는 유체의 체적 팽창계수(1/℃), Δt는 고체표면과 유체와의 온도차(℃)이다.

이론적 연구나 실험에 의하여 자연대류 및 강제대류일 때의 Nu는 다음과 같은 함수관계로 표시된다.

$$\text{자연대류 : } Nu = f(Gr, Pr) \qquad (10 \cdot 10)$$

$$\text{강제대류 : } Nu = f(Re, \ Pr) \qquad (10 \cdot 11)$$

식 (10 · 10), (10 · 11)과 같은 무차원 수식을 쓰면 근사적으로 상사한 전열면의

Nusselt 수를 구할 수 있으므로, 위 Nu 의 정의에서 $a = Nu\frac{k}{l}$ 로부터 열전달 계수를 구할 수 있다. 그리하여 이 a 를 식 (10・8)에 대입하면 q 를 계산할 수 있다.

10.2.1 강제 대류 열전달

[1] 평판

길이가 l 인 평판이 V 의 속도로 흐름과 평행하게 놓여 있을 때

$$Nu = 0.0296(Re)^{0.8}(Pr)^{\frac{1}{3}}$$

단, Nu, Re 수의 대표 길이는 평판의 길이 l로 하고, k, v, a 등의 물성 값은 유체의 온도와 평판의 표면 온도와의 평균 온도에 대한 값을 취한다.

[2] 관내 유동

안지름이 d인 관내를 단면 평균 유속 v로 흐를 때 유체와 고체 내벽과의 사이에서 일어나는 강제 대류 열전달에 대하여 McAdams는 그 실험 결과를 정리하여 다음 식을 제시하였다.

단, Nu, Re의 대표 길이는 관 지름을 d로 하고, k, v, a 등의 값은 물질의 성질에 의해 구해지며, 이 값은 관내 유체의 평균 온도와 관 벽 온도와의 평균에 대한 값이며, 0.7< Pr<120, 000< Re<120000, ld<60일 때이다. 이때의 l은 관 길이이다.

$$Nu = 0.232 Re^{0.8} Pr^{0.4}$$

이 식은 유체의 Pr가 액체 금속의 Pr와 같이 그 값이 작지 않은 유체에 적용한다.

[3] 관군

관군에 직각으로 가스가 유동하게 하여 열교환을 하도록 한 형식이 많이 있다. 현재까지의 실험에 의하면, 관군의 외부 유체와 관군의 벽 사이의 열전달에 관하여는 다음 식으로 표시된다.

$$Nu = CRe^{m}$$

여기서 C 와 m의 그림 10·6과 같은 관 배열과 관의 간격 S 에 따라서 표 10·1과 같이 주어진다.

이 식에서 Nu, Re의 대표 길이는 관군의 바깥 지름이 d이고, 유속 v는 관 사이의 최소 간격을 지날 때의 유속이며, k, v 등의 값은 유체의 관군 입구 온도 t_1 과 출구 온도 t_2 의 평균 온도와 관 외면의 t_w와의 평균, 즉 $\{(t_1+t_2)/+t_w\}/2$에 대한 값이다.

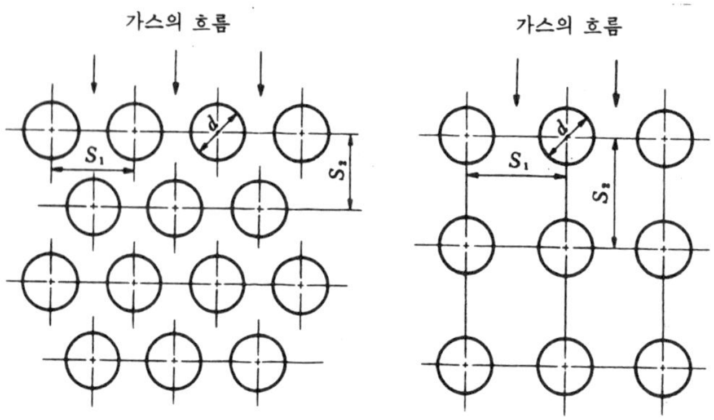

(a) 능형배열　　(b) 정방형배열

그림 10·6 관군의 단면

표 10·1 관배열에 대한 C, m의 값

판배열	X	Y=1.25		Y=1.5		Y=2.0		Y=3.0	
		C	m	C	m	C	m	C	m
능형 배열	0.600							0.213	0.636
	0.900					0.446	0.571	0.401	0.581
	1.000			0.497	0.558				
	1.125					0.478	0.565	0.518	0.560
	1.25	0.58	0.556	0.505	0.554	0.519	0.556	0.522	0.562
	1.500	0.451	0.568	0.460	0.562	0.452	0.568	0.488	0.568
	2.000	0.404	0.572	0.416	0.568	0.482	0.556	0.449	0.570
	3.000	0.301	0.059	0.356	0.580	0.0440	0.562	0.421	0.574
장방형 배열	1.250	0.348	0.592	0.275	0.608	0.100	0.704	0.0633	0.752
	1.500	0.367	0.586	0.250	0.620	0.101	0.702	0.0678	0.744
	2.000	0.418	0.570	0.299	0.602	0.229	0.632	0.198	0.648
	3.000	0.290	0.601	0.357	0.584	0.374	0.581	0.286	0.608

10.2.2 자연대류 열전달

[1] 평판

공기 중이나 수중에 수직으로 놓인 평판에 대해서는 다음 식으로 주어진다.

$$Nu = 0.56(Gr \cdot Pr)^{1/4}, \quad 10^4 < Gr \cdot Pr < 10^9$$
$$Nu = 0.13(Gr \cdot Pr)^{1/3}, \quad 10^9 < Gr \cdot Pr < 10^{12}$$

여기서 Gr와 Pr를 구할 때 d는 평판 높이 , v, k, α 등은 판의 표면온도와 유체온도와의 평균온도에 대한 값이다.

[2] 수평판

공기 또는 수중에 놓인 수평 원관의 주위에서 일어나는 자연대류 열전달에 대해서는 다음의 관계식이 주어진다.

$$Nu = 0.56(Gr \cdot Pr)^{1/4}, \quad 10^4 < Gr \cdot Pr < 10^9$$
$$Nu = 0.13(Gr \cdot Pr)^{1/3}, \quad 10^9 < Gr \cdot Pr < 10^{12}$$

여기서 d 는 원관 지름(m), 그리고 v, α, k 등의 값은 원관 표면과 유체온도의 평균온도에 대한 값을 취한다.

예제 10.5

원관의 지름 d=0.05m인 관 내에 수증기를 통하게 하여 t_a=30℃인 중유에 이 관을 수평이 되도록 놓고, 관의 표면 온도를 t_w=150℃로 유지하면서 가열한다. 이 때 관의 단위 길이당 평균 전열량을 구하라. 단, 중유의 평균 온도 t_f =(150+30)/2=90에 대하여 k=0.1W/m℃, β=0.00068/℃, ν=2.2×10⁻⁵m²/s, Pr=330이다.

풀이

Gr 수는

$$Gr = g\beta\Delta t\frac{l^3}{\nu^2} = (9.8)(0.00068)(150-30)\frac{0.05^3}{(2.2\times10^{-5})^2} = 2.07\times10^5$$

따라서

$$Nu = 0.53(Gr\cdot Pr)^{1/4} = (0.53)(6.83\times10^7)^{1/4} = 48.2$$

평균 열전달 계수는

$$\alpha = Nu\frac{k}{d} = (48.2)\frac{0.1}{0.05} = 96.4\text{W/m}^2\ ℃$$

단위 길이당의 전열량 q는

$$\alpha = A\alpha(t_w - t_a) = \pi dl \cdot \alpha(t_w - t_a)$$

$$= (3.14)(0.05)(1)(96.4)(150-30) = 1816$$

10.2.3 상변화를 수반하는 열전달

[1] 비등 열전달

주어진 압력 하에서 액체의 포화 온도보다 높은 온도의 전열면에 접촉하면 액체는 비등 현상이 일어난다.

지금 가열면의 온도를 서서히 높이는 경우를 생각하면 최초에 전열면이 기포 발생이 쉬운 곳으로부터 차차로 증기의 기포가 발생하고, 또한 열전달 계수도 12000W/m^2℃까지 증가한다. 이 때의 표면온도는 물의 포화온도보다 약 15℃ 높다. 이 이상으로 표면온도를 높이면 발생한 기포에 의하여 격심한 교반 작용이 일어나고, 온도차가 20℃ 이상에서 최고 열전달 계수 23000W/m^2℃에 도달한다.

그림 10·7은 이러한 상태를 보여 준다. 이 때 온도차가 적을 때의 비등을 **핵비등**(nucleate boiling)이라고 한다. 이 구간을 지나면 전열면이 증기기포로 인해 장해를 받게 되어서 오히려 열전달 계수는 감소되고, 12,000W/m^2℃ 정도까지 내려간다.

이와 같이 온도차가 클 때의 비등을 **격막비등**(film boiling) 또는 막비등이라고 한다.

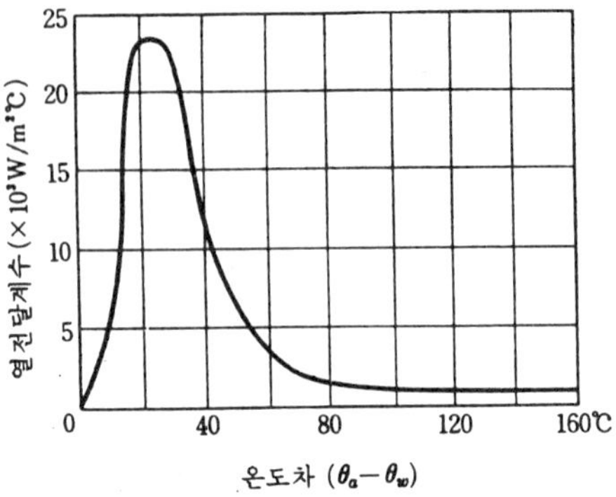

그림 10·7 비등수의 열전달 계수

실제로는 물을 증기로 만드는 보일러에서는 항상 핵비등 현상이 일어나고, 반면에 대단히 높은 온도로 가열된 강(steel)재를 물 속에 넣을 때는 격막비등이 일어난다.

관내 흐름의 비등에서는 유속과 더불어 열전달 계수도 증가하지만, 증기와 액체의 혼합물이 관내의 유동형태에 큰 영향을 미친다. 증기의 비율이 증가함에 따라 관 벽에 얇은 막 상으로 흐르게 되면 열전달 계수가 커진다. 그러나 너무 막이 얇아지면 끊어지고, 마른 면이 노출하여 전열이 저하된다. 이 현상을 관내 burn out 또는 dry out이라고 한다. 비등전열은 전열면에 발생된 기체의 영향이 크기 때문에 실험 값의 정확도는 그다지 좋지 않은 편이다(그림 10·8)

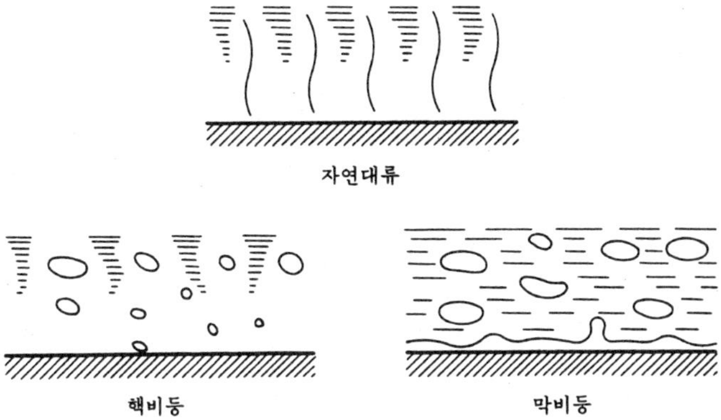

그림 10·8 비등 열전달의 모양

[2] 응축 열전달

증기가 임의의 압력 하에서 포화온도보다 낮은 전열면에서 접촉하면 응축이 일어난다. 일반적으로 응축에는 응축 액이 전열면을 덮은 **막상 응축**(filmwise condensation)과 고체 벽면이 응축 액으로 젖지 않는 성질을 가지고 있을 때에는 액이 벽면 전체를 덮지 않고 방울 현상이 되는 **적상 응축**(dropwise condensation)이 있으며, 그 모양은 그림 10·9와 같다.

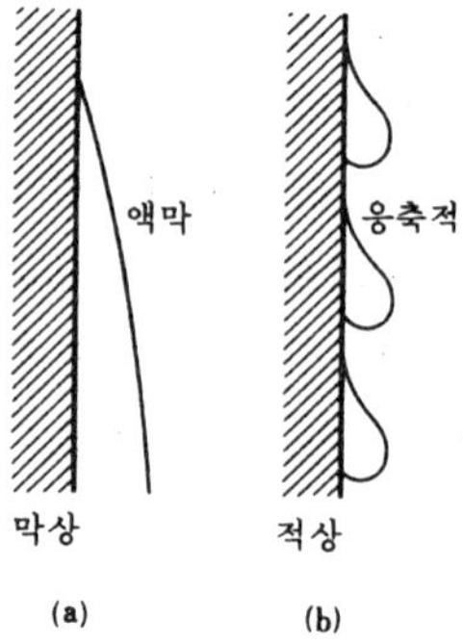

그림 10·9 응축 열전달의 모양

Nusselt는 연직 냉각 면에 증기가 막상 응축을 할 때 연직면을 따라 흘러내리는 액막 내의 유동은 층류(laminar flow)로 가정하고, 이론적으로 유도한 열전달 계수의 식은 다음과 같다.

$$\alpha = 0.943\left[\frac{1}{H\Delta t}\right]\left[\frac{k^3 - \gamma^2 r}{\mu}\right]^{1/4}$$

여기서 α 는 열전달 계수(율)(W/m^2℃), H 는 연직면의 높이(m), Δt 는 증기의 온도 t_a 와 냉각 면의 온도 t_w 와의 차, k 는 열 전도율(W/m^2℃), γ 는 응축액의 비중량 (kg_f/m^3), r는 증발열(W· h/kg_f), μ는 응축액의 점성계수(kg_f/m^2)이다.

수증기의 막상 응축에서는 a = 5000 ~ 15,000W/m^2℃이고, 적상 일 때에는 a = 25,000 ~ 80,000W/m^2℃이며, 지금까지의 연구에서는 α = 160,000W/m^2℃나 된 예도 있다. 그러나 적상 응축에 대해서는 연구가 미흡한 상태이다.

10.3 복사 열전달

전도와 대류 열전달은 매개 물질을 통하여 일어날 수 있는 반면에, 매질이 존재하지 않는 진공으로 격리된 두 물체 사이에는 빛과 같이 열 에너지가 전자파의 형태로 물체로부터 복사되며, 이것이 다른 물체에 도달하여 열 에너지로 변하는데 이러한 현상을 **복사 열전달**(radiative heat transfer) 또는 **열복사**(thermal radiation)라고 한다.

열복사는 물질을 구성하는 분자운동에 의한 열에너지에 의하여 방출되는 것으로 진동하는 부분에 따라 파장이 다르다. 즉, 일반적으로 이 운동이 전자 자체에 의한 것은 파장이 짧고, 분자 내의 원자의 진동에 의한 것은 파장이 길어지며, 격자 진동에 의한 것은 파장이 아주 긴 영역에 속한다.

그림 10・10은 전자파 스펙트럼(electromagnetic spectrum)을 나타낸 것으로, 열복사의 영역은 대략 0.1~100 μm 사이의 파장이 존재한다. 이 그림에서 가시 광선부의 범위는 대단히 좁아서 대략 0.35~0.75 μm 사이이다. 따라서, 전열에서 문제가 되는 것은 가시 광선부보다 긴 적외선 영역에 있으며 열선이라고도 한다. 또, 이 열 복사선은 전자파이므로 그 속도는 광속 $C=3\times10^{10}$cm/s와 같다.

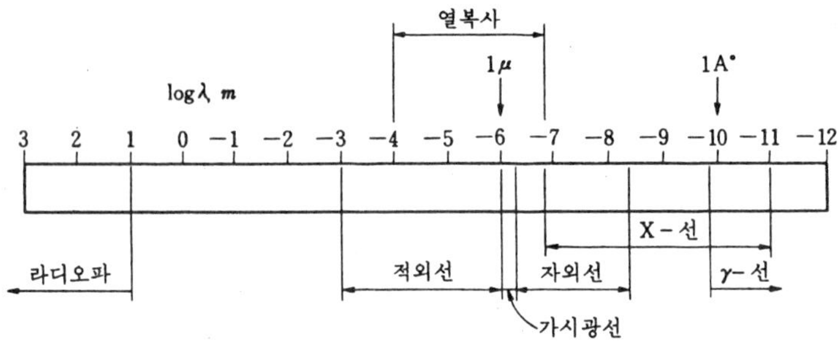

그림 10·10 전자 스펙트럼

이 열복사 에너지가 물체에 도달하면 그 일부는 표면에서 반사되고, 일부는 흡수되며 나머지는 투과된다. 각 부분의 입사 에너지 중에서 반사, 흡수, 투과되는 비율은 각각 반사율(reflectivity) r, 흡수율(absorptivity) a , 투과율(transmissivity) t 라고 하면 다음 식이 성립된다.

$$r+a+t=1$$

고체에서는 입사 에너지를 투과하지 않는다고 볼 수 있으므로

$$r+a=1$$

이다. 특히 $a=1, r=0$, 즉 입사 에너지를 모두 흡수하는 물체를 **완전흑체**(absolute black body)라 하고, 입사 에너지를 모두를 반사하는 물체($a=1, r=0$)를 **완전백체**(absolute white body)라고 한다. 보통 물체는 입사 에너지의 일부를 반사하고 일부를

흡수하는데, 이와 같은 물체를 **회색체**(gray body)라고 한다.

흑체면에서 방출하는 에너지는 플랑크(Planck)의 법칙에 의하면, 그 물체의 온도와 그 온도에 대한 전자파의 파장에 의하여 주어진다. 이것을 그림 10·11에 나타내었다. 그림에서 열복사 에너지의 최대 값을 주는 점은 흑체의 온도가 높아질수록 짧은 파장 영역쪽으로 이동하게 된다. 물체의 온도가 상승한 것을 처음 육안으로 식별할 수 있는 것은 적색이며, 온도가 높아짐에 따라 밝은 적색과 청색, 마지막으로 백색으로 나타난다. 즉, 저온일수록 긴 파장영역에서의 열복사 에너지가 크다는 사실과 일치한다.

또, 완전흑체 표면에서 단위면적, 단위 시간당 방출하는 열에너지, 즉 **복사도**(방사능; emissive power) E_b(W/m^2)는 다음과 같다.

$$E_b = \int_0^\infty E_{be}\, d\lambda \qquad (10 \cdot 12)$$

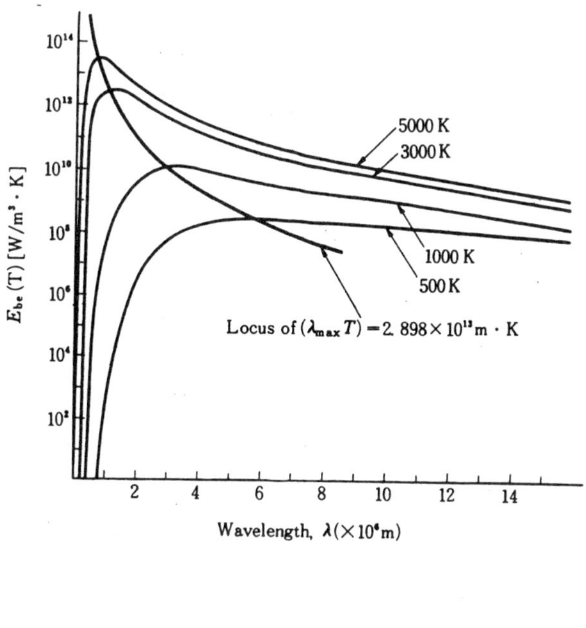

그림 10·11 흑체 단색 복사도

여기서 E_{be}는 **흑체단색복사도**(monochromatic blackbody emissive power)(W/m^2)이며, 그림 10·11과 같이 파장과 열복사 흑체의 온도에 관계된다. 그리고 λ는 파장이며 단위는 μm(1 μm=10^{-6}m)이다.

플랑크는 흑체 단색 복사도 E_{be}의 세기를 파장의 함수로 표시하였다.

$$E_{be} = \frac{C_1 \lambda^{-5}}{e^{C2/\lambda T} - 1} \qquad (10 \cdot 13)$$

여기서 C_1 : 제1복사상수=3.7418×10^{-16}(W/m^2)

C_2 : 제2복사상수=1.4388×10^{-2}(m·K)

지금 임의의 온도 하에서 회색체로 부터의 복사도 E (W/m^2)와 완전흑체로부터의 복사도 E_b(W/m^2)의 비를 **복사율**(emissivity) ε 이라고 한다.

$$\varepsilon = \frac{E}{E_b} \qquad (10 \cdot 14)$$

따라서, 회색체는 $E = \varepsilon E_b$ 복사도 에 상당하는 에너지만 방출한다.

한편, 그림 10·12와 같이 벽면이 균일한 온도 T 인 진공공동(enclosure)을 생각하면, 벽면에서부터 방출되는 열복사선을 벽면에 의하여 반사되면서 공동 내를 충만시킨다. 공동 내에 벽면과 동일온도 T인 흑체를 놓아두면, 공동 내에 방출된 에너지와 흑체와의 열평형 상태에 있으므로 흑체 표면에 입사하는 에너지는 흑체로부터 나오는 열복사 에너지 E_b와 같다.

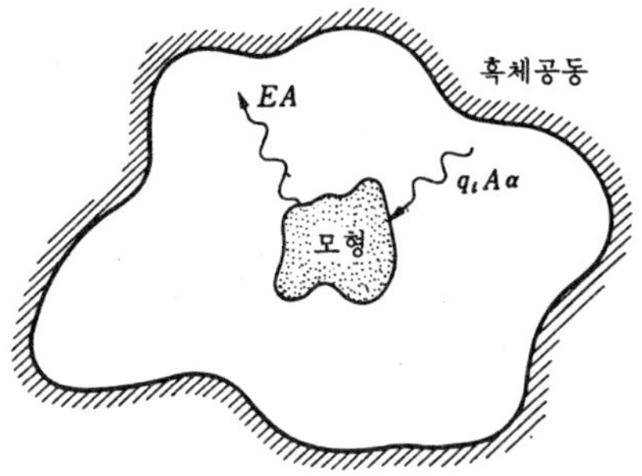

그림 10·12 키르히호프의 법칙

다음에는 흑체 대신 온도가 T인 회색체를 넣으면, 회색체에 입사하는 에너지도 역시 E_b이며, 이 입사 에너지 중 회색체는 aE_b(W/m^2)에 상당하는 에너지를 흡수한다. 또, 식 (10·12)에서 이 회색체로부터의 복사도는 $E=\varepsilon E_b$이며, 이 두 에너지를 받아서 회색체는 열평형을 유지하고 있으므로

$$E=\varepsilon E_b(\mathrm{W/m^2}),\quad \therefore \frac{E}{E_b}=\varepsilon=a$$

가 된다. 바꾸어 말하면, 어느 물체의 복사율(ε)과 그것과 동일온도의 열복사에 대한 흡수율(a)과는 동일하다. 이것을 **키르히호프의 법칙**(Kirchhoff's law) 또는 키르히호프의 동일성(identity)이라고 한다.

이 관계는 임의 파장의 단색 복사력 E에 대하여 성립하는 것이다. 즉, ε 은 흑색의 정도를 표시하므로 이것을 **흑색도**(degree of blackness)라고도 한다. 표 10·2 는 각 물질의 복사율 ε의 값을 나타낸다.

표 10·2 각종 물질의 복사율(ε)

물질	온도	ε(복사율)
연마은(銀)	230~600	0.0198~0.0324
백금선	40~1200	0.36~0.192
Al포일	100	0.087
연마철	20	0.06
〃	540	0.12
〃	1093	0.22
〃	1650	0.26
콘크리트	20	0.63
흑색주철	20	0.7~0.8
녹슨구리(銅)	20~540	0.79
roofing paper	20	0.91
적벽돌	20	0.93
석면판	40~370	0.93~0.945
연마유리	20	0.937
수면(水面)	0~100	0.95~0.963
그을음(煤)	20~1650	0.97

앞에서 말한 바와 같이 흑체 복사도 E_b는 흑체표면 온도만의 의해서 구해진다는 것에서 슈테판(Stefan)은 1878년 실험에 의해서, 그리고 볼츠만(Boltzmann)은 1884년 이론적으로 다음의 관계식을 유도하였다. 이 관계를 **슈테판-볼츠만의 법칙**이라고 한다.

$$E_t = \int_0^\infty E_{be} d\lambda = \int_0^\infty \frac{C_1 \lambda^{-5}}{e^{C2/}\lambda T - 1} d\lambda = \sigma \cdot T^4 = C_b \left[\frac{T}{100}\right]^4$$

여기서 σ는 슈테판-볼츠만의 상수로서 5.669×10^{-8}((W/m^{2}K^4)이며, T는 흑체표면의

절대온도 K이다. 즉, 복사도는 절대온도의 4승에 비례한다.

이 식은 흑체의 경우에만 적용할 수 있으며, 회색체인 경우 온도 T_1인 전열면의 온도 T_2인 매우 큰 전열면에 의하여 둘러싸인 공간에 놓여 있는 경우의 전열량 q는 다음의 관계식이 성립한다.

$$q = \sigma A_1 \varepsilon_1 (\ T_1^4 \ \ T_2^4)(\mathrm{W}) \qquad (10 \cdot 16)$$

여기서 A_1과 ε_1은 각각 회색체의 표면적과 복사율을 나타낸다.

예제 10.6

내부의 온도가 930℃인 전기로가 있다. 이 전기로에 뚫린 지름 20mm의 작은 구멍에서 단위시간에 복사되는 전열량을 구하라. 단, 이 전기로는 흑체로 가정한다.

풀이

흑체이므로 복사율 ε은 1이다.

$$q = \sigma A \varepsilon T^4 = (5.669 \times 10^{-8})(\pi \times 0.02^2/4)(930 + 273)^4$$
$$= 37.3\mathrm{W}$$

10.4 열관류

열이 한 유체에서 벽을 통하여 다른 유체로 전달되는 현상을 보통 **열관류**(over all heat transfer) 또는 열통과(overall heat transmission)라고 한다.

지금 그림 10·13과 같이 유체 ①에서 벽을 통하여 유체 ②로 열이 전달되는 경우를 생각하자. 이 때 통과하는 열량은 고온 유체 ①로부터 평판 벽으로부터 저온 유체 ②로 이동한다. 이러한 열관류의 예는 실제에서 많이 일어나며, 열교환기나 내연기관의 실린더내 연소가스에서 냉각수로의 열전달 등을 들 수 있다.

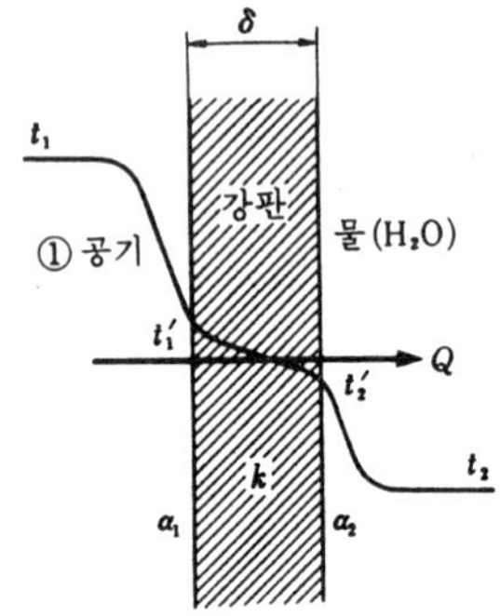

그림 10·13 열관류

고온측의 열전달률 α_1, 저온측의 열전달률을 α_2라고 할 때 정상상태가 되면, 고온유체로부터 평판에 전달되는 전열량 q_1은 평판내부를 열전도로 전달하게 되는 전열량 q_2와 같고, 또 평면벽으로부터 저온유체로 전달되는 전열량 q_3와 같게 된다. 따라서

$$q_1 = \alpha_1(t_1 - t_1'), \quad \therefore t_1 - t_1' = \frac{1}{\alpha_1} \cdot q_1$$

$$q_2 = \frac{k}{\delta}(t_1' - t_2'), \quad \therefore t_1' - r_2' = \frac{\delta}{k} \cdot q_2$$

$$q_3 = \alpha_2(t_2' - t_2), \quad \therefore t_2' - r_2 = \frac{1}{\alpha_2} \cdot q_3$$

정상상태이므로, $q_1 = q_2 = q_3$가 되므로 위의 우측의 세 식을 더하면,

$$t_1 - t_2 = q\left[\frac{1}{\alpha_1} + \frac{\delta}{k} + \frac{1}{\alpha_2}\right]$$

$$q = \frac{A}{\frac{1}{\alpha_1} + \frac{\delta}{k} + \frac{1}{\alpha_2}} \cdot (t_1 - t_2)$$

$$\therefore q = K \cdot A \cdot (t_1 - t_2) \qquad (10 \cdot 17)$$

이 식에서

$$K = \frac{1}{\frac{1}{a_1} + \frac{\delta}{k} + \frac{1}{a_2}} \qquad (10 \cdot 18)$$

이며, 이 K 를 **열통과율**(overall heat transfer coefficient)이라 하고, 역수인 $1/K$ 를 **전열저항**(total heat resistance)이라고 한다.

$$\frac{!}{K} = \frac{1}{\alpha_1} + \frac{\delta}{k} + \frac{1}{\alpha_2}$$

여기서 평면 벽의 열통과를 생각할 때 통과하는 전열량은 평판 벽 양쪽에 있는 고온 및 저온 유체의 온도차에 비례하여, 평판 벽 양면의 온도와는 관계가 없는 것을 알 수 있다.

한편, 공업적으로 많이 사용되는 열교환기(heat exchanger)에 있어서는 위에서 취급한 바와 같이 열통과가 이루어진다. 열교환기는 그림 10·14에 나타낸 바와 같이 내부에는 고온 유체가 흐르고, 외부에는 저온 유체가 흐르는 2중관의 열이동을 생각해 보자. 이 때 유체의 유동 방향에 따라 크게 나누면, 양 유체가 동일방향으로 흐르는 평행류(병행류)와 양 유체가 서로 반대방향으로 흐르는 대향류가 있다. 이 밖에 양 유체가 직교하는 직교류도 있다.

그림 10·14의 (a),(b)는 어느 경우나 전열면의 양쪽의 온도차는 균일하지 않지만 모두 같은 식으로 취급할 수 있다.

그림에서 고온측의 입구 및 출구온도를 각각 t_{h1}, t_{h2}라 하고, 저온측의 입구 및 출구온도를 각각 t_{c1}, t_{c2} 열교환기 양끝에서 유체 사이의 온도차를 $\Delta t'$, $\Delta t''$라 하면

평행류에서 : $\Delta t' = t_{h1} - t_{c1} \quad \Delta t'' = t_{h2} - t_{c2}$

대향류에서 : $\Delta t' = t_{h1} - t_{c1} \quad \Delta t'' = t_{h2} - t_{c2}$

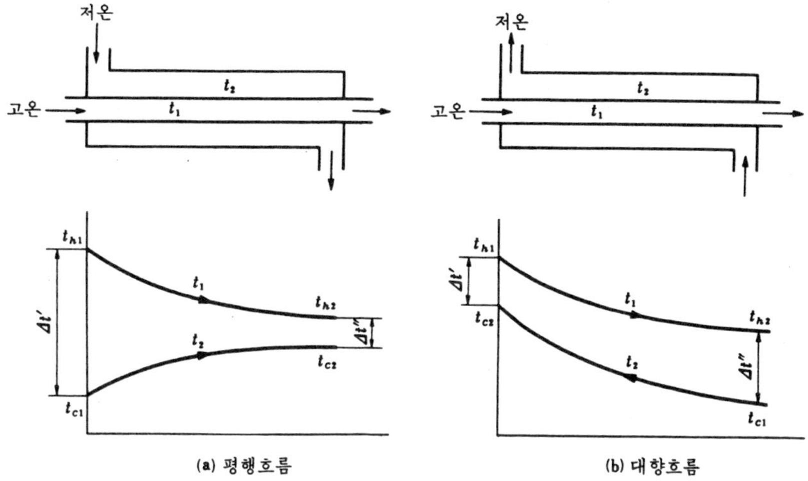

그림 10 · 14 열교환기의 온도변화

이므로, 여기서 대수평균 온도차(logarithmic mean temperature difference)를 Δt_m이라 하면 다음 식으로 표시된다.

$$\Delta t_m = \frac{\Delta t' - \Delta t''}{\ln \frac{\Delta t'}{\Delta t''}}$$

따라서, 열교환기에서의 단위 면적당 전열량 q(W/m^2)는 다음식으로 된다.

$$q = K \cdot A \cdot \Delta t_m$$

예제 10.7

실내의 온도 t_1=20℃, 옥외의 온도 t_2=10℃일 때, 두께 δ=4mm인 창문의 유리를 통해서 단위 면적당 이동하는 열량을 구하라.

단, 유리의 열전도율 k=0.76(W/m ℃), 내면의 열전달 계수 α_1=10(W/m²℃), 외면의 열전달 계수 α_2=50(W/m²℃)이다.

풀이

열관류 계수 K는

$$K = \frac{1}{\frac{1}{\alpha_1} + \frac{\delta}{k} + \frac{1}{\alpha_2}} = \frac{1}{\frac{1}{10} + \frac{0.004}{0.76} + \frac{1}{50}} = 7.98\text{W/m}^2\text{℃}$$

따라서, 이 유리관을 통하여 이동하는 열량은 단위 면적당

$$\frac{q}{A} = K(t_1 - t_2) = 7.98 \times (20 - 10) = 79.8\text{W/m}^2$$

이 된다.

연 습 문 제

1. 벽돌의 한쪽 표면이 25℃이고, 다른 표면이 -10℃일 때 열전도율이 0.3W/m℃인 벽돌을 통한 단위 면적당 전열량을 구하라. 단, 벽의 두께는 10cm이다.

답 $105W/m^2$

2. 용광로의 벽은 열전도율이 0.3W/m℃인 규토 벽돌로 만들어져 있고, 벽돌의 내부 표면은 450℃이다. 벽의 두께는 30cm이고, 외부표면은 55℃의 온도를 유지하고 있다. 단위 면적당 벽돌을 통한 전열량을 구하라.

답 $1448W/m^2$

3. 단면적이 $1.0m^2$이고, 두께가 2.5cm인 절연물질의 내부를 3kW의 열량이 전도 이동할 때, 절연재 두 면간의 온도차를 구하라. 단, 이 물질의 열전도율은 0.2W/m℃이다.

답 375℃

4. 1.2cm인 두께의 스테인리스강으로 만들어진 화로 벽을 5cm 두께의 석면층으로 절연하고 있다. 스테인리스강의 내부 표면 온도가 527℃이며, 석면의 외부 표면 온도는 77℃이다. 이 복합벽을 통하여 나가는 단위 면적당 열전달량과 스테인리스강과 석면의 접촉면 온도를 구하라.
단, 스테인리스강과 석면의 열전도율은 각각 19W/m℃, 0.7W/m℃이다.

답 $6245W/m^2$, 523℃

5. 알루미늄관이 110℃의 증기를 운반하고 있다. 관(k=185W/m℃)의 안지름은 10cm 이며, 바깥 지름은 12cm이다. 이 관은 공기온도가 30℃, 관과 공기 사이의 대류 열전달 계수가 15W/m^2℃인 방안이 있다. 관을 절연하지 않는 경우, 관의 단위 길이 당 열전달량을 구하라. 또, 관으로부터 열손실을 줄이기 위하여 5cm 두께의 절연층(k=0.2W/m ℃)으로 감싸고 있다. 절연된 관으로부터 단위 길이 당 열전달량을 구하라.

답 452W/m, 138W/m

6. 표면이 250℃로 유지된 크기가 50×70cm인 평판의 표면을 20℃의 공기로 흐르고 있다. 이 때의 표면에서의 열전달 계수를 20W/m^2℃로 보고 전열량을 구하라.

답 2.156kW

7. 27℃의 물이, 크기가 1×2m이며 온도가 127℃인 평판 위를 흐른다. 만약, 대류 열전달 계수가 200W/m^2℃라면 대류에 의하여 평판에서 물로 전달되는 열량을 구하라.

답 40kW

8. 다음과 같은 온도를 갖는 표면에 대하여 최대흑체 단색 복사도를 계산하라.

① 100K
② 500K
③ 1000K
④ 5000K

답 ① 1.287×10^{5}W/m^3 ② 4.022×10^{8}W/m^3 ③ 1.287×10^{10}W/m^3 ④ 4.022×10^{13}W/m^3

9. 복사 에너지의 40%가 적외선 파장 범위에 존재하도록 가열해야 하는 흑체면의 온도를 결정하라.

답 6245K

10. 복사 고온계를 사용하여 어떤 벽의 온도를 측정하였더니 1235℃이었다. 벽의 복사 흑색도가 0.9 일 때 벽의 온도는 얼마인가? 단, 벽과 온도계 사이의 기체는 복사선을 흡수하지 않는 것으로 한다.

답 1275℃

11. 온도가 각각 800℃, 300℃인 2개의 무한 흑체 평판간의 복사 전열량을 단위 면적당에 대하여 구하라.

답 69.03kW/m^2

12. 온도가 150℃까지 가열된 지름 4cm인 구를 실내온도 20℃인 큰 방안에 놓아 두었다. 표면 복사율이 0.65일 때 복사열 손실량을 구하라.

답 4.6W

13. 흑체 태양 집열판이 지붕에 놓여 있다. 집열판의 면적은 50m^{2}이다. 태양으로부터 입사된 에너지는 집열판에서 800W/m^{2}의 복사 열유속을 생산한다. 주변은 유효

복사온도 30℃의 흑체로 가정하고, 집열판으로부터의 전도와 대류 열전달은 무시한다. 집열판의 평형상태 온도와 집열판과 주변 사이의 복사열 전달량을 구하라

답 114℃, 40kW

14. 내부는 두께 100mm의 내화벽돌(k=0.25W/m℃), 외부는 두께 200mm의 보온재 벽돌(k=0.1W/m℃)로 된 면적 $50m^2$의 벽을 갖는 가열로가 있다. 노에는 별도로 두께 100mm의 내화벽돌만으로 된 면적 $0.2m^2$의 문이 5개 있다. 노 내의 온도를 770℃, 외부를 20℃, 노에서 벽돌로의 열전달률을 $100W/m^2$℃, 벽에서 공기로의 열전달률을 $10W/m^2$℃라고 할 때 하루에 방열되는 손실 열량은 얼마인가?

답 394kWh

15. 0.1m 두께의 벽돌로 된 벽(k=0.7W/m℃)이 -3℃의 차가운 바람에 노출되어 있는데 대류 열전달 계수는 $40W/m^2$℃이다. 벽의 다른 한쪽은 57℃의 잔잔한 공기와 접하고 있으며, 자연대류 열전달 계수는 $10W/m^2$℃이다. 단위 면적당 열전달량을 구하라.

답 $224W/m^2$

16. 어느 열교환기에서 증기를 담고 있는 황동관 위로 공기가 흐른다. 공기와 관내 증기의 대류 열전달 계수는 각각 $70W/m^2$℃, $210W/m^2$℃이다. 모든 관은 안쪽 지름이 1.8cm이고 바깥쪽 지름이 2.1cm이다. 관의 안쪽 면적을 기준으로 할 때와 관의 바깥쪽 면적을 기준으로 했을 때 열교환기의 열교환율을 각각 구하라.

답 $47.3W/m^2$℃m l $40.5W/m^2$℃

참 고 문 헌

(1) Heat Transfer sixth edition, J.P. Holman, McGraw-Hill Book Company, 1963.

(2) Introduction to Heat Transfer, F.P. Incropera, D.P. Dewitt, John Wiley and sons, 1985.

(3) Heat Transfer(Schaum's series), D.R. Pitts, L.E. Sissom, MrGraw-Hill Book Company, 1979.

(4) 熱力學入門, 內燃機關 13券 1號, 山海堂, 1974

(5) 熱傳達, 朴伊東 外 2人, 보성문화사 1989

(6) 傳熱學, 徐正閏, 請文閣, 1991.

(7) 基礎傳熱工學 吳壽喆 外 2人 형설출판사, 1989.

(8) 工業熱力學 金東鎭 外 2人, 문운당, 1992.

(9) 工業熱力學 , 창문각, 1991.

부 록

<부록 1> 절대 단위계와 중력 단위계의 차원비교

<부록 2> 열역학에 사용되는 각종 단위 환산표

<부록 3> 여러 가지 완전가스의 성질

<부록 4> 여러 가지 완전가스의 정압비열

<부록 5> 습공기표

<부록 6> 포화 증기표(온도기준)

<부록 7> 포화 증기표(압력기준) (SI단위)

<부록 8> 과열 증기표

<부록 9> 암모니아(NH3) 및 탄산가스(CO2)의 포화 증기표

<부록 10> R-12(CCI2F2)의 포화 증기표

<부록 11> R-22(CHClF2)의 포화 증기표

<부록 12> 압축액표

<부록 13> 포화고체-증기표

<부록 14> Mollier선도(수증기)

<부록 15> 암모니아의 증기선도

<부록 16> 습공기 선도

표 3·1 가스의 분자량, 가수정수 비중량 및 비열

가스의 종류	분자기호	원자수	분자량 M kg/kmol 개략치	분자량 M kg/kmol 엄밀치	0℃에서의 값 정압비열 C_p $\frac{kcal}{kg_f ℃}$	0℃에서의 값 정압비열 C_p $\frac{kJ}{kg\ K}$	0℃에서의 값 정적비열 C_v $\frac{kcal}{kg_f ℃}$	0℃에서의 값 정적비열 C_v $\frac{kJ}{kg\ K}$	비열비 (0℃) $k=\frac{C_p}{C_v}$	가스상수 R $\frac{kgfm}{kg_f\ K}$	가스상수 R $\frac{kJ}{kg\ K}$	표준상태(0℃, 760mmHg)에서의 밀도 ρ kg/m³ 계산치	표준상태(0℃, 760mmHg)에서의 밀도 ρ kg/m³ 실측치	공기에 대한 비중
헬륨	He	1	4	4.0026	1.251	5.238	0.7550	3.160	1.66	211.8	2.0772	0.1786	0.1785	0.1381
아르곤	Ar	1	40	39.948	0.124	0.520	0.0746	0.31	1.66	21.22	0.2081	1.7821	1.7834	1.379
수소	H_2	2	2	2.01565	3.392	14.200	2.4069	10.0745	1.409	420.62	4.1249	0.08994	0.08987	0.0695
질소	N_2	2	28	28.006148	0.2482	1.0389	0.1773	0.7421	1.400	30.28	0.2969	1.2499	1.2505	0.968
산소	O_2	2	32	31.98983	0.2186	0.9150	0.1565	0.6551	1.397	26.49	0.2598	1.4276	1.42895	1.105
공기	–	2	29	28.95	0.240	1.005	0.1713	0.7171	1.400	29.29	0.2872	1.2922	1.2928	1.000
일산화탄소	CO	2	28	27.994915	0.2485	1.0403	0.1776	0.7433	1.400	30.29	0.2970	1.2495	1.2500	0.967
일산화질소	NO	2	30	29.997989	0.2385	0.9983	0.1723	0.7211	1.384	28.27	0.2772	1.3388	1.3402	1.037
염화수소	HCl	2	36.5	36.464825	0.1910	0.7997	0.1366	0.5717	1.40	23.25	0.2280	1.6265	1.6391	1.268
수증기	H_2O	3	18	18.010565	0.4446	1.861	0.3340	1.398	1.33	47.73	0.46163	0.8036	—	0.6220
탄산가스	CO_2	3	44	43.98983	0.1952	0.8169	0.1500	0.6279	1.301	19.27	0.1890	1.9634	1.9968	1.530
산화질소	N_2O	3	44	44.001063	0.2032	0.8507	0.1581	0.6618	1.285	19.27	0.1890	1.9637	1.9878	1.538
아황산가스	SO_2	3	64	63.962185	0.1455	0.6092	0.1145	0.4792	1.271	13.26	0.1300	2.8581	2.9265	2.264
암모니아	NH_3	4	17	17.026549	0.4911	2.0557	0.3744	1.5674	1.312	49.79	0.4883	0.7598	0.7713	0.596
아세틸렌	C_2H_2	4	26	26.01565	0.3614	1.5127	0.2850	1.1931	1.268	32.59	0.3196	1.1607	1.1709	0.906
메탄	CH_4	5	16	16.0313	0.5151	2.1562	0.3912	1.6376	1.317	52.89	0.5187	0.7152	0.7168	0.554
메틸클로라이드	CH_3Cl	5	50.5	50.480475	0.1760	0.7369	0.1367	0.5722	1.288	16.79	0.1647	2.2522	2.3084	1.785
에틸렌	C_2H_4	6	28	28.0313	0.3851	1.612	0.3142	1.3153	1.225	30.25	0.2966	1.2506	1.2604	0.975
에탄	C_2H_6	8	30	30.04695	0.4130	1.729	0.3470	1.4524	1.20	28.20	0.2765	1.3406	1.3560	1.049
에틸클로라이드	C_2H_5Cl	8	64.5	64.49613	0.3201	1.340	0.2893	1.2109	1.106	13.14	0.1289	2.8776	2.8804	2.228
프로판	C_3H_8	11	44	44.06	0.3705	1.551	0.3254	1.362	1.139	19.24	0.1887	2.1002	—	1.521

〈부록 1〉 **절대 단위계와 중력 단위계의 차원 비교**

구분	양	절대 단위계	중력 단위계	SI 단위	비 고
	기 본 차 원	질량(M)		kg	평면각과 입체각은 무차원이다.
			힘(F)	N	
		길이(L)	길이(L)	m	
		시간(T)	시간(T)	s	
		온도(θ)	온도(θ)	K	
		전류(C)	전류(C)	A	
		광도(I)	광도(I)	cd	
		물질의 양(mol)	물질의 양(mol)	mol	
1	길이	L	L	m	
2	시간	T	T	s	
3	질량	M	FT^2L^{-1}	kg	
4	열역학적 온도	θ	θ	K	
5	광도	I	I	cd	
6	평면각		무차원	rad	
7	주파수	T^{-1}	T^{-1}	Hz	
8	힘 역량	MLT^{-2}	F	N	
9	에너지, 일, 열량	ML^2T^{-2}	FL	J	엔탈피, 힘의 모멘트도 차원이 같다.
10	동력, 공률	ML^2T^2	FLT^1	W	전류, 전력의 차원도 같다.
11	각속도	T^{-1}	T^{-1}	rad/s	
12	넓이	L^2	L^2	m^2	
13	부피	L^3	L^3	m^3	
14	면적의 2차 모멘트	L^4	L^4	m^4	
15	속도, 속력	LT^1	LT^1	m/s	
16	가속도	LT^2	LT^2	m/s^2	
17	질량유량	MT^{-1}	FT^1	kg/s	중력단위에서는 중량유량(重量流量)
18	(체적)유량	L^3T^{-1}	L^3T^{-1}	m^3/s	
19	밀도	ML^{-3}	FT^2L^{-4}	kg/m^3	
20	비중량	$MT^{-2}L^{-2}$	FL^{-3}	N/m^3	
21	압력	$MT^{-2}L^{-1}$	FL^{-2}	Pa	
22	표면장력	MT^2	FL^1	N/m	
23	충격강도	MT^2	FL^1	J/m^2	
24	점도(점성계수)	ML^1T^1	FTL^2	Pa · s	
25	동점도(동점성 계수)	L^2T^1	L^2T^1	m^2/s	확산계수, 열확산 계수

⇨ 〈부록 1〉의 계속

구분	양	절대 단위계	중력 단위계	SI단위	비 고
26	열용량	$ML^2T^{-2}\theta^{-1}$	$FL\theta^{-1}$	J/K	엔트로피
27	비열	$L^2T^{-2}\theta^{-1}$	$L\theta^{-1}$	J(kg·K)	비엔트로피,기체상수,중력 단위계에서는 단위중량당의 비열
28	비에너지, 비잠열, 비엔탈비	L^2T^{-2}	L	J/kg	중력 단위계에서는 단위 중량당의 에너지(水頭)
29	열류밀도	MT^{-3}	$FL^{-1}T^{-1}$	W/m²	
30	열전도 계수(열전도율)	$MLT^{-3}\theta^{-1}$	$FT^{-1}\theta^{-1}$	W/(m·K)	
31	열전도 계수	$MT^{-3}\theta^{-1}$	$FT^{-1}L^{-1}\theta^{-1}$	W/(m²·K)	
32	물질의 양	mol	mol	mol	
33	몰질량	Mmol^{-1}	Fmol^{-1}	kg/mol	중력 단위계에서는 몰중량
34	몰체적	L^3mol^{-1}	L^3mol^{-1}	m³mol	
35	몰에너지	ML^2T^{-2}mol^{-1}	FLmol^{-1}	J/mol	
36	몰비열, 몰엔트로피	$ML^2T^{-2}\theta^{-1}$mol^{-1}	$FL\theta^{-1}$mol^{-1}	J/(mol·K)	
37	복사강도	ML^2T^{-3}	FLT^{-1}	W/sr	
38	에너지 프로언스	MT^{-2}	FL^{-1}	J/m²	충력강도, 표면장력
39	운동량	MLT^{-1}	FT	N·s	역적(力積)
40	각운동량	ML^2T^{-1}	FLT	N·m·s	
41	(질량)관성 모멘트	ML^2	FLT^2	kg·m²	

〈부록 2〉 열역학에 사용되는 각종 단위 환산표

명칭	기호	차 원	의 미	단위 사이의 관계					
압력	p	KL^{-2} $ML^{-1}T^{-2}$	(힘)/(면적)	$Pa=N/m^2$	bar	kgf/cm^2	표준기압 atm	수은주 mmHg	$lb/in^2(psi)$
				1	10^{-5}	1.0197×10^{-5}	0.9869×10^{-5}	750.1×10^{-5}	14.50×10^{-5}
				10^5	1	1.0197	0.9869	750.1	14.50
				0.9807×10^5	0.9807	1	0.9678	735.6	14.22
				1.0133×10^5	1.0133	1.0332	1	760	14.70
				1.332×10^5	1.332	1.3595	1.3158	1000	19.34
				0.60895×10^4	0.60895	0.07031	0.06805	51.71	1
섭씨 온도 절대	t T	θ		섭씨 $T=t\times273.15°$ K, $t=\frac{5}{9}(t_F-32)$ 화씨 $T_F=t_F+456.7°$ R, $t_F=\frac{9}{5}t+32$ $T=\frac{5}{9}T_F$					
비체적	v	L^3K^{-1} $M^{-1}L^4T^2$	(체적)/(중량) 또는 1/(비중량)	m^3/kgf	in^3/lb	ft^3/lb			
				1	2.768×10^4	16.02			
				0.3613×10^{-4}	1	5.787×10^{-4}			
				0.06243	1728	1			
비중량 (밀도)	γ (ρ)	KL^{-3} $ML^{-2}T^{-2}$ $\begin{pmatrix}KL^{-4}T^2\\ML^{-3}\end{pmatrix}$	(중량)/(체적) 1/(비체적) (중량)/(체적)	kgf/m^3	lb/in^3	lb/ft^3			
				1	0.3613×10^{-4}	0.06243			
				2.768×10^4	1	1728			
				16.02	5.787×10^{-4}	1			
열량	Q	H (KL)	(중량)×(온도차)×(비열)	J	kcal	kWh	PSh	Btu	Chu(Pcu)
				1	2.389×10^{-4}	0.2778×10^{-6}	0.3777×10^{-6}	0.9480×10^{-3}	0.52667×10^{-3}
				4186	1	1.163×10^{-3}	1.581×10^{-3}	3.968	2.205
				3.6×10^6	860.0	1	1.3596	3412	1896
				2.648×10^6	632.5	0.7355	1	2510	1395
				1054.9	0.2520	0.2931×10^{-3}	0.3984×10^{-3}	1	0.5556
				1898.8	0.4536	0.5275×10^{-3}	0.7169×10^{-3}	1.800	1

(주)1.단위의 고딕문자는 국제단위(SI단위)
2.차원기호 : M=질량, K=중량, L=길이, T=시간, H=열량, θ=온도

⇨ 〈부록 2〉의 계속

명칭	기호	차 원	의 미	단위 사이의 관계					
				J=Nm	kgf m	kWh	PSh	kcal	ft−lb
일 (에너지)	W	KL		1	0.10197	0.2778×10^{-6}	0.3777×10^{-6}	0.2389×10^{-3}	0.7376
				9.807	1	2.724×10^{-6}	3.704×10^{-6}	2.343×10^{-3}	7.233
		ML^2T^{-2}	(힘)×(변위)	3.6×10^{6}	3.671×10^{5}	1	1.3596	860.0	2.655×10^{6}
				2.648×10^{6}	2.700×10^{5}	0.7355	1	632.5	1.953×10^{6}
				4186	426.9	1.163×10^{-3}	1.581×10^{-3}	1	3087
				1.356	0.1383	0.3766×10^{-6}	0.5121×10^{-6}	0.3239×10^{-3}	1
				kW=kJ/s	PS	kgf m/s	kcal/s	HP	ft·lb/s
동력	L	KLT^{-1}		1	1.3596	101.97	0.2389	1.3405	737.6
			$\frac{(일)}{(시간)}$	0.7355	1	75	0.1757	0.9859	542.5
				0.9807×10^{-2}	0.01333	1	0.002343	0.01315	7.233
				4.186	5.691	426.9	1	5.611	3087
		ML^2T^{-3}		0.746	1.0143	76.07	0.1782	1	550.2
				0.001356	0.001843	0.1383	0.3239×10^{-3}	0.001817	1
정압비열, 정적비열	c_p, c_v	$HK^{-1}\theta^{-1}$ ($L\theta^{-1}$)	$\frac{(열량)}{(온도차\times중량)}$	1 kcal/kgf ℃ = 4186 J/kgf °C = 1 Btu/lb °F					
$\frac{(열량)}{(면적)}$	$\frac{Q}{F}$	HL^{-2}	$\frac{(열량)}{(면적)}$	1 kcal/m² = 0.3687 Btu/ft², 1 Btu/ft² = 2.713 kcal/m²					
$\frac{(열량)}{(체적)}$	$\frac{Q}{V}$	HL^{-3}	$\frac{(열량)}{(체적)}$	1 kcal/m³ = 0.1124 Btu/ft³, 1 Btu/ft³ = 8.900 kcal/m³					
발열량	H	HK^{-1}	$\frac{(열량)}{(중량)}$	1 kcal/kgf = 1.800 Btu/lb, 1 Btu/lb = 0.556 kcal/kgf					
				$\frac{kcal}{mh℃}$	$\frac{kcal}{mh℃}$	$\frac{cal}{cms℃}$	$\frac{Btu}{fth℃}$	$\frac{Btu}{inh\ °F}$	$\frac{Btu\,in}{ft^2h\ °F}$
열전도율	λ	HL^{-1}	$\frac{(열량)}{(면적\times시간\times온도차)}$	1	0.2389	0.6637×10^{-3}	0.1605	0.01338	1.926
				4.186	1	0.002778	0.6720	0.05600	8.064
		$T^{-1}\theta^{-1}$		1507	360.0	1	24.19	20.16	2.903
		($KT^{-1}\theta^{-1}$)		6.229	1.488	0.004134	1	0.08333	12.00
				74.76	17.86	0.04960	12.00	1	144.0
				0.5191	0.1240	0.3445×10^{-3}	0.08333	0.006944	1

〈부록 3〉 여러 가지 완전가스의 성질

가 스	화학식	분자량	$R\frac{kJ}{kgK}$	$C_p\frac{kJ}{kgK}$	$C_v\frac{kJ}{kgK}$	K
공기	–	28.97	0.28700	1.0035	0.7165	1.400
아르곤	Ar	39.948	0.20813	0.5203	0.3122	1.667
부탄	C_4H_{10}	58.124	0.14304	1.7164	1.5734	1.091
탄산가스	CO_2	44.01	0.18892	0.8418	0.6529	1.289
일산화탄소	CO	28.01	0.29683	1.0413	0.7445	1.400
에탄	C_2H_6	30.07	0.27650	1.7662	1.4897	1.186
에틸렌	C_2H_4	28.054	0.29637	1.5482	1.2518	1.237
헬륨	He	4.003	2.07703	5.1926	3.1156	1.667
수소	H_2	2.016	4.12418	14.2091	10.0849	1.409
메탄	CH_4	16.04	0.51835	2.2537	1.7354	1.299
네온	Ne	20.183	0.41195	1.0299	0.6179	1.667
질소	N_2	28.013	0.29680	1.0416	0.7448	1.400
옥탄	C_8H_{18}	114.23	0.07279	1.7113	1.6385	1.044
산소	O_2	31.999	0.25983	0.9216	0.6618	1.393
프로판	C_3H_8	44.097	0.18855	1.6794	1.4909	1.126
수증기	H_2O	18.015	0.46152	1.8723	1.4108	1.327

㈜ C_p, C_v 및 K는 300K의 값이다.

〈부록 4〉 여러 가지 완전가스의 정압 비열 C_{pm} kJ/kmol K, $\theta=\frac{T}{100}$ (T는 Kelvin 온도)

기 체	정압비열 C_{pm} kJ/kmol K	온도범위 K	최대오차 %
N_2	$C_{pm}=39.060-512.79\theta^{-1.5}+1072.7\theta^{-2}-820.40\theta^{-3}$	300 – 3500	0.43
O_2	$C_{pm}=37.432+0.020102\theta^{1.5}-178.57\theta^{-1.5}+236.88\theta^{-2}$	300 – 3500	0.30
H_2	$C_{pm}=56.505-702.74\theta^{-0.75}+1165.0\theta^{-1}-560.70\theta^{-1.5}$	300 – 3500	0.60
CO	$C_{pm}=69.145-0.70463\theta^{0.75}-200.77\theta^{-0.5}+176.76\theta^{-0.75}$	300 – 3500	0.42
OH	$C_{pm}=81.546-59.350\theta^{0.25}+17.329\theta^{0.75}-4.2660\theta$	300 – 3500	0.43
NO	$C_{pm}=59.283-1.7096\theta^{0.5}-70.613\theta^{-0.5}+74.889\theta^{-1.5}$	300 – 3500	0.34
H_2O	$C_{pm}=143.05-183.54\theta^{0.25}+82.751\theta^{0.5}-3.6989\theta$	300 – 3500	0.43
CO_2	$C_{pm}=-3.7357+30.529\theta^{0.5}-4.1034\theta+0.024198\theta^{2}$	300 – 3500	0.19
NO_2	$C_{pm}=46.045+216.10\theta^{-0.5}-363.66\theta^{-0.75}+232.550\theta^{-2}$	300 – 3500	0.26
CH_4	$C_{pm}=-672.87+439.74\theta^{0.25}-24.875\theta^{0.75}+323.88\theta^{-0.5}$	300 – 2000	0.15
C_2H_4	$C_{pm}=-95.395+123.15\theta^{0.5}-35.641\theta^{0.75}+182.77\theta^{-3}$	300 – 2000	0.07
C_2H_6	$C_{pm}=6.895+17.26\theta-0.6402\theta^{2}+0.00728\theta^{3}$	300 – 1500	0.83
C_3H_8	$C_{pm}=-4.042+30.46\theta-1.571\theta^{2}+0.03171\theta^{3}$	300 – 1500	0.40
C_4H_{10}	$C_{pm}=3.954+37.12\theta-1.833\theta^{2}+0.03498\theta^{3}$	300 – 1500	0.54

〈부록 5〉 습공기표

t ℃	ρ_a kg/m³	ρ_s kg/m³	P_s mbar	x_s g/kg′	h_s kJ/kg′	t ℃	ρ_a kg/m³	ρ_s kg/m³	P_s mbar	x_s g/kg′	h_s kJ/kg′
−20	1.396	1.395	1.029	0.64082	−18.52066	41	1.124	1.091	77.77	52.462	176.427
−19	1.394	1.393	1.133	0.70566	−17.3545	42	1.121	1.086	81.98	55.556	185.510
−18	1.385	1.384	1.247	0.77676	−16.1727	43	1.117	1.081	86.39	58.827	195.061
−17	1.379	1.378	1.369	0.85285	−14.9783	44	1.114	1.076	91.00	62.281	205.097
−16	1.374	1.373	1.504	0.93708	−13.7635	45	1.110	1.070	95.82	65.929	215.647
−15	1.368	1.367	1.651	1.02882	−12.5298	46	1.107	1.065	100.86	69.786	226.751
−14	1.363	1.362	1.809	1.12746	−11.2789	47	1.103	1.059	106.12	73.857	238.424
−13	1.358	1.357	1.981	1.23487	−10.0055	48	1.100	1.054	111.62	78.166	250.728
−12	1.353	1.352	2.169	1.35232	−8.7070	49	1.096	1.048	117.36	82.720	263.684
−11	1.348	1.347	2.373	1.47981	−7.3832	50	1.093	1.043	123.35	87.537	277.338
−10	1.342	1.341	2.594	1.61799	−6.0324	51	1.090	1.037	129.61	92.641	291.755
−9	1.337	1.336	2.833	1.76749	−4.6529	52	1.086	1.031	136.13	98.035	306.945
−8	1.332	1.331	3.094	1.93083	−3.2384	53	1.083	1.025	142.93	103.749	322.987
−7	1.327	1.325	3.376	2.10741	−1.7904	54	1.080	1.019	150.02	109.804	339.936
−6	1.322	1.320	3.681	2.29850	−0.3056	55	1.076	1.103	157.41	116.223	357.856
−5	1.317	1.315	4.010	2.50477	1.2177	56	1.073	1.007	165.11	123.033	376.820
−4	1.312	1.310	4.368	2.72937	2.7875	57	1.070	1.001	173.13	130.260	396.894
−3	1.308	1.306	4.754	2.97171	4.4025	58	1.067	0.995	181.47	137.926	418.141
−2	1.303	1.301	5.172	3.23436	6.6690	59	1.063	0.987	190.16	146.082	440.695
−1	1.298	1.295	5.621	3.51674	7.7859	60	1.060	0.981	199.20	154.754	464.628
0	1.293	1.290	6.108	3.8233	9.5643	61	1.057	0.974	208.6	163.98	490.042
1	1.288	1.285	6.566	4.1118	11.2986	62	1.054	0.968	218.4	173.83	517.122
2	1.284	1.281	7.055	4.4202	13.0839	63	1.051	0.961	228.6	184.36	546.020
3	1.279	1.275	7.575	4.7485	14.9202	64	1.048	0.951	239.1	195.49	576.528
4	1.275	1.271	8.129	5.0987	16.8126	65	1.044	0.946	250.1	207.48	609.333
5	1.270	1.266	8.718	5.4714	18.7629	66	1.041	0.939	261.5	220.29	644.333
6	1.265	1.261	6.345	5.8686	20.7761	67	1.038	0.932	273.3	233.97	681.666
7	1.261	1.256	10.012	6.2917	22.8558	68	1.035	0.924	285.6	248.71	721.834
8	1.256	1.251	10.720	6.7414	25.0041	69	1.032	0.917	298.4	264.59	765.054
9	1.252	1.247	11.472	7.2198	27.2263	70	1.029	0.909	311.6	281.60	811.307
10	1.248	1.242	12.170	7.7283	29.5262	71	1.026	0.901	325.3	299.95	861.150
11	1.243	1.237	13.116	8.2682	31.9071	72	1.023	0.893	329.6	319.91	915.304
12	1.239	1.232	14.041	8.8424	34.3766	73	1.020	0.885	354.3	341.36	973.461
13	1.235	1.228	14.965	9.4515	36.9364	74	1.017	0.877	369.6	364.74	1036.790
14	1.230	1.223	15.973	10.0985	39.5942	75	1.014	0.868	385.5	390.28	1103.909
15	1.226	1.218	17.039	10.7841	42.3520	76	1.011	0.859	401.9	418.04	1180.988
16	1.222	1.214	18.163	11.5119	45.2192	77	1.009	0.851	418.9	448.47	1263.231
17	1.217	1.208	19.362	12.2834	48.1998	78	1.006	0.842	436.5	481.91	1353.550
18	1.213	1.204	20.62	13.098	51.2925	79	1.000	0.833	454.7	518.76	1453.023
19	1.209	1.200	21.96	13.968	54.5288	80	1.000	0.823	473.6	559.72	1563.523
20	1.205	1.195	23.37	14.887	57.8927	81	0.997	0.813	493.1	605.18	1686.107
21	1.201	1.190	24.85	15.853	61.3794	82	0.994	0.803	513.3	656.12	1823.400
22	1.197	1.185	26.42	16.882	65.0928	83	0.992	0.794	534.2	713.48	1977.929
23	1.193	1.181	28.08	17.974	68.84437	84	0.989	0.783	555.7	778.11	2151.988
24	1.189	1.176	29.82	19.122	72.80552	85	0.986	0.773	578.0	852.10	2351.175
25	1.185	1.171	31.66	20.340	76.9492	86	0.983	0.762	601.1	937.47	2580.917
26	1.181	1.166	33.60	21.630	81.2811	87	0.981	0.751	624.9	1036.43	2847.162
27	1.177	1.161	35.64	22.992	85.8014	88	0.978	0.740	649.5	1152.84	3160.269
28	1.173	1.156	37.78	24.426	90.5107	89	0.975	0.729	674.9	1291.52	3533.190
29	1.169	1.151	40.04	25.948	95.4501	90	0.973	0.718	701.1	1459.26	3984.164
30	1.165	1.146	42.41	27.552	100.6048	91	0.970	0.706	728.1	1665.94	4539.734
31	1.161	1.141	44.91	29.253	106.0137	92	0.967	0.694	756.1	1928.61	5245.675
32	1.157	1.136	47.53	31.045	111.6220	93	0.965	0.681	784.9	2270.14	6163.447
33	1.154	1.131	50.29	32.943	117.5885	94	0.962	0.669	814.6	2733.46	7408.356
34	1.150	1.126	53.18	34.922	123.7811	95	0.959	0.656	845.3	3399.37	9197.424
35	1.146	1.121	56.22	37.059	130.2839	96	0.957	0.643	876.9	4431.70	11970.74
36	1.142	1.116	59.40	39.288	137.0822	97	0.954	0.630	909.4	6244.61	16840.81
37	1.139	1.111	62.74	41.645	144.2178	98	0.951	0.616	943.0	10292.37	27713.906
38	1.135	1.107	66.24	44.133	151.6990	99	0.949	0.602	977.6	27151.38	72999.538
39	1.132	1.102	69.91	46.762	159.552	100	0.947	0.589	1013.3		
40	1.128	1.097	73.75	49.535	167.786						

〈부록 6〉 포화 증기표 (온도기준) (SI단위)

온도 t℃	압력 p	비체적 m³/kg		내부 에너지 kJ/kg			엔탈피 kJ/kg			엔트로피 kJ/kgK		
	bar	v'	v''	u'	$u''-u'$	u''	h'	$r=h''-h'$	h''	s'	$s''-s'$	s''
01	.006113	.0010002	206.136	.00	2375.3	2375.3	.01	2501.3	2501.4	.000	9.1562	9.1562
1	.008721	.0010002	192.577	4.15	2372.6	2376.7	4.16	2499.0	2503.2	.0152	9.1147	9.1299
5	.006567	.0010001	147.120	20.97	2361.3	2382.3	20.98	2489.6	2510.6	.0761	8.9496	9.0257
10	.012276	.0010004	106.379	42.00	2347.2	2389.6	42.01	2477.7	2519.8	.1510	8.7498	8.9008
15	.017051	.0010009	77.926	62.99	2333.1	2396.1	62.99	2465.9	2528.9	.2245	8.5569	8.7814
20	.02339	.0010018	57.791	83.95	2319.0	2402.9	83.96	2454.1	2538.1	.2966	8.3706	8.6672
25	.03169	.0010029	43.360	104.88	2304.9	2409.8	104.89	2442.3	2547.2	.3674	8.1905	8.5580
30	.04246	.0010043	32.894	125.78	2290.8	2416.6	125.79	2430.5	2556.3	.4369	8.0164	8.4533
35	.05628	.0010060	25.216	146.67	2276.7	2423.4	146.68	2418.6	2565.3	.5053	7.8478	8.3531
40	.07384	.0010078	19.523	167.56	2262.6	2430.1	167.57	2406.7	2574.3	.5725	7.6845	8.2570
45	.09593	.0010099	15.258	188.44	2248.4	2436.8	188.45	2394.8	2583.2	.6387	7.5261	8.1648
50	.12349	.0010121	12.032	209.32	2234.2	2443.5	209.33	2382.7	2592.1	.7038	7.3725	8.0763
55	.15758	.0010146	9.568	230.21	2219.9	2450.1	230.23	2370.7	2600.9	.7679	7.2234	7.9913
60	.19940	.0010172	7.671	251.11	2205.5	2456.6	251.13	2358.5	2609.6	.8312	7.0784	7.9096
65	.2503	.0010199	6.197	272.02	2191.1	2463.1	272.06	2346.2	2618.3	.8935	6.9375	7.8310
70	.3119	.0010228	5.042	292.95	2176.6	2469.6	292.98	2333.8	2626.8	.9549	6.8004	7.7553
75	.3858	.0010259	4.131	313.90	2162.0	2475.9	313.93	2321.4	2635.3	1.0155	6.6669	7.6824
80	.4739	.0010291	3.407	334.86	2147.4	2482.2	334.91	2308.8	2643.7	1.0753	6.5369	7.6122
85	.5783	.0010325	2.828	355.84	2132.6	2488.4	355.90	2296.0	2651.9	1.1343	6.4102	7.5445
90	.7014	.0010360	2.361	376.85	2117.7	2494.5	376.92	2283.2	2660.1	1.1925	6.2866	7.4791
95	.8455	.0010397	1.9819	397.88	2102.7	2500.6	397.96	2270.2	2668.1	1.2500	6.1659	7.4159
100	1.0135	.0010435	1.6729	418.94	2087.6	2506.5	419.04	2257.0	2676.1	1.3069	6.0480	7.3549
105	1.2082	.0010475	1.4194	440.02	2072.3	2512.4	440.15	2243.7	2683.8	1.3630	5.9328	7.2948
110	1.4327	.0010516	1.2102	461.14	2057.0	2518.1	461.30	2230.2	2691.5	1.4185	5.8202	7.2387
115	1.6906	.0010559	1.0366	482.30	2041.4	2523.7	482.48	2216.5	2699.0	1.4734	5.7100	7.1833
120	1.9853	.0010603	.8919	503.50	2025.8	2529.3	503.71	2202.6	2706.3	1.5276	5.6020	7.1296
125	2.321	.0010649	.7706	524.74	2009.9	2534.6	524.99	2188.5	2713.5	1.5813	5.4962	7.0775
130	2.701	.0010697	.6685	546.02	1993.9	2539.9	546.31	2174.2	2720.5	1.6344	5.3925	7.0269
135	3.130	.0010746	.5822	567.35	1977.7	2545.0	567.69	2159.6	2727.3	1.6870	5.2907	6.9777
140	3.613	.0010797	.5089	588.74	1961.3	2550.0	589.13	2144.7	2733.9	1.7391	5.1908	6.9299
145	4.154	.0010850	.4463	610.18	1944.7	2554.9	610.63	2129.6	2740.3	1.7907	5.0926	6.8833
150	4.758	.0010905	.3928	631.68	1927.9	2559.5	632.20	2114.3	2746.5	1.8418	4.9960	6.8379
155	5.431	.0010961	.3468	653.24	1910.8	2564.1	653.84	2098.6	2752.4	1.8925	4.9010	6.7935
160	6.178	.0011020	.3071	674.87	1893.5	2568.4	675.55	2082.6	2758.1	1.9427	4.8075	6.7502
165	7.005	.0011080	.2727	696.56	1876.0	2572.5	697.34	2066.2	2763.5	1.9925	4.7153	6.7078

⇨ 〈부록 6〉의 계속

온도 t℃	압력 p	비체적 m^3/kg		내부 에너지 KJ/kg			엔탈피 KJ/kg			엔트로피 kJ/kgK		
	bar	v'	v''	u'	$u''-u'$	u''	h'	$r=h''-h'$	h''	s'	$s''-s'$	s''
170	7.917	.0011143	.2428	718.33	1858.1	2576.5	719.21	2049.5	2768.7	2.0419	4.6244	6.6663
175	8.920	.0011207	.2168	740.17	1840.0	2580.2	741.17	2032.4	2773.6	2.0909	4.5347	6.6256
180	10.021	.0011274	.19405	762.09	1821.6	2583.7	763.22	2015.0	2778.2	2.1396	4.4461	6.5857
185	11.227	.0011343	.17409	784.10	1802.9	2587.0	785.37	1997.1	2782.4	2.1879	4.3586	6.5456
190	12.544	.0011414	.15654	806.19	1783.8	2590.0	807.62	1978.8	2786.4	2.2359	4.2720	6.5079
195	13.978	.0011488	.14105	828.37	1764.4	2592.8	829.98	1960.0	2790.0	2.2835	4.1863	6.4698
200	15.538	.0011565	.12736	850.60	1744.4	2595.3	852.45	1940.7	2793.2	2.3309	4.1014	6.4323
210	19.062	.0011726	.10441	895.53	1703.9	2599.5	897.76	1900.7	2798.5	2.4248	3.9337	6.3585
220	23.18	.0011900	.08619	940.87	1661.5	2602.4	943.62	1858.5	2802.1	2.5178	3.7683	6.2861
230	27.95	.0012088	.07158	986.74	1617.2	2603.9	990.12	1813.8	2804.0	2.6099	3.6047	6.2146
240	33.44	.0012291	.5976	1033.21	1570.8	2604.0	1037.32	1766.5	2803.8	2.7015	3.4422	6.1437
250	39.73	.0012512	.05013	1080.39	1522.0	2602.4	1085.36	1716.2	2801.5	2.7927	3.2802	6.0730
260	46.88	.0012755	.04221	1128.39	1470.6	2599.0	1134.37	1662.5	2796.9	2.8838	3.1181	6.0019
270	54.99	.0013023	.3564	1177.36	1416.3	2593.7	1184.51	1605.2	2789.7	2.9751	2.9551	5.9301
280	64.12	.0013321	.03017	1227.46	1358.7	2586.1	1235.99	1543.6	2779.6	3.0668	2.7903	5.8571
290	74.36	.0013656	.02557	1278.92	1297.1	2576.0	1289.07	1477.1	2766.2	3.1594	2.6227	5.7821
300	85.81	.0014036	·.02167	132.0	1231.0	2563.0	1344.0	1404.9	2749.0	3.2534	2.4511	5.7045
310	98.56	.0014474	.01350	1387.1	1159.4	2546.4	1401.3	1326.0	2727.3	3.3493	2.2737	5.6230
320	112.74	.0014988	.015488	1444.6	1080.9	2525.5	1461.5	1238.6	2700.1	3.4480	2.0882	5.5362
330	128.45	.001507	.012996	1505.3	993.7	2498.9	1525.3	1140.6	2665.9	3.5507	1.8909	5.4417
340	145.86	.0016379	.010797	1570.3	894.3	2464.6	1594.2	1027.9	2622.0	3.6594	1.6763	5.3357
350	165.13	.0017403	.008813	1641.9	776.6	2418.4	1670.6	893.4	2563.9	3.7777	1.4335	5.2112
360	186.51	.0018925	.006945	1725.2	626.3	2351.5	1760.5	720.5	2481.0	3.9147	1.1379	5.0526
370	210.3	.002213	.004920	1844.0	384.5	2228.5	1890.5	441.6	2332.1	4.1106	.6865	4.7971
374.136	220.9	.003155	.003155	2029.6	0	2029.6	2099.3	0	2099.3	4.4298	0	4.4298

㈜ p=bar=$10^5 N/m^2$=10^2kPa=10^{-1}MPa
여기서 ′및 ″를 첨자 f,g로 표기하기도 한다.

〈부록 7〉 **포화 증기표 (압력기준) (SI 단위)**

압력 bar	온도 ℃	비체적 m^3/kg		내부 에너지 kJ/kg			엔탈피 kJ/kg			엔트로피 kJ/kgK		
p	t	v'	v''	u'	$u''-u'$	u''	h'	$r=h''-h'$	h''	s'	$s''-s'$	s''
.006113	.01	.0010002	206.136	.00	2375.3	2375.3	.01	2501.3	2501.4	.0000	9.1562	9.1562
.010	6.98	.0010002	129.208	29.30	2355.7	2385.0	29.30	2484.9	2514.2	.1059	8.8697	8.9756
.015	13.03	.0010007	87.980	54.71	2338.5	2393.3	54.71	2470.6	2525.3	.1957	8.6322	8.8279
.020	17.50	.0010013	67.004	73.48	2326.0	2399.5	73.48	2460.0	2533.5	.2607	8.4629	8.7237
.040	28.96	.0010040	34.800	121.45	2293.7	2415.2	121.46	2432.9	2554.4	.4226	8.0520	8.4746
.060	36.16	.0010064	23.739	151.53	2273.4	2425.0	151.53	2415.9	2567.4	.5210	7.8094	8.3304
.080	41.51	.0010084	18.103	173.87	2258.3	2432.2	173.88	2403.1	2577.0	5926	7.6361	8.2287
.10	45.81	.0010102	14.674	191.82	2246.1	2437.9	191.83	2392.8	2584.7	.6493	7.5009	8.1502
.15	53.97	.0010141	10.022	25.92	2222.8	2448.7	225.94	2373.1	2599.1	.7549	7.2536	8.0085
.20	60.06	.0010172	7.649	251.38	2205.4	2456.7	251.40	2358.3	2609.7	.8320	7.0766	7.9085
.40	75.87	.0010265	3.993	317.53	2159.5	2477.0	317.58	2319.2	2636.8	1.0259	6.6441	7.6700
.60	85.94	.0010331	2.732	359.79	2129.8	2489.6	359.86	2293.6	2653.5	1.1453	6.3867	7.5320
.80	93.50	.0010386	2.087	359.75	2107.2	2498.8	391.66	2274.1	2665.8	1.2329	6.2017	7.4346
1.00	99.63	.0010432	1.6940	417.36	2088.7	2506.1	417.46	2258.0	2675.5	1.3026	6.0568	7.3594
1.25	105.99	.0010483	1.3749	444.19	2069.3	2513.5	444.32	2241.0	2685.4	1.3740	5.9104	7.2844
1.50	111.37	.0010528	1.1593	466.94	2052.7	2519.7	467.11	2226.5	2693.6	1.4336	5.7897	7.2233
1.75	116.06	.0010568	1.0036	486.80	2038.1	2524.9	486.99	2213.6	2700.6	1.4849	5.6868	7.1717
2.00	120.23	.0010605	.8857	504.49	2025.0	2529.5	504.70	2201.9	2706.7	1.5301	5.5970	7.1271
2.25	124.00	.0010640	.7933	520.47	2013.1	2533.6	520.72	2191.3	2712.1	1.5706	5.5173	7.0878
2.50	127.44	.0010672	.7187	535.10	2002.1	2537.2	535.37	2181.5	2716.9	1.6072	5.4455	7.0527
2.75	130.60	.0010703	.6573	548.59	1991.9	2540.5	548.89	2172.4	2721.3	1.6408	5.3801	7.0209
3.00	133.55	.0010732	.6058	561.15	1982.4	2543.6	561.47	2163.8	2725.3	1.6718	5.3201	6.9919
3.25	136.30	.0010759	.5620	572.90	1973.5	2546.4	573.25	2155.8	2729.0	1.7006	5.2646	6.9652
3.50	138.88	.0010786	.5243	583.95	1965.0	2548.9	584.33	2148.1	2732.4	1.7275	5.2130	6.9405
3.75	141.32	.0010811	.4914	594.40	1956.9	2551.3	594.81	2140.8	2735.6	1.7528	5.1647	6.9175
4.0	143.63	.0010836	.4625	604.31	1949.3	2553.6	604.74	2133.8	2738.6	1.7766	5.1193	6.8959
5.0	151.86	.0010926	.3749	639.68	1921.6	2561.2	640.23	2108.5	2748.7	1.8607	4.9606	6.8213
6.0	158.85	.0011006	.3157	669.90	1897.5	2567.4	670.56	2086.3	2756.8	1.9312	4.8288	6.7600
7.0	164.97	.0011080	.2729	696.44	1876.1	2572.5	697.22	2066.3	2763.5	1.9922	4.7158	6.7080
8.0	170.43	.0011148	.2404	720.22	1856.6	2576.8	721.11	2048.0	2769.1	2.0462	4.6166	6.6628
9.0	175.38	.0011212	.2150	741.83	1838.6	2580.5	742.83	2031.1	2773.9	2.0946	4.5280	6.6226
10.0	179.91	.0011273	.19444	761.68	1822.0	2583.6	762.81	2015.3	2778.1	2.1387	4.4478	6.5865
11.0	184.09	.0011330	.17753	780.09	1806.3	2586.4	781.34	2000.4	2781.7	2.1792	4.3744	6.5536
12.0	187.99	.0011385	.16333	797.29	1791.5	2588.8	798.65	1986.2	2784.8	2.2166	4.3067	6.5233
13.0	191.64	.0011438	.15125	813.44	1777.5	2591.0	814.93	1972.7	2787.6	2.2515	4.2438	6.4953

⇨ 〈부록 7〉의 계속

압력 bar	온도 ℃	비 체 적 m³/kg		내부 에너지 kJ/kg			엔 탈 피 kJ/kg			엔트로피 kJ/kgK		
p	t	v'	v''	u'	$u''-u'$	u''	h'	$r=h''-h'$	h''	s'	$s''-s'$	s''
14.0	195.07	.0011489	.14084	828.70	1764.1	2592.8	830.30	1959.7	2790.0	2.2842	4.1850	6.4693
15.0	198.32	.0011539	.13177	843.16	1751.3	2594.5	844.89	1947.3	2792.2	2.3150	4.1298	6.4448
16.0	201.41	.0011587	.12380	856.94	1739.0	2596.0	858.79	1935.2	2794.0	2.3442	4.0776	6.4218
17.0	204.34	.0011634	.11673	870.09	1727.2	2597.3	872.06	1923.6	2795.7	2.3718	4.0282	6.4000
18.0	207.15	.0011679	.11042	882.69	1715.7	2598.4	884.79	1912.4	2797.1	2.3981	3.9812	6.3794
19.0	209.84	.0011724	.10475	894.79	1704.6	2599.4	897.02	1901.4	2798.4	2.4233	3.9364	6.3597
20.0	212.42	.0011767	.09963	906.44	1693.8	2600.3	908.79	1890.7	2799.5	2.4474	3.8935	6.3409
25	223.99	.0011973	.07998	959.11	1644.0	2603.1	962.11	1841.0	2803.1	2.5547	3.7028	6.2575
30	233.90	.0012165	.06668	1004.78	1599.3	2604.1	1008.42	1795.7	2804.2	2.6457	3.5412	6.1869
35	242.60	.0012347	.05707	1045.43	1558.3	2603.7	1049.75	1753.7	2803.4	2.7253	3.4000	6.1253
40	250.40	.0012522	.04978	1082.31	1520.0	2602.3	1087.31	1714.1	2801.4	2.7964	3.2737	6.0701
50	263.99	.0012859	.03944	1147.81	1449.3	2597.1	1154.23	1640.1	2794.3	2.9202	3.0532	5.9734
60	275.64	.0013187	.03244	1205.44	1384.3	2589.7	1213.35	1571.0	2784.3	3.0267	2.8625	5.8892
70	285.88	.0013513	.0237	1257.55	1323.0	2580.5	1267.00	1505.1	2772.1	3.1211	2.6922	5.8133
80	295.06	.0013842	.02352	1305.57	1264.2	2569.8	1316.64	1441.3	2758.0	3.2068	2.5364	5.743
90	303.40	.0014178	.02048	1350.51	1207.3	2557.8	1363.26	1378.9	2742.1	3.2858	2.3915	5.6772
100	311.06	.0014524	.018026	1393.04	1151.4	2544.4	1407.56	1317.1	2724.7	3.3596	2.2544	5.6141
110	*318.15*	*.0014886*	*.015987*	*1433.7*	*1096.0*	*2529.8*	*1450.1*	*1255.5*	*2705.6*	3.4295	2.1233	5.5527
120	324.75	.0015267	.014263	1473.0	1040.7	2513.7	1491.3	1193.6	2684.9	3.4962	1.9962	5.4924
140	336.75	.0016107	.011485	1548.6	928.2	2476.8	1571.1	1066.5	2637.6	3.6232	1.7485	5.3717
160	374.44	.0017107	.009306	1622.7	809.0	2431.7	1650.1	930.6	2580.6	3.7461	1.4994	5.2455
180	357.06	.0018397	.007489	1698.9	675.4	2374.3	1732.0	777.1	2509.1	3.8715	1.2329	5.1044
200	365.81	.002036	.005834	1785.6	507.5	2293.0	1826.3	583.4	2409.7	4.0139	.9130	4.9269
210	369.89	.002207	.004952	1842.1	388.5	2230.6	1888.4	446.2	2334.6	4.1075	.6938	4.8013
220.9	374.14	.003155	.003155	2029.6	0	2029.6	2099.3	0	2099.3	4.4298	0	4.4298

주 p = bar = 10^5 N/m² = 10^2 kPa = 10^{-1} MPa

〈부록 8〉 과열증기표 (1)

절대압력 bar (포화온도℃)		온도[℃] 50	75	100	120	150	170	200	220	250	270
	v	14.869	16.034	17.196	18.123	19.512	20.438	21.825	22.749	24.136	25.059
0.10	u	2443.9	2479.6	2515.5	2544.4	2587.9	2617.1	2661.3	2691.0	2736.0	2766.2
(45.81)	h	2592.6	2640.0	2687.5	2725.6	2783.0	2821.5	2879.5	2918.5	2977.3	3016.8
	s	8.1749	8.3162	8.4479	8.5474	8.6882	8.7770	8.9038	8.9844	9.1002	9.1743
	v		6.393	6.863	7.237	7.795	8.167	8.723	9.094	9.649	10.019
0.25	u		2477.7	2514.1	2543.2	2587.0	2616.4	2660.7	2690.5	2735.6	2765.9
(64.97)	h		2637.5	2685.6	2724.1	2781.9	2820.6	2878.8	2917.9	2976.8	3016.4
	s		7.8877	8.0212	8.1216	8.2633	8.3526	8.4798	8.5606	8.6766	8.7508
	v			3.418	3.608	3.889	4.076	4.356	4.542	4.820	5.006
0.50	u			2511.6	2541.3	2585.6	2615.2	2659.9	2689.8	2735.0	2765.4
(81.33)	h			2682.5	2721.6	2780.1	2819.1	2877.7	2916.9	2976.0	3015.7
	s			7.6947	7.7968	7.9401	8.0300	8.1580	8.2392	8.3556	8.4300

절대압력 bar (포화온도℃)		300	340	400	440	500	600	700	750	800	850
	v	26.445	28.292	31.063	32.909	35.679	40.295	44.911	47.218	49.526	51.834
0.10	u	2812.1	2874.1	2968.9	3033.5	3132.3	3302.5	3479.6	3570.8	3663.8	3758.6
(45.81)	h	3076.5	3157.0	3279.6	3362.6	3489.1	3705.4	328.7	4043.0	4159.0	4276.9
	s	9.2813	9.41709	9.6077	9.7275	9.8978	10.1608	10.4028	10.5174	10.6281	10.7354
	v	10.574	11.314	12.432	13.162	14.270	16.117	17.963	18.887	19.810	20.773
0.25	u	2811.8	2873.8	2968.8	3033.3	3132.2	3302.4	3479.5	3570.8	3663.8	3758.5
(64.97)	h	3076.2	3156.7	3279.3	3362.4	3488.9	3705.3	3928.6	4043.0	4159.0	4276.9
	s	8.8579	8.9937	9.1845	9.3044	9.4748	9.7378	9.9799	10.0945	10.2052	10.3125
	v	5.284	5.654	6.209	6.579	7.134	8.057	8.981	9.443	9.904	10.355
0.50	u	2811.3	2873.5	2968.5	3033.1	3132.0	3302.2	3479.4	3570.6	3663.6	3758.4
(81.33)	h	3075.5	3156.2	3278.9	3362.0	3488.7	3705.1	3928.5	4042.8	4158.9	4276.7
	s	8.5373	8.6732	8.8642	8.9841	9.1546	9.4178	9.6599	9.7744	9.8852	9.9926

절대압력 bar (포화온도℃)		900	950	1000	1100	1200
	v	54.141	56.449	58.757	63.372	67.987
0.10	u	3855.0	3953.2	4053.0	4257.5	4467.9
(45.81)	h	4396.4	4517.7	4640.6	4891.2	5147.8
	s	10.8396	10.9408	11.0393	11.2287	11.4091
	v	21.656	22.579	23.503	25.349	27.195
0.25	u	3855.0	3953.2	4053.	0425.74	4467.9
(64.97)	h	4396.4	4517.6	4640.5	4891.2	5147.8
	s	10.4167	10.5179	10.6163	10.8058	10.9862
	v	10.828	11.289	11.751	12.674	13.597
0.50	u	3854.9	3953.1	4052.9	4257.4	4457.8
(81.33)	h	4396.3	4517.6	4640.5	4891.1	5147.7
	s	10.0967	10.1979	10.2964	10.4859	10.6662

⇨ 〈부록 8〉의 계속 (2)

절대압력 bar (포화온도℃)		온도[℃] 100	120	150	170	200	220	250	270	300	340
0.75	v	2.270	2.398	2.587	2.713	2.900	3.025	3.211	3.335	3.520	3.768
	u	2509.2	2539.3	2584.2	2614.1	2659.0	2689.0	2734.4	2764.8	2810.9	2.8731
(91.78)	h	2676.4	2719.1	2778.2	2817.5	2876.5	2915.9	2975.2	3014.9	3074.9	3155.7
	s	7.5009	7.6046	7.7496	7.8403	7.9690	8.0505	8.1673	8.2418	8.3493	8.4855
1.0	v	1.6958	1.7929	1.9364	2.0311	2.172	2.266	2.406	2.449	2.639	2.824
	u	2506.7	2537.3	2582.8	2612.9	2658.1	2688.2	2733.7	2764.3	2810.4	2872.7
(99.63)	h	2676.2	2716.6	2776.4	2815.0	2875.3	2914.8	2974.3	3014.2	3074.3	3155.2
	s	7.3614	7.4668	7.6134	7.7048	7.8343	7.9162	8.0333	8.1080	8.2158	8.3521
1.2	v		1.4904	1.6108	1.6902	1.8083	1.8866	2.004	2.081	2.198	2.353
	u		2535.7	2581.6	2611.9	2657.3	2687.6	2733.2	2763.8	2810.1	2872.4
(104.80)	h		2714.5	2774.9	2814.8	2874.3	2914.0	2973.7	3013.6	3073.8	3154.8
	s		7.3785	7.5265	7.6185	7.7486	7.8308	7.9482	8.0231	8.1310	8.2675

절대압력 bar (포화온도℃)		400	440	500	540	600	640	700	750	800	850
0.75	v	4.138	4.385	4.755	5.001	5.371	5.617	5.987	6.295	6.603	6.910
	u	2968.2	3032.8	3131.8	3199.1	3302.1	3372.1	3479.3	350.5	3663.6	3758.4
(91.78)	h	3278.5	3361.7	3488.4	3574.2	3704.9	3793.4	3928.3	4042.6	4158.7	4276.6
	s	8.6767	8.7967	8.9672	9.0754	9.2835	9.3296	9.4727	9.5872	9.6980	9.8054
1.0	v	3.103	3.288	3.565	3.750	4.028	4.213	4.490	4.721	4.952	5.183
	u	2967.9	3032.6	3131.6	3198.9	3301.9	3372.0	3479.2	3570.4	3663.5	3758.3
(99.63)	h	3278.2	3361.4	3488.1	3574.0	3704.7	3793.3	3928.2	4042.5	4158.6	4276.5
	s	8.5435	8.6636	8.8342	8.9424	9.0976	9.1967	9.3398	9.4544	9.5652	9.6725
1.2	v	2.585	2.739	2.971	3.125	3.356	3.510	3.741	3.934	4.126	4.319
	u	2967.7	3032.4	3131.4	3198.8	3301.8	3371.9	3479.1	3570.4	3663.4	3758.2
(104.80)	h	3277.8	3361.1	3487.9	3573.8	3704.6	3793.1	3928.1	4042.4	4158.6	4276.5
	s	8.4590	8.5791	8.7498	8.8581	9.0133	9.1125	9.2555	9.3701	9.4810	9.5883

절대압력 bar (포화온도℃)		900	950	1000	1100	1200
0.75	v	7.218	7.526	7.834	8.449	9.065
	u	3854.9	3953.0	4052.9	4257.3	4467.8
(91.78)	h	4396.2	4517.5	4640.4	4891.0	5147.6
	s	9.9095	10.0107	10.1092	10.2987	10.4791
1.0	v	5.414	5.644	5.875	6.337	6.799
	u	3854.8	3953.0	4052.8	4257.3	4467.7
(99.63)	h	4396.1	4517.4	4640.3	4891.0	5147.6
	s	9.7767	9.8779	9.9764	10.1659	10.3463
1.2	v	4.511	4.704	4.896	5.281	5.666
	u	3854.7	3952.9	4052.7	4257.2	4467.7
(104.80)	h	4396.1	4517.3	4640.3	4890.9	5147.5
	s	9.6925	9.7937	9.8922	10.0817	10.2621

㈜ p = bar = $10^5 N/m^2$, t = ℃, u = kJ/kg, h = kJ/kg, v = m^3/kg, s = kJ/kg K

⇨ 〈부록 8〉의 계속 (3)

절대압력 bar (포화온도℃)		온도[℃] 120	150	170	200	220	250	270	300	340	400
	v	1.1878	1.2853	1.3493	1.4443	1.5073	1.6012	1.6639	1.7570	1.8812	2.067
1.5	u	2533.3	2579.8	2610.5	2656.2	2686.7	2732.5	2763.2	2809.5	2872.0	2967.3
(111.37)	h	2711.4	2772.6	2812.9	2872.9	2912.8	2972.7	3012.7	3073.1	3154.1	3277.4
	s	7.2693	7.4193	7.5123	7.6433	7.7259	7.8438	7.9189	8.0270	8.1638	8.3555
	v		.9596	1.0083	1.0803	1.1279	1.1988	1.2458	1.3162	1.4096	1.5493
2.0	u		2576.9	2608.1	2654.4	2685.1	2731.2	2762.1	2.8086	2871.2	2966.7
(120.23)	h		2768.8	2809.8	2870.5	2910.7	2971.0	3011.2	3071.8	3153.1	3276.6
	s		7.2795	7.3740	7.5066	7.899	7.7086	7.7841	7.8926	8.0298	8.2218
	v		.6339	.6673	.7163	.7485	7964	.8280	.8753	.9380	1.0315
3.0	u		2570.8	2603.1	2650.7	2682.0	2728.7	2759.8	2806.7	2869.7	2965.6
(133.55)	h		2761.0	2803.3	2865.6	2906.5	2967.6	3008.3	3069.3	3151.1	3275.0
	s		7.0778	7.1757	7.3115	7.3963	7.5166	7.5928	7.7022	7.8401	8.0330
	v		.4708	.4966	.5342	.5588	.5951	.6191	.6548	.7021	.7726
4.0	u		2564.5	2598.1	2646.8	2678.7	2726.1	2757.6	2804.8	2868.2	2964.4
(143.63)	h		2752.8	2796.7	2860.5	2902.3	2964.2	3005.2	3066.8	3149.0	3273.4
	s		6.9299	7.0321	7.1706	7.2570	7.3789	7.4559	7.5662	7.7049	7.8985

절대압력 bar (포화온도℃)		440	500	540	600	640	700	750	800	850	900
	v	2.191	2.376	2.500	2.685	2.808	2.993	3.147	3.301	3.455	3.609
1.5	u	3032.1	3131.2	3198.6	330.1	3371.7	3479.0	3570.2	3663.3	3758.1	3854.6
(111.37)	h	3360.7	3487.6	3573.5	3704.3	3792.9	3927.9	4042.3	4158.4	4276.3	4396.0
	s	8.4757	8.6466	8.7549	8.9101	9.0093	9.1524	9.2670	9.3779	9.4853	9.5894
	v	1.6422	1.7814	1.8741	2.013	2.106	2.244	2.360	2.475	2.591	2.706
2.0	u	3031.6	3130.8	3198.2	3301.4	3371.5	3478.8	3570.1	3663.1	3758.0	3854.5
(120.23)	h	3360.0	3487.1	3573.0	3704.0	3792.6	3927.6	4042.0	4158.2	4276.2	4395.8
	s	8.3423	8.5133	8.6217	8.7770	8.8763	9.0194	9.1341	9.2449	9.3524	9.4566
	v	1.0937	1.1867	1.2486	1.3414	1.4031	1.4957	1.5729	1.6499	1.7270	1.8041
3.0	u	3030.6	3130.0	3197.5	3300.8	3371.0	3478.4	3569.8	3662.9	3757.7	3854.2
(133.55)	h	3358.7	3486.0	3572.1	3703.2	3791.9	3927.1	4041.6	4157.8	4275.8	4395.4
	s	8.1538	8.3251	8.4337	8.892	8.6886	8.8319	8.9467	9.0576	9.1650	9.2692
	v	.8194	.8893	.9359	1.0055	1.0519	1.1215	1.1794	1.2372	1.2951	1.3529
4.0	u	3029.6	3129.2	3196.8	3300.2	3370.5	3477.9	3599.3	3662.4	3757.4	3853.9
(143.63)	h	3357.4	3484.9	3571.2	3702.4	3791.3	3926.5	4041.0	4157.3	4275.4	4395.1
	s	8.0196	8.1913	8.3001	8.4558	8.5553	8.6987	8.8134	8.9244	9.0319	9.1362

절대압력 bar (포화온도℃)		950	1000	1100	1200
	v	3.763	3.917	4.225	4.532
1.5	u	3952.8	4052.7	4257.1	4467.6
(111.37)	h	4517.2	4640.2	4890.8	5147.6
	s	9.6907	9.7892	9.9787	10.1591

⇨ 〈부록 8〉의 계속 (4)

절대압력 bar (포화온도℃)		온도[℃] 950	1000	1100	1200
2.0 (120.23)	v	2.822	0.2937	3.168	3.399
	u	3952.7	4052.5	4257.7	4467.5
	h	4517.1	4640.0	4890.7	5141.3
	s	9.5578	9.6563	9.8458	10.0262
3.0 (133.55)	v	1.8811	5.9581	2.1121	2.2661
	u	3952.4	4052.3	4246.8	4467.2
	h	4516.7	4639.7	4890.4	4639.7
	s	9.3705	9.4690	9.6585	9.8389
4.0 (143.63)	v	1.4107	1.4685	1.5840	1.6996
	u	3952.2	4052.0	4256.5	4467.0
	h	4516.4	4639.4	4890.2	5146.8
	s	9.2375	9.3360	9.5256	9.7060

절대압력 bar (포화온도℃)		170	200	220	250	270	300	340	400	440	500
5.0 (151.86)	v	.3942	.4249	.4449	.4744	.4937	.5226	.5606	.6173	.6548	.7109
	u	2592.8	2642.9	2675.5	2723.5	2755.3	2802.9	2866.6	2963.2	3028.6	3128.4
	h	2789.9	2855.4	2897.9	2960.7	3002.2	3064.2	3146.9	3271.9	3356.0	3483.9
	s	6.9162	7.0592	7.1473	7.2709	7.3487	7.4599	7.5994	7.7938	7.9152	8.0873

절대압력 bar (포화온도℃)		540	600	640	700	750	800	850	900	950	1000
5.0 (151.86)	v	.7482	.8041	.8412	.8969	.9433	.9896	1.0359	1.0822	1.1284	1.1747
	u	3196.1	3299.6	3370.0	3477.5	3568.9	3661.2	3757.0	3853.6	3951.9	4051.8
	h	3570.2	3701.7	3790.6	3925.9	4040.5	4156.9	4275.0	4394.7	4516.1	4639.1
	s	8.1962	8.3522	8.4517	8.5952	8.7101	8.9287	9.0329	9.1343	9.2328	

절대압력 bar (포화온도℃)		1100	1200
5.0 (151.89)	v	1.2672	1.3596
	u	4256.3	4466.8
	h	4889.9	5146.6
	s	9.4224	9.6029

절대압력 bar (포화온도℃)		170	200	220	250	270	300	340	400	440	500
7.4 (167.23)	v	.2610	.2830	.2971	.3176	.3311	.3509	.3771	.4518	.4413	.4795
	u	2579.5	2633.2	2667.3	2717.1	2749.8	2798.3	2862.9	2960.4	3026.2	3126.5
	h	2772.6	2842.6	2887.1	2952.2	2994.7	3058.9	3141.9	3268.1	3352.8	3481.3
	s	6.7045	6.8573	6.9495	7.0776	7.1575	7.2709	7.4124	7.6086	7.7309	7.9039
10.0 (179.91)	v		.2060	.2169	.2327	.2429	.2579	.2776	.3066	,3257	.3541
	u		2621.9	2658.0	2709.9	2743.6	2793.2	2858.8	2957.3	3023.6	3124.4
	h		2827.9	2874.9	2942.6	2986.5	3051.2	3136.4	3263.9	3349.3	3478.5
	s		6.6940	6.7914	6.9247	7.0069	7.1229	7.2667	7.4651	7.5883	7.7622

주 u = kJ/kg, h = kJ/kg, v = m^3/kg, s = kJ/kgK

⇨ 〈부록 8〉의 계속 (5)

절대압력 bar (포화온도℃)		온도[℃] 540	600	640	700	750	800	850	900	950	1000
	v	.5048	.5427	.5679	.6056	.6370	0.6683	6997	.7310	.7623	.7936
7.4	u	3194.5	3298.8	3368.7	3476.4	3568.0	3661.3	3756.3	3853.0	3951.2	4051.2
(167.23)	h	3568.0	3699.8	3789.0	3924.6	4039.4	4155.8	4274.0	4393.9	4515.3	4638.4
	s	8.0132	8.1696	8.2694	8.4132	8.5283	8.6394	8.7471	8.8514	8.9528	9.0514
	v	.3729	.4011	.4198	.4478	.4711	.4943	.5175	.540	7.5639	.5861
10.0	u	3192.6	3296.8	3367.4	3475.3	3567.0	3660.4	3755.5	3852.2	3950.5	4050.5
(179.91)	h	3565.3	3697.9	3787.2	3923.1	4038.1	4154.7	4273.0	4392.9	4514.5	4637.6
	s	7.8720	8.0290	8.1290	8.2731	8.3883	8.4996	8.6074	8.7118	8.8133	8.9119

절대압력 bar (포화온도℃)		1100	1200
	v	.8561	.9186
7.4	u	4255.7	4466.2
(167.23)	h	4889.2	5146.0
	s	9.2411	9.4215
	v	.6335	.6798
10.0	u	4255.1	4465.6
(179.9)	h	4888.6	5145.4
	s	9.1017	9.2822

절대압력 bar (포화온도℃)		200	220	250	270	300	340	400	440	500	540
	v	.16195	.17117	.18427	.19269	.2050	.2210	.2444	.2598	.2827	.2979
12.5	u	2610.4	2648.7	2702.8	2737.4	2788.2	2854.9	2954.3	3021.1	3122.4	3190.9
(189.84)	h	2812.8	2862.6	2933.1	2978.3	3044.5	3131.1	3259.9	3345.9	3475.8	3563.2
	s	6.5658	6.6689	6.8077	6.8925	7.0111	7.1572	7.3576	7.4817	7.6566	7.7669
	v	132.48	.14059	.15195	.15918	.16966	.18322	.2030	2160	.2352	.2478
15.0	u	2598.1	2638.8	2695.3	2731.1	2783.1	2850.8	2951.3	3018.5	3120.3	3189.1
(198.32)	h	2796.8	2849.7	2923.3	2969.9	3037.6	3125.7	3255.8	3342.5	3473.1	3560.9
	s	6.4546	6.5641	6.7090	6.7965	6.9179	7.0664	7.2690	7.3940	7.5698	7.6805

절대압력 bar (포화온도℃)		600	640	700	750	800	850	900	950	1000	1100
	v	.3205	.3355	.3580	.3766	.3953	.4139	.4325	.4510	.4696	.5067
12.5	u	3295.3	3366.1	3474.2	3566.0	3659.5	3754.7	3851.5	3949.9	4049.9	4254.5
(189.84)	h	3695.9	3785.5	3921.7	4036.8	4153.6	4272.0	4392.1	4513.7	4636.9	4887.9
	s	7.9243	8.0246	8.1690	8.2844	8.3958	8.5037	8.6082	8.7097	8.8085	8.9982
	v	.2668	.2793	.2981	.3137	.3292	.3448	.3603	.3758	.3913	.4222
15.0	u	3293.9	3364.8	3473.1	3565.1	3658.7	3763.9	3850.8	3949.2	4049.2	4253.9
(198.32)	h	3994.0	3783.8	3920.2	4035.6	4152.5	4271.1	4391.2	4512.9	4636.1	4887.2
	s	7.8385	7.9391	8.0837	8.1993	8.3109	8.4189	8.5235	8.6251	8.7238	8.9137

➪ 〈부록 8〉의 계속 (6)

절대압력 bar (포화온도℃)		온도[℃]
		1200
	v	.5438
12.5	u	4465.0
(189.84)	h	5144.8
	s	9.1788
	v	.4531
15.0	u	4464.4
(198.32)	h	5144.1
	s	9.0942

절대압력 bar (포화온도℃)		220	250	270	300	340	400	440	500	540	600
	v	.11867	.12883	1.3521	.14442	.15624	.17340	.18460	.2012	.2121	.2284
17.5	u	2628.4	2687.6	2724.6	2777.9	2846.8	2948.3	3016.0	3118.3	3187.3	3292.4
(205.76)	h	2836.1	2913.1	2961.2	3030.6	3120.2	3251.8	3339.0	3470.3	3558.5	3692.1
	s	6.4711	6.6227	6.7131	6.8375	6.9886	7.1933	7.3192	7.4960	7.6072	7.7657

절대압력 bar (포화온도℃)		640	700	800	850	900	950	1000	1100	1200
	v	.2392	.2553	.2821	.2954	.3087	.3220	.3353	.3619	.3884
17.5	u	3363.5	3472.0	3657.8	3753.2	3850.1	3948.5	4048.6	4253.3	4463.8
(205.76)	h	3782.1	3918.8	4151.4	4270.1	4390.3	4512.1	4635.4	4886.6	5143.5
	s	7.8665	8.0115	8.2390	8.3470	8.4517	8.5534	8.6522	8.8421	9.0227

절대압력 bar (포화온도℃)		220	250	270	300	340	400	440	500	540	600
	v	.10215	.11144	.11721	.12547	.13600	.15120	16108.	.17568	.18529	.19960
20.0	u	2617.4	2679.6	2717.9	2772.6	2842.6	2945.2	3013.4	3116.2	3185.6	3290.9
(212.42)	h	2821.7	2902.5	2952.5	3023.5	3114.6	3247.6	3335.5	3467.6	3556.1	3690.1
	s	6.3861	6.5453	6.6388	6.7664	6.9201	7.1271	7.2540	7.4317	7.5434	7.7024
	v	.08923	.09788	.10319	.11071	.12025	.13392	.14279	.15585	.16444	.17721
22.5	u	2605.7	2671.3	2711.0	2767.1	2838.4	2942.2	3010.8	3114.2	3183.8	3289.5
(218.45)	h	2806.4	2891.5	2943.2	3016.3	3109.0	3243.5	3332.1	3464.8	3553.8	3688.2
	s	6.3068	6.4744	6.5713	6.7023	6.8588	7.0681	7.1959	7.3747	7.4868	7.6463
	v		.08700	.09195	.09890	.10764	.12010	.12815	1.3998	14776	15930
25.0	u		2662.6	2703.9	2761.6	2834.2	2939.1	3008.2	3112.1	3182.0	3288.0
(223.99)	h		2880.1	2933.7	3008.8	3103.3	3239.3	3328.6	3462.1	3551.4	3686.3
	s		6.4085	6.5091	6.6438	6.8031	7.0148	7.1436	7.3234	7.4360	7.5960

절대압력 bar (포화온도℃)		640	700	800	850	900	950	1000	1100	1200
	v	.20908	.2232	.2467	.2584	.2700	.2817	.2933	.3166	.3398
20.0	u	3362.2	3470.9	3657.0	3752.4	2849.3	3947.9	4048.0	4252.7	4463.3
(212.42)	h	3780.4	3917.4	4150.3	4269.1	4389.4	4511.2	4634.6	4885.9	5142.9
	s	7.8035	7.9487	8.1765	8.2847	8.3895	8.4912	8.5901	8.7800	8.9607

㈜ u = kJ/kg, h = kJ/kg, v = m³/kg, s = kJ/kg K

⇨ 〈부록 8〉의 계속 (7)

절대압력 bar (포화온도℃)		온 도[℃]									
		640	700	800	850	900	950	1000	1100	1200	
	v	.18567	.19828	.2192	.2296	.2400	.2503	.2607	2814	.3021	
22.5	*u*	3361.0	3469.8	3656.1	3751.6	3848.6	3947.2	4047.3	4252.1	4462.7	
(218.45)	*h*	3778.7	3916.0	4149.2	4268.1	4388.5	4510.4	4633.9	4885.2	5142.3	
	s	7.7477	7.8933	8.1214	8.2297	8.3345	8.4363	8.5352	8.7252	8.9059	
	v	.16694	.17832	.19716	.20654	.21590	.22524	.2346	.2532	.2718	
25.0	*u*	3359.6	3468.7	3655.3	3750.8	3847.9	3946.5	4046.7	4251.5	4462.1	
(223.99)	*h*	3777.0	3914.5	4148.2	4267.2	4387.6	4509.6	4633.1	4884.6	5141.7	
	s	7.6976	7.8435	8.0720	8.1804	8.2853	8.3871	8.4861	8.6762	8.8569	
		250	270	300	340	400	440	500	540	600	640
	v	.07807	.08273	.08922	.09732	.10879	.11617	.12700	.13411	.14465	.15161
27.5	*u*	2653.5	2696.5	2755.9	2829.9	2935.9	3005.6	3110.0	3180.2	3286.5	3358.3
(229.12)	*h*	2868.2	2924.0	3001.2	3097.5	3235.1	3325.0	3459.3	3549.0	3684.3	3775.3
	s	6.3464	6.4511	6.5896	6.7519	6.9661	7.0959	7.2767	7.3898	7.5503	7.6522
		700	800	850	900	950	1000	1100	1200		
	v	.16199	.17915	.18769	.19621	.20472	.2132	.2302	.2471		
27.5	*u*	3467.6	3654.4	3750.0	3847.2	3945.9	4046.0	4250.9	4461.5		
(229.12)	*h*	3913.1	4147.0	4266.2	4386.8	4508.8	4632.4	4883.9	5141.1		
	s	7.7984	8.0272	8.1357	8.2407	8.3426	8.4416	8.6318	8.8125		
		250	270	300	340	400	440	500	540	600	640
	v	.07058	.07502	.08114	.8871	.09936	.10691	.11619	.12273	132.43	.13884
30.0	*u*	2644.0	2688.9	2750.1	2825.5	2932.8	3002.9	3108.0	3178.4	3285.0	3357.0
(233.90)	*h*	2855.8	2913.9	2993.5	3091.6	3230.9	3321.5	3456.5	3546.6	3682.3	3763.5
	s	6.2872	6.3963	6.5390	6.7045	6.9212	7.0520	7.2338	7.3473	7.5085	7.6106
		700	800	850	900	950	1000	1100	1200		
	v	.14838	.16414	.17198	.17980	.18761	.19541	.21098	.22652		
30.0	*u*	3466.5	3653.5	3749.3	3846.5	3945.2	4045.4	4250.3	4460.9		
(233.90)	*h*	3911.7	4145.9	4265.2	4385.9	4508.0	4631.6	4883.3	5140.5		
	s	7.7571	7.9862	8.0948	8.1999	8.3019	8.4009	8.5912	8.7720		
		250	270	300	340	400	440	500	540	600	640
	v	.05872	.06286	.06842	.07517	.08453	.09050	.09918	.10486	.11324	.11877
35.0	*u*	2623.7	2672.8	2738.0	2816.5	2926.4	2997.6	3103.8	3174.7	3282.1	3354.4
(242.60)	*h*	2829.2	2892.8	2977.5	3079.6	3222.3	3314.4	3450.9	3541.7	3678.4	3770.1
	s	6.1749	6.2942	6.4461	6.6184	6.8405	6.9734	7.1572	7.2717	7.4339	7.5366
		700	800	850	900	950	1000	1100	1200		
	v	.12699	.14056	.14730	.15402	.16073	.18080	1.9415			
35.0	*u*	3464.3	3651.8	3747.7	3845.0	3943.8	4044.1	4249.2	4459.8		
(242.60)	*h*	3908.8	4143.7	4263.2	4384.1	4506.4	4630.1	4881.9	5139.3		
	s	7.6837	7.9134	8.0223	8.12768	8.2297	8.3288	8.5192	8.7000		

⇨ 〈부록 8〉의 계속 (8)

절대압력 bar (포화온도℃)		온도[℃]									
		270	300	340	400	440	500	540	600	640	700
	v	.05365	0.5884	0.6499	0.7341	0.7872	.08643	.9145	.09885	.10372	.11095
40.0	u	2655.5	2725.3	2807.3	2919.9	2992.2	3099.5	3171.1	3279.1	3351.8	3462.1
(250.40)	h	2870.1	2960.7	3067.3	3213.6	3307.1	3445.3	3536.9	3674.4	3766.6	3905.9
	s	6.1990	6.3615	6.5413	6.7690	6.9041	7.0901	7.2056	7.3688	7.4270	7.6198
		800	850	900	950	1000	1100	1200			
	v	.12287	.12879	.13469	.14057	.14645	.15817	.16987			
40.0	u	3650.0	3746.1	3843.6	3942.5	4042.9	4248.0	4458.6			
(250.40)	h	4141.5	4261.3	4382.3	4504.8	4628.7	4880.6	5138.1			
	s	7.8502	7.9593	8.0467	8.1669	8.2662	8.4567	8.6376			
		270	300	340	400	440	500	540	600	640	700
	v	.04641	.05135	.05706	.6475	.06956	.07651	.08102	.08765	.09201	.09847
45.0	u	2636.7	2712.0	2797.8	2913.3	2986.8	3095.3	3167.4	3276.0	3349.1	3459.9
(257.49)	h	2845.6	2943.1	3054.6	3204.7	3299.8	3439.6	3531.9	3670.5	3763.1	3903.0
	s	6.1079	6.2828	6.4710	6.7047	6.8420	7.0301	7.1467	7.3110	7.4148	7.5631
		800	850	900	950	1000	1100	1200			
	v	.10911	.11439	.11965	.12489	.13013	.14056	.15098			
45.0	u	3648.3	3744.6	3842.2	3941.2	4041.6	4246.8	4457.5			
(257.49)	h	4139.3	4259.3	4380.6	4503.2	4627.2	4879.3	5136.9			
	s	7.7942	7.9035	8.0091	8.1115	8.2108	8.4015	8.5825			
		270	300	340	400	440	500	540	600	640	700
	v	.04054	.04532	.05070	.05781	.06223	.06857	.07267	.07869	.08264	.08849
50.0	u	2616.2	2698.0	2788.0	2906.6	2981.3	3091.0	3163.7	3273.0	3346.4	3457.6
(263.99)	h	2818.9	2924.5	3041.5	3195.7	3292.4	3433.8	3527.0	3666.5	3759.6	3900.1
	s	6.0189	6.2084	6.4058	6.6459	6.7855	6.9759	7.0934	7.2589	7.3632	7.5122
		800	850	900	950	1000	1100	1200			
	v	.09811	.10287	.10762	.11235	.11707	.12648	.13587			
50.0	u	3646.6	3743.0	3840.7	3939.8	4040.4	4245.6	4456.3			
(263.99)	h	4137.1	4257.4	4378.8	4501.6	4625.7	4878.0	8135.7			
	s	7.7440	7.8535	7.9593	8.0618	8.1612	8.3520	8.5331			
		300	340	400	440	500	540	600	640	700	800
	v	.04034	.04548	.05213	.05622	.06207	.06584	.07136	.07498	.08033	.08911
55.0	u	2683.1	2777.9	2899.8	2975.7	3086.6	3159.9	3270.0	3343.7	3455.4	3644.8
(270.02)	h	2905.0	3028.0	3186.5	3284.9	3428.0	3522.0	3662.4	3756.1	3897.2	4134.9
	s	6.1369	6.3445	6.5915	6.7335	6.9262	7.0448	7.2114	7.3163	7.4659	7.6984

㈜ $u = \mathrm{kJ/kg}$, $h = \mathrm{kJ/kg}$, $v = \mathrm{m^3/kg}$, $s = \mathrm{kJ/kg\,K}$

⇨ 〈부록 8〉의 계속 (9)

절대압력 bar (포화온도℃)		온	도[℃]								
		850	900	950	1000	1100	1120				
55.0 (270.02)	v	.09345	.09778	.10209	.10639	.11496	.12351				
	u	3741.4	3839.3	3938.5	4039.1	4244.4	4455.2				
	h	4255.4	4377.1	4500.0	4624.2	4876.7	5134.5				
	s	7.8081	7.9141	8.0167	8.1163	8.3072	8.4883				
		300	340	400	440	500	540	600	640	700	800
60.0 (275.64)	v	.03616	.04111	.04739	.05122	.05665	.06015	.06525	.06859	.07352	.08160
	u	2667.2	2767.4	2892.9	2970.0	3082.2	3156.1	3266.9	3341.0	3453.1	3643.1
	h	2884.2	3014.0	3177.2	3277.3	3422.2	3517.0	3658.4	3752.6	3894.2	4132.7
	s	6.0674	6.2866	6.5408	6.683	6.8803	6.9999	7.1677	7.2731	7.4234	7.6566
70.0 (285.88)	v	.02947	.03421	.03993	.04334	.04814	.05120	.05565	.05855	.06283	.06981
	u	2632.2	2745.2	2878.6	2958.5	3073.4	3148.5	3260.7	3335.6	3448.5	3639.5
	h	2838.4	2984.7	3158.1	3261.9	3410.3	3506.9	3650.3	3745.4	3888.3	4128.2
	s	5.9305	6.1776	6.4478	6.5976	6.7975	6.9193	7.0894	7.1960	7.3476	7.5822
		850	900	950	1000	1100	1200				
60.0 (275.64)	v	.08560	.08958	.09354	.09749	.10536	.11321				
	u	3739.8	3837.8	3937.2	4037.8	4243.3	4454.0				
	h	4253.4	4375.3	4498.4	4622.7	4875.4	5133.3				
	s	7.7666	7.8727	7.9755	8.0751	8.2661	8.4474				
70.0 (280.88)	v	.07326	.7669	.08010	.08350	.09027	.09703				
	u	3736.7	3835.0	3934.5	4035.3	4240.9	4451.7				
	h	4249.5	4371.8	4495.2	4619.8	4872.8	5130.9				
	s	7.6926	7.7991	7.9021	8.0020	8.1933	8.3747				
		340	400	440	500	540	600	640	700	800	850
80.0 (295.06)	v	.02897	.03432	.03742	.04175	.04448	.04845	.05102	.05481	.06097	.06401
	u	2721.3	2863.8	2946.7	3064.3	3140.8	3254.4	3330.1	3443.9	3636.0	3733.5
	h	2953.1	3138.3	3246.1	3398.3	3496.7	3642.0	3738.3	3882.4	4123.8	4245.6
	s	6.0747	6.3634	6.5190	6.7240	6.8481	7.0206	7.1282	7.2812	7.5173	7.6282
		900	950	1000	1100	1200					
80.0 (295.06)	v	.06702	.07002	.07301	.07896	.08489					
	u	3832.1	3931.8	4032.8	4238.6	4449.5					
	h	4368.3	4492.0	4616.9	4870.3	5128.5					
	s	7.7351	7.8384	7.9384	8.1300	8.3115					
		340	400	440	500	540	600	640	700	800	850
90.0 (303.40)	v	.02484	.02993	.03281	.03677	.03926	.04285	.04517	.04857	.05409	.05681
	u	2695.3	2848.4	2934.6	3055.2	3132.9	3248.1	3324.5	3439.3	3632.5	3730.3
	h	2918.8	3117.8	3229.9	3386.1	3486.3	3633.7	3731.0	3876.5	4119.3	4241.6
	s	5.9751	6.2854	6.4471	6.6576	6.7839	6.9589	7.0679	7.2221	7.4596	7.5710

⇨ 〈부록 8〉의 계속 (10)

절대압력 bar (포화온도℃)		온도[℃]									
		900	950	1000	1100	1200					
	v	.05950	.06218	.06485	.07016	.07544					
90.0	u	3829.2	3929.2	4030.3	4236.3	4447.2					
(303.40)	h	4364.8	4488.8	4614.0	4867.7	5126.2					
	s	7.7683	7.7818	7.8821	8.0740	8.2556					
		340	400	440	500	540	600	640	700	800	850
	v	.021472	.02641	.02911	.03279	.03508	.03837	.04048	.04358	.04859	.05105
100.0	u	2666.6	2832.4	2922.1	3045.8	3125.0	3241.7	3318.9	3434.7	3628.9	3727.2
(311.06)	h	2881.4	3096.5	3213.2	3373.7	3475.3	3625.8	3723.7	3870.5	4114.8	4237.7
	s	5.8763	6.2120	6.3805	6.5966	6.7254	6.9029	7.0131	7.1687	7.4077	7.5196
		900	950	1000	1100	1200					
	v	.05349	.05591	.05832	.06312	.06789					
100.0	u	3826.3	3926.5	4027.8	4234.0	4444.9					
(311.06)	h	4361.2	4485.6	4611.0	4865.1	5123.8					
	s	7.6272	7.7311	7.8315	8.0237	8.2055					
		400	440	500	540	600	640	700	800	850	900
	v	.015649	.017933	.02080	.02251	.02491	.02643	.02861	.03210	.03379	.03546
150.0	u	2740.7	2854.2	2996.6	3083.5	3208.6	3290.1	3410.9	3610.9	3711.2	3811.9
(342.24)	h	2975.5	3123.2	3308.6	3421.3	3582.3	3686.5	3840.1	4092.4	4218.0	4343.8
	s	5.881	6.0945	6.3443	6.4864	6.6776	6.7943	6.9572	7.2940	7.3184	7.4279
		950	1000	1100	1200						
	v	.03711	.03875	.04200	.04523						
150.0	u	3913.3	4015.4	4222.6	4433.8						
(342.24)	h	4469.9	4596.6	4852.6	5112.3						
	s	7.5332	7.6348	7.8283	8.0108						
		400	450	500	540	600	640	700	800	850	900
	v	.009942	.012223	.014768	.016213	.018178	.019397	.02113	.02385	.02516	.02645
200.0	u	2619.3	2774.9	2942.9	3039.3	3174.0	3260.2	3386.4	3592.7	3695.1	3797.5
(365.81)	h	2818.1	3019.4	3238.2	3363.5	3537.6	3648.1	3809.0	4069.7	4198.3	4326.4
	s	5.5540	5.8450	6.1401	6.2982	6.5048	6.6286	6.7993	7.0544	7.1715	7.2830
		950	1000	1100	1200						
	v	.02771	.02897	.03145	.03391						
200.0	u	3900.1	4003.1	4211.3	4422.8						
(365.81)	h	4454.3	4582.5	4840.2	5101.0						
	s	7.3898	7.4925	7.6874	7.8707						

㊟ $u = \text{kJ/kg}$, $h = \text{kJ/kg}$, $v = \text{m}^3/\text{kg}$, $s = \text{kJ/kg K}$

⇨ 〈부록 8〉의 계속 (11)

절대압력 bar (포화온도℃)		온도[℃]									
		400	440	500	540	600	640	700	800	850	900
300.0	v	.002790	.006228	.008678	.009891	.011446	.012374	.013661	.015623	.016548	.017448
	u	2067.4	2563.4	2820.7	2942.5	3100.5	3197.5	3335.8	3555.5	3662.6	3768.5
	h	2151.1	2750.3	3081.1	3239.2	3443.9	3568.7	3745.6	4024.2	4159.0	4291.9
	s	4.4728	5.3434	5.7905	5.9900	6.2331	6.3729	6.5606	6.8332	6.9560	7.0718
		950	1000	1100	1200						
300.0	v	.018329	.019196	.020903	.022589						
	u	3873.8	3978.8	4189.2	4401.3						
	h	4423.6	4554.7	4816.3	5079.0						
	s	7.1817	7.2867	7.4845	7.6692						
		400	440	500	540	600	640	700	800	850	900
400.0	v	.0019077	.003206	.005622	.006737	.008094	.008878	.009941	.011523	.012255	.012962
	u	1854.6	2266.1	2678.4	2836.7	3022.6	3131.9	3283.6	3517.8	3629.7	3739.4
	h	1930.9	2394.3	2903.3	3105.2	3346.4	3487.0	3681.2	3978.7	4120.0	4257.9
	s	4.1135	4.7809	5.1700	5.7248	6.0114	6.1689	6.3750	6.6662	6.7948	6.9150
		950	1000	1100	1200						
400.0	v	.013650	.014324	.015642	.016940						
	u	3847.5	3954.6	4167.4	4380.1						
	h	4393.6	4527.6	4793.1	5057.7						
	s	7.0282	7.1356	7.3364	7.5224						

$p = \text{bar} = 10^5 \text{N/m}^2$

$t =$ ℃

$u = \text{kJ/kg}$, $h = \text{kJ/kg}$

$v = \text{m}^3/\text{kg}$

$s = \text{kJ/kg K}$

〈부록 9〉 암모니아(NH_3) 및 탄산가스(CO_2)의 포화 증기표

물질	온도 t	포화압력 p	밀도 kg/m³		비체적 m³/kg		엔탈피 kJ/kg		증발열 kJ/kg	엔트로피 kJ/kgK	
	(℃)	bar	ρ'	ρ''	v'	v''	h'	h''	$r=h''-h'$	s'	s''
암모니아	−50	0.40874	702.0	0.3812	0.0014245	2.623	193.849	1608.15	1414.30	3.3000	9.6204
	−45	0.54584	696.0	0.500	0.0014317	2.007	215.411	1616.52	1401.11	3.3773	9.5202
	−40	0.71765	690.0	0.645	0.0014493	1.550	237.810	1624.90	1387.09	3.4730	9.4245
	−35	0.93193	683.9	0.823	0.0014623	1.2151	259.917	1632.98	1373.06	3.5672	9.3341
	−30	1.19543	677.7	1.038	0.0014757	0.9630	282.274	1640.85	1358.58	3.6601	9.2485
	−25	1.51611	671.4	1.297	0.0014895	0.7712	304.715	1648.43	1343.71	3.7514	9.1674
	−20	1.90249	665.0	1.604	0.0015037	0.6236	327.282	1655.71	1328.43	3.8414	9.0895
	−15	2.36340	658.5	1.966	0.0015185	0.5087	349.975	1662.66	1312.69	3.9293	9.0150
	−10	2.90865	652.0	2.390	0.0015338	0.4184	372.751	1669.15	1296.40	4.0164	8.9438
	−5	3.54903	645.3	2.883	0.0015496	0.3469	395.653	1675.31	1279.65	4.1022	8.8756
	0	4.29433	638.3	3.452	0.0015660	0.2867	418.680	1681.08	1262.40	4.1868	8.8094
	5	5.15732	63.17	4.108	0.0015831	0.2435	441.875	1686.44	1244.57	4.2705	8.7458
	10	6.14975	624.7	4.859	0.0016008	0.2058	465.195	1691.26	1226.06	4.3530	8.6838
	15	7.28430	617.5	5.718	0.0016193	0.1749	488.683	1695.61	1206.93	4.4347	8.6240
	20	8.57199	610.3	6.694	0.0016386	0.1494	512.381	1699.55	1187.17	4.5155	8.5658
	25	10.02730	602.8	7.795	0.0016588	0.1283	536.287	1702.98	1166.69	4.5954	8.5093
	30	11.66501	595.2	9.034	0.0016800	0.1107	560.361	1705.83	1145.47	4.6746	8.4536
	35	13.49885	587.5	10.431	0.0017023	0.0959	584.687	1708.09	1123.40	4.7529	8.3991
	40	15.54354	579.5	12.005	0.0017257	0.0833	609.263	1709.76	1100.50	4.8307	8.3455
	45	17.81378	571.3	13.77	0.0017504	0.0726	634.007	1710.77	1076.76	4.9078	8.2928
	50	20.32624	562.8	15.75	0.0001775	0.0635	658.919	1711.23	1052.31	4.9844	8.2409
탄산가스	−60	4.09918	*1522.0	11.0	*0.000657	0.0912	*99.227	649.373	550.146	*2.7863	5.3671
	−55	5.55056	1172.0	14.8	0.000853	0.0676	304.380	649.791	345.411	3.7334	5.3171
	−50	6.83524	1153.5	18.1	0.000867	0.05541	314.05	651.340	337.289	3.7765	5.2883
	−45	8.32585	1134.5	21.8	0.000881	0.04581	323.64	652.680	329.041	3.8184	5.2607
	−40	10.05182	1115.0	26.2	0.000897	0.03816	333.23	653.853	320.625	3.8594	5.2348
	−35	12.02295	1094.9	31.2	0.000913	0.03201	342.48	655.774	311.958	3.8996	5.2096
	−30	14.26868	1074.2	37.0	0.000931	0.02700	352.49	655.485	302.999	3.9389	5.1854
	−25	16.80862	1052.6	43.8	0.000950	0.02289	362.28	655.946	293.662	3.9779	5.1615
	−20	19.67214	1029.9	51.4	0.000971	0.01967	372.32	656.407	283.823	4.0168	5.1380
	−15	22.88872	1006.1	60.2	0.000994	0.01661	382.84	656.072	273.231	4.0570	5.1154
	−10	26.46815	980.8	70.5	0.001019	0.01419	393.94	655.653	261.717	4.0976	5.0924
	−5	30.44965	953.8	82.4	0.001048	0.01214	405.74	654.857	249.115	4.1407	5.0698
	0	34.85283	924.8	96.3	0.001081	0.01083	418.68	653.685	235.005	4.1868	5.0472
	5	39.71693	893.1	113.0	0.001120	0.00885	431.66	650.838	219.179	4.2299	5.0179
	10	45.06156	858.0	133.0	0.001166	0.00752	445.89	647.237	201.343	4.2781	4.9894
	15	50.92593	817.9	158.0	0.001223	0.00632	460.97	641.292	180.325	4.3293	4.9551
	20	57.32968	771.1	189.8	0.001297	0.00527	477.30	632.625	155.330	4.3827	4.9128
	25	64.32182	709.5	236.3	0.001409	0.00423	497.39	616.841	119.449	4.4497	4.8504
	30	71.92197	595.1	335.7	0.001680	0.00298	527.12	590.129	63.011	4.5444	4.7524
	31 (임계점)	73.51065	463.9	463.9	0.002156	0.00217	558.94	558.938	0	4.6465	4.6465

㊟ 이 표의 엔탈피 및 엔트로피의 수치는 0℃에서 h=100 kcal/kg, s'=1.0000 kcal/kg K로 정한 것이다.
*표는 고형(固形) 이산화탄소의 상태량이다.

〈부록 10〉 R-12(CCl_2F_2)의 포화 증기표

온 도	압 력 Pa	엔 탈 피 kJ/kg			엔 트 로 피 kJ/(kgK)		비 체 적 (m³/kg)	
(℃)	$p\times10^5$	h'	$h''-h'$	h''	s'	s''	$v'\times10^3$	$v''\times10^3$
−40	0.6412	163.949	169.601	333.551	0.85804	1.58548	0.65947	242.094
−35	0.8065	168.369	167.489	335.858	0.87675	1.58004	0.66561	195.536
−30	1.0034	172.811	165.342	338.153	0.89516	1.57516	0.67198	159.487
−28	1.0919	174.595	164.472	339.067	0.90243	1.57334	0.67459	147.373
−26	1.1864	176.381	163.596	339.978	0.90967	1.57160	0.67724	136.374
−24	1.2871	178.172	162.713	340.885	0.91686	1.56993	0.67993	126.364
−22	1.3943	179.966	161.824	341.790	0.92400	1.56833	0.68267	117.243
−20	1.5083	181.765	160.927	342.692	0.93110	1.56680	0.68544	108.915
−18	1.6294	183.568	160.022	343.590	0.93816	1.56533	0.68827	101.303
−16	1.7577	185.375	159.110	344.485	0.94518	1.56393	0.69113	94.3375
−14	1.8938	187.186	158.189	345.375	0.95216	1.56258	0.69404	87.9461
−12	2.0377	189.003	157.259	346.262	0.95911	1.56129	0.69701	82.0803
−10	2.1898	190.823	156.322	347.144	0.96601	1.56005	0.70002	76.6898
−9	2.2691	191.735	155.849	347.584	0.96945	1.55945	0.70154	74.1563
−8	2.3505	192.648	155.374	348.022	0.97288	1.55886	0.70308	71.7262
−7	2.4341	193.562	154.898	348.460	0.97630	1.55829	0.70463	69.3948
−6	2.5199	194.478	154.418	348.896	0.97971	1.55773	0.70619	67.1525
−5	2.6080	195.395	153.936	349.331	0.98311	1.55718	0.70777	65.0005
−4	2.6986	196.313	153.452	349.765	0.98651	1.55664	0.70936	62.9298
−3	2.7913	197.233	152.965	350.198	0.98989	1.55611	0.71097	60.9418
−2	2.8866	198.154	152.475	350.629	0.99327	1.55560	0.71259	59.0285
−1	2.9841	199.077	151.983	351.059	0.99664	1.55509	0.71422	57.1910
0	3.0842	200.000	151.488	351.488	1.00000	1.55460	0.71587	55.4217
1	3.1869	200.926	150.990	351.916	1.00336	1.55411	0.71754	53.7176
2	3.2922	201.853	150.489	352.342	1.00670	1.55364	0.71922	52.0763
3	3.4000	202.781	149.985	352.766	1.01004	1.55317	0.72091	50.4973
4	3.5104	203.711	149.478	353.189	1.01338	1.55272	0.72262	48.9758
5	3.6236	204.642	148.969	353.611	1.01670	1.55227	0.72435	47.5095
6	3.7394	205.574	148.457	354.031	1.02002	1.55184	0.72609	46.0982
7	3.8580	206.509	147.941	354.450	1.02333	1.55140	0.72786	44.7358
8	3.9794	207.445	147.422	354.867	1.02663	1.55098	0.72963	43.4225
9	4.1035	208.383	146.900	355.283	1.02993	1.55058	0.73143	42.1578
10	4.2306	209.322	146.375	355.697	1.03322	1.55017	0.73324	40.9363
11	4.3609	210.264	145.845	356.109	1.03651	1.54977	0.73507	39.7551
12	4.4939	211.207	145.313	356.520	1.03978	1.54939	0.73692	38.6171
13	4.6298	212.152	144.777	356.929	1.04306	1.54901	0.73879	37.5192
14	4.7689	213.099	144.237	357.336	1.04632	1.54863	0.74068	36.4570
15	4.9111	214.047	143.694	357.741	1.04959	1.54826	0.74259	35.4317
16	5.0564	214.998	143.147	358.145	1.05284	1.54790	0.74451	34.4409
17	5.2051	215.951	142.596	358.546	1.05609	1.54755	0.74646	33.4816
18	5.3567	216.905	142.041	358.947	1.05934	1.54720	0.74843	32.5569
19	5.5119	217.863	141.482	359.344	1.06258	1.54685	0.75042	31.6603

⇨ 〈부록 10〉의 계속

온 도	압 력 Pa	엔 탈 피 kJ/kg			엔 트 로 피 kJ/(kgK)		비 체 적 (m^3/kg)	
(℃)	$p\times10^5$	h'	$h''-h'$	h''	s'	s''	$v'\times10^3$	$v''\times10^3$
20	5.6703	218.821	140.919	359.740	1.06581	1.54652	0.75243	30.7944
21	5.8319	219.782	140.352	360.134	1.06904	1.54619	0.75446	29.9570
22	5.9969	220.745	139.781	360.526	1.07227	1.54586	0.75652	29.1470
23	6.1653	221.710	139.206	360.916	1.07549	1.54554	0.75859	28.3634
24	6.3374	222.678	138.625	361.303	1.07871	1.54523	0.76069	27.6030
25	6.5131	223.649	138.040	361.688	1.08193	1.54491	0.76282	26.8672
26	6.6922	224.621	137.450	362.071	1.08514	1.54461	0.76497	26.1552
27	6.8750	225.595	136.856	362.451	1.08834	1.54430	0.76715	25.4649
28	7.0615	226.574	136.256	362.829	1.09155	1.54400	0.76935	24.7958
29	7.2516	227.554	135.652	363.206	1.09475	1.54370	0.77157	24.1481
30	7.4455	228.537	135.043	363.579	1.09795	1.54341	0.77383	23.5200
31	7.6430	229.521	134.429	363.950	1.10114	1.54312	0.77611	22.9119
32	7.8451	230.511	133.806	364.317	1.10433	1.54283	0.77842	22.3192
33	8.0507	231.502	133.181	364.683	1.10752	1.54254	0.78075	21.7461
34	8.2598	232.495	132.551	365.046	1.11071	1.54226	0.78312	21.1912
35	8.4732	233.492	131.914	365.406	1.11390	1.54198	0.78552	20.6518
36	8.6909	234.493	131.270	365.763	1.11708	1.54170	0.78794	20.1276
37	8.9123	235.496	130.622	366.117	1.12027	1.54142	0.79040	19.6197
38	9.1384	236.503	129.965	366.468	1.12345	1.54114	0.79290	19.1251
39	9.3683	237.512	129.304	366.816	1.12663	1.54087	0.79542	18.6459
40	9.6026	238.526	128.635	367.161	1.12981	1.54059	0.79798	18.1799
41	9.8410	239.541	127.961	367.502	1.13299	1.54032	0.80058	17.7276
42	10.084	240.561	127.280	367.841	1.13617	1.54004	0.80321	17.2884
43	10.331	241.585	126.592	368.177	1.13935	1.53977	0.80588	16.8621
44	10.583	242.612	125.895	368.507	1.14253	1.53949	0.80858	16.4449
45	10.839	243.643	125.193	368.835	1.14571	1.53921	0.81133	16.0413
46	11.099	244.678	124.481	369.159	1.14889	1.53893	0.81411	15.6479
47	11.364	245.715	123.765	369.480	1.15207	1.53865	0.81694	15.2665
48	11.634	246.758	123.039	369.797	1.15525	1.53837	0.81981	14.8945
49	11.909	247.805	122.303	370.108	1.15844	1.53808	0.82272	14.5319
50	12.188	248.855	121.562	370.417	1.16162	1.53780	0.82568	14.1803
52	12.761	250.969	120.053	371.022	1.16799	1.53722	0.83173	13.5040
54	13.353	253.101	118.507	371.608	1.17438	1.53662	0.83799	12.8623
56	13.966	255.252	116.924	372.176	1.18078	1.53601	0.84446	12.2532
58	14.600	257.422	115.301	372.723	1.18719	1.53357	0.85115	11.6747
60	15.253	259.611	113.639	372.250	1.19361	1.53472	0.85808	11.1253
62	15.928	261.819	111.937	373.756	1.20005	1.53404	0.86528	10.6033
64	16.625	264.051	110.187	374.239	1.20650	1.53332	0.87275	10.1061
66	17.344	266.302	108.394	374.696	1.21297	1.53258	0.88053	9.63298
68	18.086	268.577	106.552	375.129	1.21947	1.53180	0.88863	9.18216
70	18.851	270.873	104.662	373.534	1.22598	1.53098	0.89708	8.75265
75	20.867	276.701	99.726	376.428	1.24231	1.52876	0.92001	7.76538
80	23.038	282.647	94.493	377.140	1.25869	1.52626	0.94603	6.88968

〈부록 11〉 R-22($CHClF_2$)의 포화 증기표

온도	압력 Pa	엔탈피 kJ/kg			엔트로피 kJ/(kgK)		비체적 (m³/kg)	
(℃)	$p\times10^5$	h'	$h''-h'$	h''	s'	s''	$v'\times10^3$	$v''\times10^3$
−40	1.0490	155.624	233.204	388.828	0.82489	1.82512	0.70935	205.841
−35	1.3162	160.923	230.162	391.085	0.84742	1.81388	0.71679	166.470
−30	1.6340	166.291	227.008	393.299	0.86975	1.80337	0.72451	135.907
−28	1.7768	168.458	225.712	394.170	0.87863	1.79934	0.72768	125.613
−26	1.9291	170.636	224.398	395.034	0.88748	1.79542	0.73091	116.262
−24	2.0912	172.826	223.064	395.890	0.89630	1.79160	0.73418	107.747
−22	2.2639	175.027	221.709	396.736	0.90509	1.78786	0.73751	99.9741
−20	2.4472	177.239	220.335	397.574	0.91385	1.78423	0.74090	92.8825
−18	2.6418	179.463	218.939	398.402	0.92259	1.78066	0.74435	86.3881
−16	2.8481	181.698	217.522	399.220	0.93129	1.77719	0.74785	80.4427
−14	3.0666	183.945	216.083	400.028	0.93997	1.77378	0.75142	74.9848
−12	3.2976	186.204	214.622	400.826	0.94862	1.77046	0.75505	69.9736
−10	3.5416	188.473	213.140	401.613	0.95725	1.76720	0.75875	65.3646
− 9	3.6686	189.612	212.390	402.002	0.96155	1.76560	0.76062	63.1994
− 8	3.7992	190.755	211.634	402.388	0.96585	1.76401	0.76251	61.1184
− 7	3.9331	191.900	210.873	402.772	0.97014	1.76245	0.76442	59.1227
− 6	4.0708	193.049	210.104	403.153	0.97442	1.76089	0.76635	57.2017
− 5	4.2118	194.199	209.332	403.531	0.97870	1.75935	0.76830	55.3612
− 4	4.3568	195.354	208.551	403.905	0.98297	1.75782	0.77026	53.5871
− 3	4.5054	196.511	207.765	404.277	0.98724	1.75631	0.77225	51.8828
− 2	4.6577	197.671	206.974	404.645	0.99150	1.75482	0.77425	50.2452
− 1	4.8138	198.834	206.177	405.011	0.99575	1.75334	0.77628	48.6700
0	4.9740	200.000	205.372	405.373	1.00000	1.75187	0.77832	47.1523
1	5.1382	201.170	204.562	405.731	1.00424	1.75041	0.78039	45.6920
2	5.3065	202.343	203.744	406.087	1.00848	1.74896	0.78248	44.2848
3	5.4786	203.517	202.922	406.439	1.01271	1.74753	0.78459	42.9319
4	5.6549	204.696	202.092	406.788	1.01694	1.74612	0.78672	41.6278
5	5.8360	205.878	201.254	407.132	1.02115	1.74470	0.78887	40.3677
6	6.0207	207.062	200.412	407.474	1.02537	1.74331	0.79105	39.1576
7	6.2100	208.250	199.562	407.812	1.02958	1.74192	0.79325	37.9890
8	6.4036	209.441	198.706	408.147	1.03378	1.74055	0.79548	36.8624
9	6.6020	210.636	197.841	408.477	1.03798	1.73918	0.79773	35.7742
10	6.8045	211.834	196.971	408.804	1.04218	1.73782	0.80001	34.7261
11	7.0123	213.036	196.090	409.126	1.04637	1.73647	0.80231	33.7109
12	7.2239	214.240	195.207	409.447	1.05056	1.73514	0.80464	32.7357
13	7.4408	215.448	194.314	409.761	1.05474	1.73380	0.80699	31.7909
14	7.6626	216.660	193.412	410.072	1.05892	1.73248	0.80937	30.8778
15	7.8890	217.874	192.504	410.378	1.06309	1.73116	0.81179	29.9967
16	8.1203	219.092	191.589	410.681	1.06726	1.72985	0.81423	29.1453
17	8.3566	220.314	190.666	410.979	1.07142	1.72855	0.81670	28.3224
18	8.5980	221.539	189.735	411.274	1.07559	1.72726	0.81920	27.5268
19	8.8446	222.768	188.795	411.563	1.07974	1.72597	0.82173	26.7567
20	9.0967	224.002	187.846	411.847	1.08390	1.72468	0.82430	26.0109

⇨ 〈부록 11〉의 계속

온 도	압 력 Pa	엔 탈 피 kJ/kg			엔 트 로 피 kJ/(kgK)		비 체 적 (m^3/kg)	
[℃]	$p\times10^5$	h'	$h''-h'$	h''	s'	s''	$v'\times10^3$	$v''\times10^3$
21	9.3535	225.237	186.891	412.128	1.08805	1.72341	0.82689	25.2910
22	9.6158	226.477	185.926	412.403	1.09220	1.72214	0.82953	24.5937
23	9.8840	227.722	184.951	412.673	1.09634	1.72086	0.83219	23.9174
24	10.157	228.970	183.970	412.939	1.10049	1.71960	0.83489	23.2643
25	10.436	230.222	182.978	413.200	1.10463	1.71834	0.83763	22.6307
26	10.720	231.477	181.978	413.455	1.10876	1.71708	0.84041	22.0177
27	11.011	232.738	180.967	413.705	1.11290	1.71582	0.84332	21.4229
28	11.306	234.001	179.949	413.950	1.11703	1.71457	0.84608	20.8476
29	11.608	235.270	178.920	414.190	1.12117	1.71332	0.84897	20.2890
30	11.915	236.543	177.881	414.424	1.12530	1.71207	0.85191	19.7478
31	12.229	237.820	176.831	414.651	1.12943	1.71082	0.85489	19.2222
32	12.549	239.102	175.771	414.873	1.13356	1.70957	0.85791	18.7129
33	12.874	240.389	174.700	415.089	1.13769	1.70832	0.86099	18.2183
34	13.206	241.678	173.621	415.300	1.14181	1.70708	0.86410	17.7397
35	13.544	242.976	172.527	415.502	1.14594	1.70582	0.86727	17.2732
36	13.889	244.276	171.424	415.700	1.15007	1.70457	0.87049	16.8217
37	14.239	245.580	170.310	415.891	1.15420	1.70332	0.87376	16.3822
38	14.597	246.892	169.182	416.074	1.15833	1.70206	0.87708	15.9564
39	14.960	248.207	168.044	416.251	1.16246	1.70080	0.88046	15.5425
40	15.331	249.530	166.890	416.419	1.16659	1.69953	0.88390	15.1396
41	15.708	250.857	165.725	416.581	1.17073	1.69826	0.88739	14.7482
42	16.092	252.190	164.546	416.735	1.17487	1.69699	0.89095	14.3677
43	16.483	253.528	163.355	416.882	1.17901	1.69571	0.89457	13.9980
44	16.881	254.873	162.148	417.020	1.18315	1.49642	0.89825	13.6380
45	17.286	256.223	160.927	417.150	1.18730	1.69312	0.90201	13.2880
46	17.698	257.581	159.690	417.271	1.19145	1.69181	0.90583	12.9471
47	18.117	258.944	158.440	417.384	1.19561	1.69050	0.90973	12.6157
48	18.543	260.314	157.173	417.487	1.19977	1.68918	0.91371	12.2929
49	18.977	261.692	155.899	417.581	1.20394	1.68784	0.91777	11.9784
50	19.418	263.073	154.594	417.667	1.20811	1.68650	0.92190	11.6731
52	20.323	265.866	151.938	417.804	1.21648	1.68377	0.93044	11.0839
54	21.258	268.686	149.214	417.900	1.22488	1.68099	0.93936	10.5251
56	22.227	271.546	146.400	417.946	1.23334	1.67812	0.94869	9.99235
58	23.227	274.441	143.502	417.943	1.24183	1.67518	0.95847	9.48558
60	24.260	277.373	140.514	417.887	1.25038	1.67215	0.96874	9.00332
62	25.326	280.348	137.423	417.771	1.25899	1.66903	0.97957	8.54301
64	26.428	283.373	134.216	417.589	1.26768	1.66577	0.99101	8.10286
66	27.566	286.451	130.883	417.334	1.27647	1.66238	1.00314	7.68155
68	28.740	289.585	127.417	417.002	1.28535	1.65884	1.01604	7.27841
70	29.952	292.786	123.795	416.581	1.29436	1.65512	1.02983	6.89127
75	33.153	301.133	113.925	415.058	1.31757	1.64480	1.06911	5.98528
80	36.614	310.139	102.511	412.650	1.34222	1.63249	1.11803	5.15095

〈부록 12〉 **압 축 액 표**

(T : ℃, v : m³/kg, u, h : kJ/kg, s : kJ/kg · K)

T	p = 5MPa (263.99)				p = 10MPa (311.06)			
	v	u	h	s	v	u	h	s
포화	.001 285 9	1147.8	1154.2	2.9202	.001 425 4	1393.0	1407.6	3.3596
0	.000 997 7	.04	5.04	.0001	.000 995 2	.09	10.04	.0002
20	.000 999 5	83.65	88.65	.2956	.000 997 2	83.36	93.33	.2945
40	.001 005 6	116.95	171.97	.5705	.001 003 4	166.35	176.38	.5686
60	.001 014 9	250.23	255.30	.8285	.001 012 7	249.36	259.49	.8258
80	.001 026 8	333.72	338.85	1.0720	.001 024 5	332.59	342.83	1.0688
100	.001 041 0	417.52	422.72	1.3030	.001 038 5	416.12	426.50	1.2992
120	.001 057 6	501.80	507.09	1.5233	.001 054 9	500.08	510.64	1.5189
140	.001 076 8	586.76	592.15	1.7343	.001 073 7	584.68	595.42	1.7292
160	.001 098 8	672.62	678.12	1.9375	.001 095 5	670.13	681.08	1.9317
180	.001 124 0	759.63	765.25	2.1341	.001 119 9	756.65	767.84	2.1275
200	.001 153 0	848.1	853.9	2.3255	.001 148 0	844.5	856.0	2.3178
220	.001 186 6	938.4	944.4	2.5128	.001 180 5	934.1	945.9	2.5039
240	.001 226 4	1031.4	1037.5	2.6979	.001 218 7	1026.0	1038.1	2.6872
260	.001 274 9	1127.9	1134.3	2.8830	.001 264 5	1121.1	1133.7	2.8699
280					.001 321 6	1220.9	1234.1	3.0548
300					.001 397 2	1328.4	1342.3	3.2469

T	p = 15MPa (342.24)				p = 20MPa (365.81)			
	v	u	h	s	v	u	h	s
포화	.001 658 1	1585.6	1610.5	3.6848	.002 036	1785.6	1826.3	4.0139
0	.000 992 8	.15	15.05	.0004	.000 990 4	.19	20.01	.0004
20	.000 995 0	83.06	97.99	.2934	.000 992 8	82.77	102.62	.2923
40	.001 001 3	165.76	180.78	.5666	.000 999 2	165.17	185.16	.5646
60	.001 010 5	248.51	263.67	.8232	.001 008 4	247.68	267.85	.8206
80	.001 022 2	331.48	346.81	1.0656	.001 019 9	330.40	350.80	1.0624
100	.001 036 1	414.74	430.28	1.2955	.001 033 7	413.39	434.06	1.2917
120	.001 052 2	498.40	514.19	1.5145	.001 049 6	496.76	517.76	1.5102
140	.001 070 7	582.66	598.72	1.7242	.001 067 8	580.69	602.04	1.7193
160	.001 091 8	667.71	684.09	1.9260	.001 088 5	665.35	687.12	1.9204
180	.001 115 9	753.76	770.50	2.1210	.001 112 0	750.95	773.20	2.1147
200	.001 143 3	841.0	858.2	2.3104	.001 138 8	837.7	860.5	2.3031
220	.001 174 8	929.9	947.5	2.4953	.001 169 3	925.9	949.3	2.4870
240	.001 211 4	1020.8	1039.0	2.6771	.001 204 6	1016.0	1040.0	2.6674
260	.001 255 0	1114.6	1133.4	2.8576	.001 246 2	1108.6	1133.5	2.8459
280	.001 308 4	1212.5	1232.1	3.0393	.001 296 5	1204.7	1230.6	3.0248
300	.001 377 0	1316.6	1337.3	3.2260	.001 359 6	1306.1	1333.3	3.2071
320	.001 472 4	1431.1	1453.2	3.4247	.001 443 7	1415.7	1444.6	3.3979
340	.001 631 1	1567.5	1591.9	3.6546	.001 568 4	1539.7	1571.0	3.6075
360					.001 822 6	1702.8	1739.3	3.8772

➪ 〈부록 12〉의 계속

T	$p=30\text{MPa}$				$p=50\text{MPa}$			
	v	u	h	s	v	u	h	s
포화								
0	.000 985 6	.25	29.82	.0001	.000 976 6	.20	49.03	.0014
20	.000 988 6	82.17	111.84	.2899	.000 980 4	81.00	130.02	.2848
40	.000 995 1	164.04	193.89	.5607	.000 987 2	161.86	211.21	.5527
60	.001 004 2	246.06	276.19	.8154	.000 996 2	242.98	292.79	.8052
80	.001 015 6	328.30	358.77	1.0561	.001 007 3	324.34	374.70	1.0440
100	.001 029 0	410.78	441.66	1.2844	.001 020 1	405.88	456.89	1.2703
120	.001 044 5	493.59	524.93	1.5018	.001 034 8	487.65	539.39	1.4857
140	.001 062 1	576.88	608.75	1.7098	.001 051 5	569.77	622.35	1.6915
160	.001 082 1	660.82	693.28	1.9096	.001 070 3	652.41	705.92	1.8891
180	.001 104 1	745.59	778.73	2.1024	.001 091 2	735.69	790.25	2.0794
200	.001 130 2	831.4	865.3	2.2893	.001 114 6	819.7	875.5	2.2634
220	.001 159 0	918.3	953.1	2.4711	.001 140 8	904.7	961.7	2.4419
240	.001 192 0	1006.9	1042.6	2.6490	.001 170 2	990.7	1049.9	2.6158
260	.001 230 3	1097.4	1134.3	2.8243	.001 203 4	1078.1	1138.2	2.7860
280	.001 275 5	1190.7	1229.0	2.9986	.001 241 5	1167.2	1229.3	2.9537
300	.001 330 4	1287.9	1327.8	3.1741	.001 286 0	1258.7	1323.0	3.1200
320	.001 399 7	1390.7	1432.7	3.3539	.001 338 8	1353.3	1420.2	3.2868
340	.001 492 0	1501.7	1546.5	3.5426	.001 403 2	1452.0	1522.1	3.4557
360	.001 626 5	1626.6	1675.4	3.7494	.001 483 8	1556.0	1630.2	3.6291
380	.001 869 1	1781.4	1837.5	4.0012	.001 588 4	1667.2	1746.6	3.8101

〈부록 13〉

포화고체-증기표

온도	압력	비체적[m^3/kg]		내부에너지(kJ/kg)			엔탈피(kJ/kg)			엔트로피(kJ/kg.K)		
℃	kPa	포화고체	포화증기	포화고체	승화	포화증기	포화고체	승화	포화증기	포화고체	승화	포화증기
T	p	$v_i \times 10^3$	v_g	u_i	u_{ig}	u_g	h_i	h_{ig}	h_g	s_i	s_{ig}	s_g
.01	.6113	1.0908	206.1	−333.40	2708.7	2375.3	−333.40	2834.8	2501.4	−1.221	10.378	9.156
0	.6108	1.0908	206.3	−333.43	2708.8	2375.3	−333.43	2834.8	2501.3	−1.221	10.378	9.157
−2	.5176	1.0904	241.7	−337.62	2710.2	2372.6	−337.62	2835.3	2497.7	−1.237	10.456	9.219
−4	.4375	1.0901	283.8	−341.78	2711.6	2369.8	−341.78	2835.7	2494.0	−1.253	10.536	9.283
−6	.3689	1.0898	334.2	−345.91	2712.9	2367.0	−345.91	2836.2	2490.3	−1.268	10.616	9.348
−8	.3102	1.0894	394.4	−350.02	2714.2	2364.2	−350.02	2836.6	2486.6	−1.284	10.698	9.414
−10	.2602	1.0891	466.7	−354.09	2715.5	2361.4	−354.09	2837.0	2482.9	−1.299	10.781	9.481
−12	.2176	1.0888	553.7	−358.14	2716.8	2358.7	−358.14	2837.3	2479.2	−1.315	10.865	9.550
−14	.1815	1.0884	658.8	−362.15	2718.0	2355.9	−362.15	2837.6	2475.5	−1.331	10.950	9.619
−16	.1510	1.0881	786.0	−366.14	2719.2	2353.1	−366.14	2837.9	2471.8	−1.346	11.036	9.690
−18	.1252	1.0878	940.5	−370.10	2720.4	2350.3	−370.10	2838.2	2468.1	−1.362	11.123	9.762
−20	.1035	1.0874	1128.6	−374.03	2721.6	2347.5	−374.03	2838.4	2464.3	−1.377	11.212	9.835
−22	.0853	1.0871	1358.4	−377.93	2722.7	2344.7	−377.93	2838.6	2460.6	−1.393	11.302	9.909
−24	.0701	1.0868	1640.1	−381.80	2723.7	2342.0	−381.80	2838.7	2456.9	−1.408	11.394	9.985
−26	.0574	1.0864	1986.4	−385.64	2724.8	2339.2	−385.64	2838.9	2453.2	−1.424	11.486	10.062
−28	.0469	1.0861	2413.7	−389.45	2725.8	2336.4	−389.45	2839.0	2449.5	−1.439	11.580	10.141
−30	.0381	1.0858	2943	−393.23	2726.8	2333.6	−393.23	2839.0	2445.8	−1.455	11.676	10.221
−32	.0309	1.0854	3600	−396.98	2727.8	2330.8	−396.98	2839.1	2442.1	−1.471	11.773	10.303
−34	.0250	1.0851	4419	−400.71	2728.7	2328.0	−400.71	2839.1	2438.4	−1.486	11.872	10.386
−36	.0201	1.0848	5444	−404.40	2729.6	2325.2	−404.40	2839.1	2434.7	−1.501	11.972	10.470
−38	.0161	1.0844	6731	−408.06	2730.5	2322.4	−408.06	2839.0	3430.9	−1.517	12.073	10.556
−40	.0129	1.0841	8354	−411.70	2731.3	2319.6	−411.70	2838.9	2427.2	−1.532	12.176	10.644

INDEX

(ㅁ)

(ㅂ)

(ㅅ)

(ㅇ)

(ㅈ)

(ㅊ)

(ㅋ)

(ㅌ)

(ㅍ)

(ㅎ)

(1)

(B)

(C)

(K)

(S)

(V)

〈부록 14〉 Mollier선도(수증기)

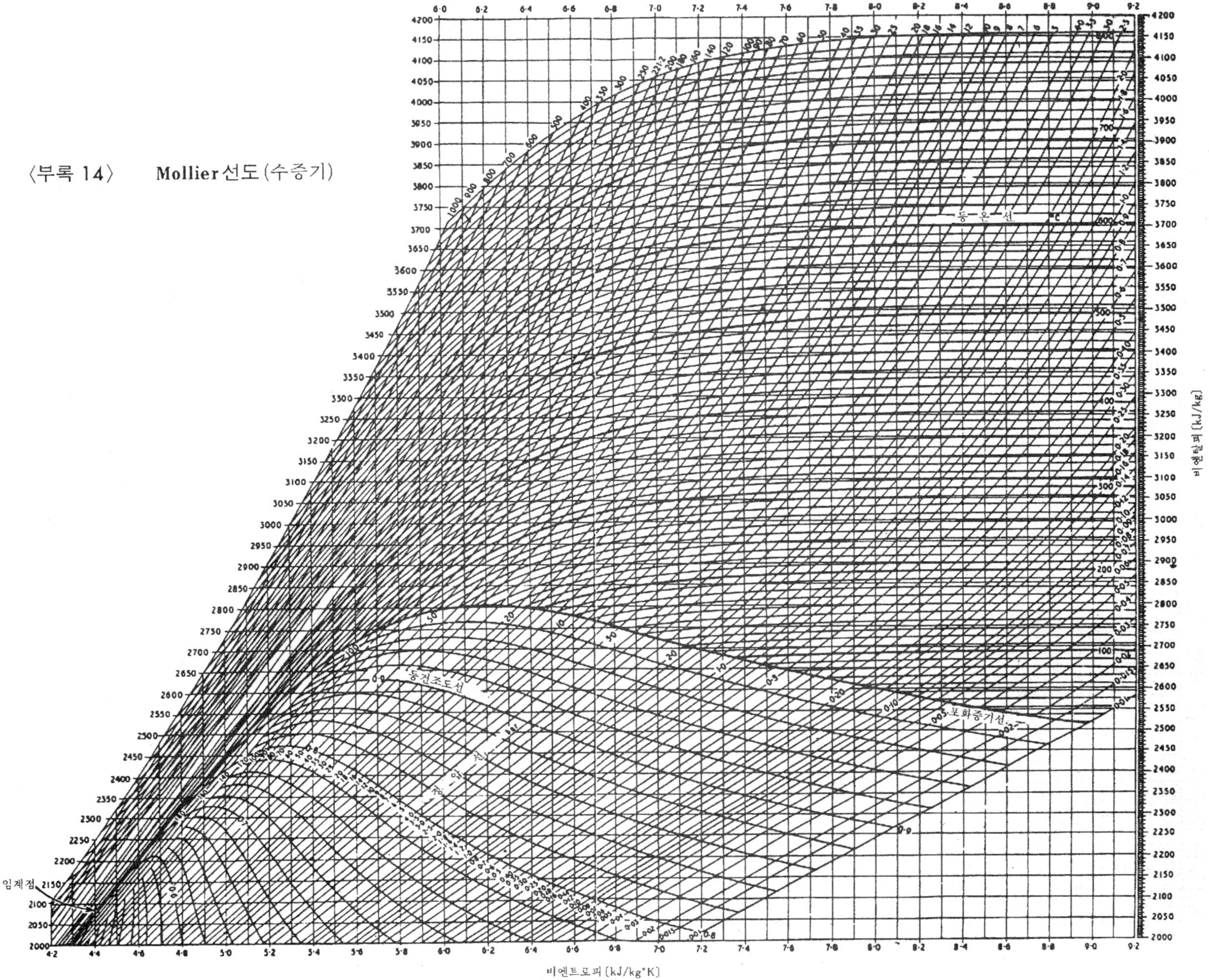

〈부록 15〉 암모니아(NH_3)의 증기선도

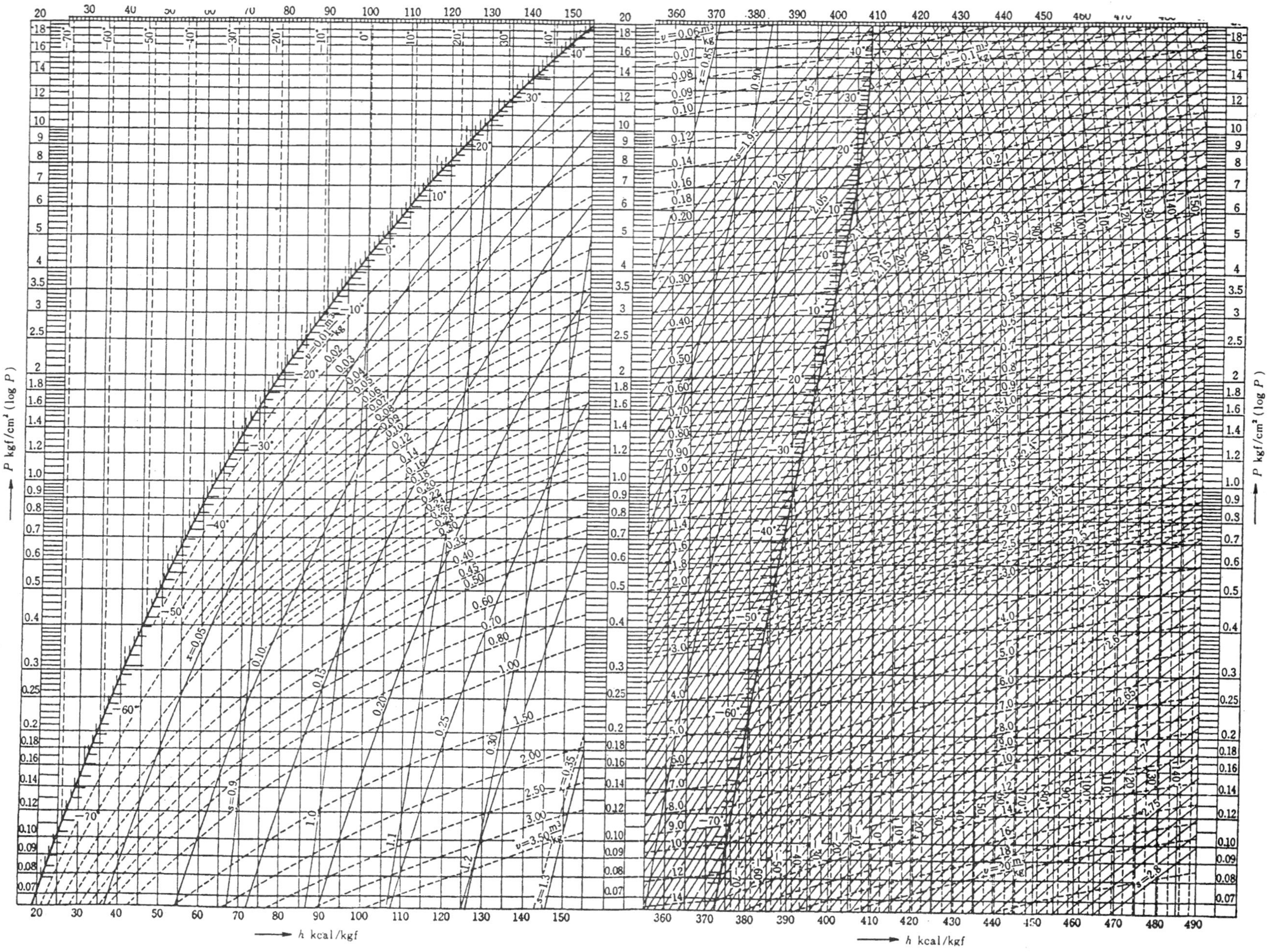

〈부록 16〉 습공기선도 (대기압 760 mmHg)

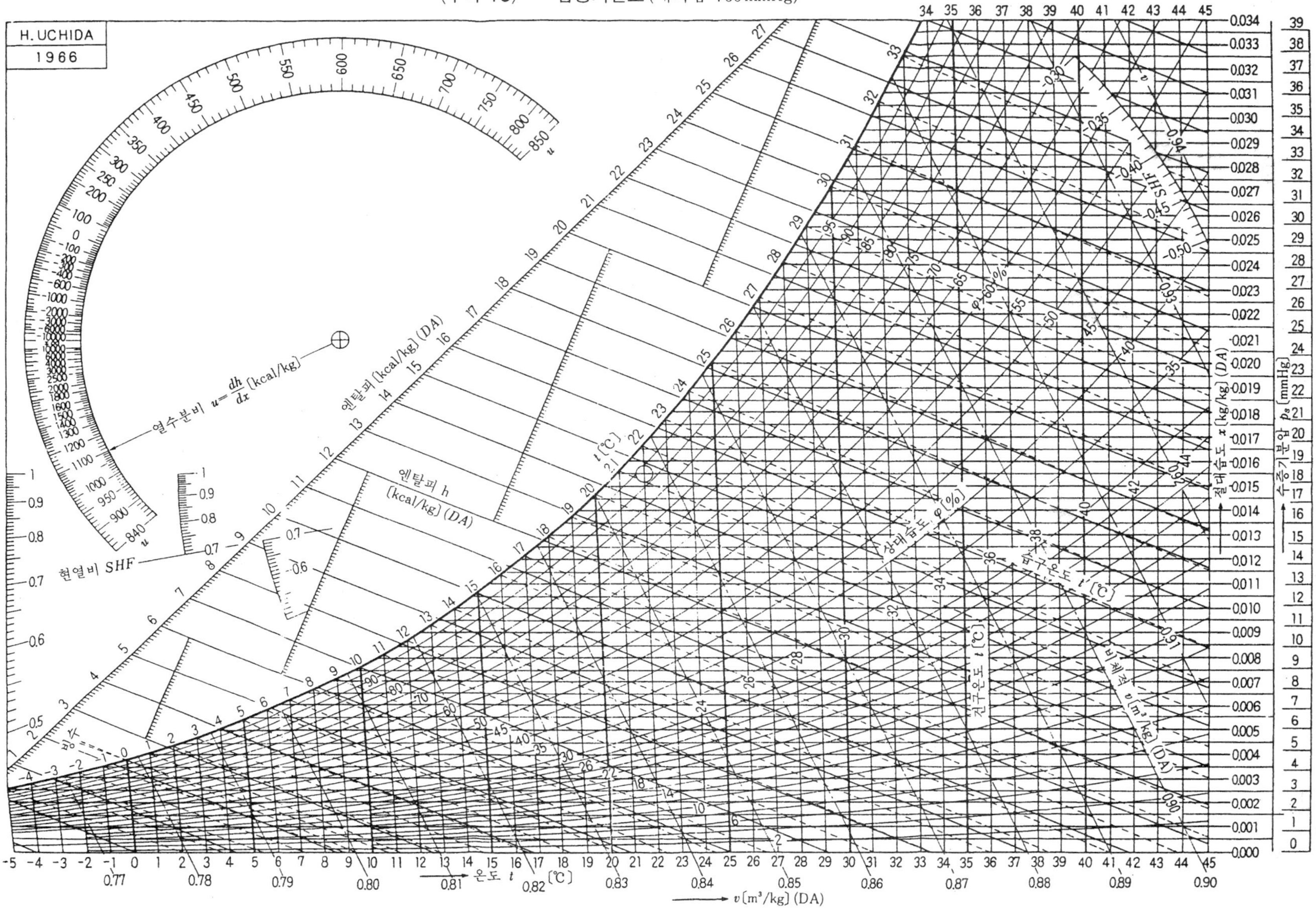

공업열역학 【개정판】

2015년 3월 20일 발행

ISBN 89-7163-222-4 93550

공 저 / 김지문 · 오영일 · 조성제 · 한병호 · 한성빈

발행자 / 김 천 수
발행처 / 大 英 社
주 소 / 서울시 성동구 성수2가 3동 277-17
성수아카데미타워 1418
등 록 / 제9-204호
전 화 / 02-393-0417~8
F A X / 02-313-0104
E-mail / dypub@naver.com

정가 22,000 원